高等学校"十三五"规划教材

新编单片机应用技术

XinBian DanPianJi YingYong JiShu

曾庆波　王桂芝　梁国志　李　勇　编著

许景波　主审

U0223316

● 以应用为主线，精心设计任务，合理组织内容

● 以工作任务为载体，注重单片机应用能力培养

● 数字化教学资源丰富，为项目式教学提供指导

哈尔滨工业大学出版社

内 容 简 介

本书以单片机应用为主线、典型工作任务为载体、仿真软件 Proteus 为平台，介绍 51 单片机基础知识、基本技能、应用系统的设计过程及方法。全书共分为 7 个项目，内容包括：走进单片机世界、单片机开发工具、单片机系统信息显示与输入功能实现、定时/计数功能与中断技术、串行通信技术、单片机系统模拟量输入输出技术、单片机应用系统设计。本书内容丰富，注重实用，书中的案例均来自教学实践及科研项目，程序代码可直接移植到工程项目中。本书作者提供与本书配套的电子教学课件 PPT、教学设计 PDF、电路原理图和程序源代码，以及作者多年来从事单片机教学及科研工作所积累的单片机应用经典案例，帮助读者更快更好地掌握单片机知识和技能。

本书可作为大学本科、高职高专电子类专业单片机技术课程教材，也可供参加电子大赛的学生、指导教师、电子爱好者及从事单片机应用研发的工程技术人员阅读。

图书在版编目（CIP）数据

新编单片机应用技术/曾庆波等编著. —哈尔滨：
哈尔滨工业大学出版社，2017.9
ISBN 978-7-5603-6968-6

Ⅰ. ①新… Ⅱ. ①曾… Ⅲ. ①单片微型计算机 Ⅳ.
①TP368.1

中国版本图书馆 CIP 数据核字（2017）第 230771 号

策划编辑	王桂芝	
责任编辑	贾学斌	刘 威
出版发行	哈尔滨工业大学出版社	
社 址	哈尔滨市南岗区复华四道街 10 号 邮编 150006	
传 真	0451-86414749	
网 址	http://hitpress.hit.edu.cn	
印 刷	哈尔滨市工大节能印刷厂	
开 本	787mm×1092mm 1/16 印张 20 字数 495 千字	
版 次	2017 年 9 月第 1 版 2017 年 9 月第 1 次印刷	
书 号	ISBN 978-7-5603-6968-6	
定 价	45.00 元	

P 前 言
reface

51 单片机从诞生到现在，久经岁月的洗礼，仍然在工业自动化、家用电器、通信产品、仪器仪表等领域大放光芒。究其原因，是因为 51 单片机的性价比高、开发门槛低、易学易用。国内众多高校已将单片机技术列为电子类学科的一门必修课程，全国大学生电子设计大赛、智能车大赛，也都是以单片机为控制核心组建各种应用系统。可见，单片机技术已成为大学生就业、创业的必备技能之一。另一方面，学好 51 单片机，也为读者今后学习和掌握高性能的微控制器，如 ARM7、ARM9、STM32，奠定了坚实的基础。

本书以单片机应用为主线，典型工作任务为载体，以单片机应用系统设计与实现为目标，精心设计任务和项目，使读者能够在较短的时间内学会单片机，具备运用单片机解决实际问题的能力。本书具有以下特点：

1. 以典型工作任务为载体，注重能力培养

本书以典型工作任务为载体，将知识与技能融入每一个工作任务中，通过完成工作任务来学习知识、掌握技能。每个任务都是一个完整的工作过程，从任务描述，到设计分析、电路设计、软件设计，使学生了解单片机开发过程，通过完成一系列工作任务，培养学生的单片机开发能力。

2. 以 C 语言为编程工具、Proteus 为设计和仿真平台

C 语言具有良好的模块化、易于阅读和移植性好等优点，采用 C 语言编写的程序具有很好的可移植性，开发效率高。Proteus 的最大特色是其仿真为交互式、可视化的，具有分析功能，通过 Proteus 的虚拟仿真技术，用户可直观地观察单片机系统的运行状况，便于用户对系统进行软硬件调试。以 Proteus 为单片机系统设计、仿真平台，可缩短开发周期、提高设计效率、降低开发成本，在完成任务过程中学习单片机，实现了从产品概念到设计完成全过程训练，克服了传统单片机系统设计中需依赖某一开发系统（实验板/箱）的不足，有利于"教—学—做"一体化。

3. 合理组织内容，以应用为主线

本书采用从理论到实践，最后落实到系统的方式精心设计每个任务，共设计了 28 个典型工作任务。这些任务从实际出发，由浅入深、循序渐进地介绍单片机应用系统的开发过程和方法。书中所列举的任务和项目，包含了从单片机内部功能到端口的使用，从单片机的输

入/输出到外围器件的连接，从单片机最小系统的组成到具有一定功能的应用系统等，覆盖了单片机的基础知识和基本技能。

注重实用性、综合性是本书的一大特色。采用 Proteus 作为单片机系统设计和仿真平台只是一个途径，能以单片机为核心设计并制作一款电子产品或一个测控装置才是本书的最终目的。书中最后一个项目所呈现的任务，使用了 Altium Designer 软件进行单片机系统硬件电路的设计、印制电路板的设计，更贴近工程实际。

4. 注重引导，提供丰富的数字化教学资源

本书在每一个项目前都配有"学习导航""知识目标""能力目标"，为读者提供了有效的学习途径。书中的每个任务，都给出了设计方案、硬件电路原理图、元器件清单、程序代码，引导学生去完成应用系统设计。为方便学习和各种教学活动，本书提供了电子教学课件 PPT、教学设计 PDF、电路原理图和程序源代码，以及作者多年来从事单片机教学及科研工作所积累的单片机应用经典案例。

本书由曾庆波、王桂芝、梁国志和李勇共同撰写。全书分为 7 个项目，其中项目七由曾庆波撰写，项目一、二由王桂芝撰写，项目四、五由梁国志撰写，项目三、六由李勇撰写。全书由曾庆波策划和统稿，由许景波主审。

本书提供了丰富的数字化教学资源，如有需要可与作者（zqb_at89c51@126.com）或哈尔滨工业大学出版社（wgz_w@126.com）联系。

由于作者水平有限，书中难免存在疏漏和不妥之处，敬请广大读者和同行批评指正。

作 者

2017 年 7 月

C目录

Contents

项目一　走进单片机世界

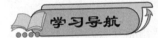 学习导航

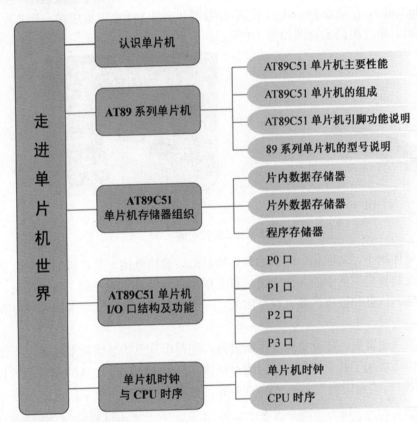

走进单片机世界
- 认识单片机
- AT89 系列单片机
  - AT89C51 单片机主要性能
  - AT89C51 单片机的组成
  - AT89C51 单片机引脚功能说明
  - 89 系列单片机的型号说明
- AT89C51 单片机存储器组织
  - 片内数据存储器
  - 片外数据存储器
  - 程序存储器
- AT89C51 单片机 I/O 口结构及功能
  - P0 口
  - P1 口
  - P2 口
  - P3 口
- 单片机时钟与 CPU 时序
  - 单片机时钟
  - CPU 时序

知识目标

- ❖ 熟知单片机的基本概念
- ❖ 熟知 AT89C51 单片机主要性能
- ❖ 熟知 AT89C51 单片机内部功能部件作用
- ❖ 熟知 AT89C51 单片机引脚功能
- ❖ 了解单片机的时序
- ❖ 熟知 AT89C51 单片机 I/O 端口的结构及功能
- ❖ 熟知 AT89C51 单片机的存储器组织
- ❖ 掌握单片机最小系统

❖ 能制作与调试单片机最小系统

学习情境一　认识单片机

单片机又称微控制器（Micro Controller Unit，简称 MCU），是指将中央处理单元 CPU（Central Processing Unit）、存储器 Memory、定时/计数器和多种 I/O 接口集成在一片芯片上，形成芯片级的计算机。单片机的实物图如图 1.1 所示。

（a）DIP40 封装　　　　　　　　　　（b）SOIC 封装

图 1.1　几种常见的单片机封装

单片机的特点是体积小、功能强、可靠性高、功耗低、价格低廉。单片机的应用几乎是无处不在，已经渗透到我们生活中的各个方面。目前单片机已经在工业控制、仪器仪表、家用电器、办公自动化、信息和通信产品、航空航天、专用设备的智能化管理等领域中得到了广泛的应用。

随着电子技术的飞速发展，芯片集成度不断提高，使得单片机的功能越来越强大。目前市场流行的单片机内还增加了若干部件，如闪速存储器（Flash Memory）、A/D 转换器、D/A 转换器、USB 总线接口、"看门狗"电路（WDT）等，使单片机的应用更加广泛。

学习情境二　**AT89 系列单片机**

MCS-51 系列单片机是 Intel 公司在 20 世纪 80 年代初研制出来的，其典型代表为 51 系列单片机 8031/8051/8751，很快就在我国得到了广泛的应用。Atmel 公司是 20 世纪 80 年代中期成立并发展起来的半导体公司，该公司的技术优势在于 Flash 存储器技术，为了介入单片机市场，公司在 1994 年以 EEPROM 技术和 Intel 公司的 80C31 单片机核心技术进行交换，从而取得了 80C31 核的使用权。Atmel 公司将 Flash 存储器技术和 80C31 核相结合，推出了 AT89 系列单片机。由于它内部含有大容量的 Flash 存储器，所以在产品开发及生产便携式商品、手提式仪器等方面有着十分广泛的应用，成为目前取代传统的 MCS-51 系列单片机的主流单片机之一。

AT89 系列单片机是 Atmel 公司的 8 位 Flash 单片机。AT89 系列单片机有 AT89C 系列的标准型（AT89C51/52）及低档型（AT89C2051），还有 AT89S 系列的高档型（AT89S51/52）。AT89S 系列单片机是在 AT89C 系列的基础上增加一些特别的功能部件组成的，所以两者在结构上基本相似，但在个别功能模块和功能上有些区别。

由于 AT89 系列单片机是以 80C31 内核构成的，它和 8051 系列单片机是兼容的，所以当用 AT89 系列单片机取代 MCS-51 系列单片机时，只要封装相同就可以直接进行替换。

AT89 系列单片机的类型较多，其性能也有所不同，本书就以 AT89C51 为例，介绍其基本组成、主要性能以及应用技术，凡是用 AT89C51/52 设计的应用系统，完全可以用 AT89S51/52 取代。

一、AT89C51 单片机主要性能

AT89 系列单片机之所以成为目前主流单片机之一，是因为它的性能决定的，AT89C51 单片机主要性能如下：

- 内含 4 kB 的 Flash 存储器；
- 128×8 字节片内 RAM；
- 32 位可编程 I/O 口线；
- 2 个 16 位定时器/计数器；
- 5 个中断源；
- 1 个全双工串行口；
- 具有低功耗的闲置和掉电模式；
- 片内时钟振荡器；
- 工作频率 0～24 MHz。

二、AT89C51 单片机的组成

在前面，我们对 AT89C51 单片机有了一些初步的了解，单片机为什么如此神奇、无所不能？它有什么特别之处？下面就让我们走进单片机的内部去看一看究竟。实际上，单片机是一个非常复杂的数字电路集合体，为便于认知单片机、应用单片机，单片机的生产厂家以功能模块的形式给出了单片机的内部结构图，图 1.2 就是 AT89C51 单片机内部结构框图。

1. 中央处理单元 CPU（Central Processing Unit）

CPU 又称微处理器，是单片机的核心部件，由运算器和控制器组成，它决定了单片机的主要功能特性，在单片机中运算和控制作用。

2. 存储器 Memory

存储器是用来存放程序和数据的功能部件。按使用功能 Memory 可分为随即存取存储器 RAM（Random Access Memory）和只读存储器 ROM（Read Only Memory），通常 ROM 用来存储程序或永久性的数据，称为程序存储器，RAM 则是用来存储临时数据，称为数据存储器。关于单片机的存储器组织，我们在后面加以详细介绍。

3. 定时/计数器

AT89C51 单片机内部有 2 个 16 位（二进制）的定时/计数器，可用来实现定时或计数功

能。定时/计数器是单片机内部非常重要的功能部件,在很多场合都需要用定时/计数器来实现精确定时及计数控制,如交通信号灯控制、直流电动机 PWM 调速控制、电子秒表等。对于定时/计数器功能部件及其应用,本书将通过典型案例进行专门介绍。

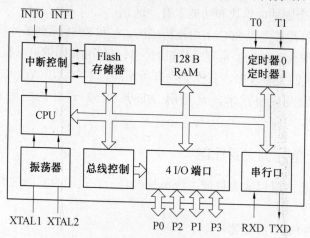

图 1.2　AT89C51 结构框图

4. 中断系统

现代计算机都引入了中断技术,其目的是为例提高 CPU 的效率以及当系统出现紧急状况能够给予及时处理。AT89C51 单片机有 5 个中断源,可提供 5 个中断服务。关于单片机的中断功能及用法、中断函数的编写,本书也会在适当的时机加以详细介绍。

5. 串行口

AT89C51 单片机内部有 1 个全双工异步串行口。通过串行口,既可以实现单片机与单片机之间的远程通信,也可以实现单片机与其他设备之间串行通信,还可以作为移位寄存器使用。可见单片机的这个串行口有多么的奇妙,本书也将开设专栏介绍串行口的应用技术。

6. 时钟电路

从上面的介绍来看,单片机内部有许多功能部件,这些功能部件需要一个统一的时钟脉冲信号作为基准,整个单片机系统才能正常工作。AT89C51 单片机内部有 1 个振荡器,只要单片机外接石英晶体(简称晶振)和谐振电容,就构成了时钟电路,系统也就具备了正常工作的基本条件。

三、AT89C51 单片机引脚功能说明

当你要设计或装接一个单片机应用系统时,首先必须要知道相应芯片的引脚定义(或功能),才能进行正确连线或焊接线路板,可见了解一个芯片的引脚功能,是完成系统设计或装接的第一步。图 1.3 是 AT89C51 的引脚图(DIP 封装)。

为了便于读者尽快熟悉单片机的引脚功能,在这里我们结合一个单片机最小系统电路原理图(图 1.4)来进行介绍。所谓单片机最小系统,就是使单片机正常运行的基本配置。

说明　本书中的大多数单片机应用电路,是在 Proteus 仿真环境中完成的。在 Proteus 仿真环境中,AT89C51 芯片的电源引脚和地引脚是不显现的,系统默认是连接了电源和地的。

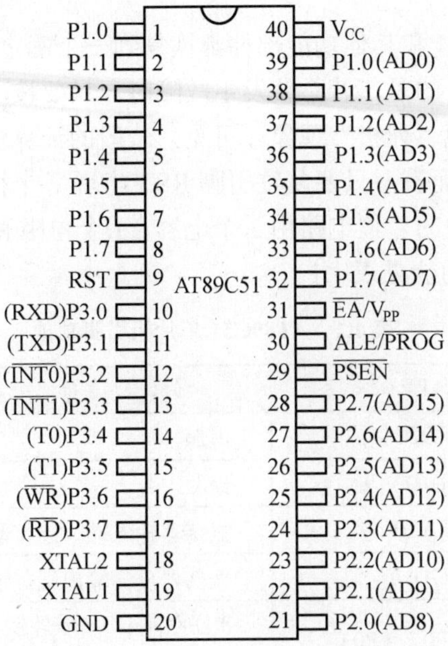

P1.0	1	40	V_CC

$$\begin{array}{llll}
\text{P1.0} & 1 & 40 & V_{CC} \\
\text{P1.1} & 2 & 39 & \text{P1.0(AD0)} \\
\text{P1.2} & 3 & 38 & \text{P1.1(AD1)} \\
\text{P1.3} & 4 & 37 & \text{P1.2(AD2)} \\
\text{P1.4} & 5 & 36 & \text{P1.3(AD3)} \\
\text{P1.5} & 6 & 35 & \text{P1.4(AD4)} \\
\text{P1.6} & 7 & 34 & \text{P1.5(AD5)} \\
\text{P1.7} & 8 & 33 & \text{P1.6(AD6)} \\
\text{RST} & 9 & 32 & \text{P1.7(AD7)} \\
\text{(RXD)P3.0} & 10 & 31 & \overline{\text{EA}}/V_{PP} \\
\text{(TXD)P3.1} & 11 & 30 & \text{ALE}/\overline{\text{PROG}} \\
\text{(}\overline{\text{INT0}}\text{)P3.2} & 12 & 29 & \overline{\text{PSEN}} \\
\text{(}\overline{\text{INT1}}\text{)P3.3} & 13 & 28 & \text{P2.7(AD15)} \\
\text{(T0)P3.4} & 14 & 27 & \text{P2.6(AD14)} \\
\text{(T1)P3.5} & 15 & 26 & \text{P2.5(AD13)} \\
\text{(}\overline{\text{WR}}\text{)P3.6} & 16 & 25 & \text{P2.4(AD12)} \\
\text{(}\overline{\text{RD}}\text{)P3.7} & 17 & 24 & \text{P2.3(AD11)} \\
\text{XTAL2} & 18 & 23 & \text{P2.2(AD10)} \\
\text{XTAL1} & 19 & 22 & \text{P2.1(AD9)} \\
\text{GND} & 20 & 21 & \text{P2.0(AD8)}
\end{array}$$

AT89C51

图 1.3　AT89C51 引脚图（DIP 封装）

1. 时钟电路

时钟电路部分由晶振 X_1 和谐振电容 C_1、C_2 组成。由于单片机内部含有振荡器，只要在单片机的 18、19 引脚接上晶振和电容，时钟电路就可以产生时钟脉冲信号，连接方法见图 1.4。

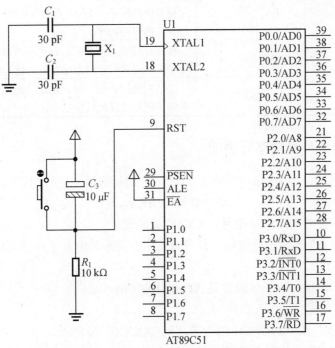

图 1.4　单片机最小系统

2. 复位电路

复位是使计算机的 CPU 和其他功能部件都恢复到一个确定的初始状态，并从这个状态开始工作。设置复位电路的目的是，若系统发生故障时，只要按下复位按钮，系统就恢复到初始状态开始工作，避免出现"死机"现象。可见，一般的计算机系统都需要复位操作。

对于 AT89C51 单片机而言，只要复位引脚 RST 出现 2 个机器周期以上的高电平，就可以产生复位操作。本案例中的复位电路由 1 个电容、1 个电阻和 1 个按钮组成，见图 1.4。

AT89C51 单片机引脚功能见表 1.1。

表 1.1　AT89C51 单片机引脚功能

引脚	名称	功　能
40	VCC	电源
20	GND	地
18	XTAL2	振荡器输入端，连接晶振。
19	XTAL1	振荡器反向输出端，连接晶振。
32～39	P0 口：P0.7～P0.0	8 位双向 I/O，需外接上拉电阻。在总线方式时作为地址（低 8 位）/数据复用口。
1～8	P1 口：P1.0～P1.7	8 位双向 I/O
21～28	P2 口：P2.0～P2.7	8 位双向 I/O。在总线方式时作为地址（高 8 位）。
10～17	P3 口：P3.0～P3.7	8 位双向 I/O。具有第二功能（后面介绍）。
9	RST	复位输入端
31	$\overline{EA}$	外部访问允许端。$\overline{EA}$ 为高电平时，CPU 执行内部存储器中的程序；当 $\overline{EA}$ 端为低电平时，CPU 执行外部存储器中的程序。
29	$\overline{PSEN}$	程序存储器访问使能，低电平有效。当 $\overline{PSEN}$ 为低电平时，允许对外部程序存储器进行读操作。
30	ALE/$\overline{PROG}$	当访问外部存储器时，ALE（地址锁存允许）的输出用于锁存地址的低位字节。

四、89 系列单片机的型号说明

89 系列单片机的型号编码由三个部分组成，它们是前缀、型号和后缀。格式如下：

$$AT89C\ XXXXXXXX$$

其中，AT 是前缀，89CXXXX 是型号，XXXX 是后缀。

下面分别对这三个部分进行说明，并且对其中有关参数的表示和意义作相应的解释。

◇ 前缀

由字母"AT"组成，表示该器件是 ATMEL 公司的产品。

◇ 型号

由"89CXXXX"或"89LVXXXX"或"89SXXXX"等表示。

"89CXXXX"中，8 表是单片及 9 是表示内部含 Flash 存储器，C 表示为 CMOS 产品。

"89LVXXXX"中，LV 表示低压产品可以在 2.5V 下工作其他的 5V 电压工作。

"89SXXXXX"中，S 表示含有串行下载 Flash 存储器。

在这个部分的"XXXX"表示器件型号数，如 51、52，1051、8252 等。

◇ 后缀

由"XXXX"四个参数组成，每个参数的表示和意义不同。在型号与后缀部分有"—"号隔开。

后缀中的第一个参数 X 用于表示速度，它的意义如下：

X=12，表示速度为 12 MHz；

X=16，表示速度为 16 MHz；

X=20，表示速度为 20 MHz；

X=24，表示速度为 24 MHz。

后缀中的第二个参数 X 用于表示封装，它的意义如下：

X=D，表示陶瓷封装；

X=Q，表示 PQFP 封装；

X=J，表示 PLCC 封装；

X=A，表示 TQFP 封装；

X=P，表示塑料双列直插 DIP 封装；

X=S，表示 SOIC 封装；

X=W，表示裸芯片。

后缀中第三个参数 X 用于表示温度范围，它的意义如下：

X=C，表示商业用产品，温度范围为 0～+70 ℃。

X=I，表示工业用产品，温度范围为-40～+85 ℃。

X=A，表示汽车用产品，温度范围为-40～+125 ℃。

X=M，表示军用产品，温度范围为-55～+150 ℃。

后缀中第四个参数 X 用于说明产品的处理情况，它的意义如下：

X 为空，表示处理工艺是标准工艺。

X=／883，表示处理工艺采用 MIL-STD-883 标准。

例如 有一个单片机型号为"AT89C51-12PI"，则表示意义为该单片机是 ATMEL 公司的 Flash 单片机，内部是 CMOS 结构，速度为 12 MHz，封装为塑封 DIP，是工业用产品，按标准处理工艺生产。

学习情境三 AT89C51 单片机存储器组织

存储器是由若干存储单元组成的。为了区分不同的存储单元，给每个存储单元都赋予一个编号，这个编号称为单元地址，CPU 通过存储单元的地址存取该单元的内容。每个存储单元可存放若干个二进制位，其位数称为存储单元的长度。一个字节等于 8 个二进制位，若干和字节构成一个字。

单片机的存储器在物理上分为片内程序存储器、片外程序存储器、片内数据存储器、片外数据存储器共 4 个存储空间；在逻辑上分为片内外统一编址的程序存储器、片内数据存储器及片外数据存储器。

一、片内数据存储器

AT89C51 的内部 RAM 共有 256 个单元，每个单元为 1 个字节，这 256 个字节按功能又分为低 128 字节和高 128 字节，其中高 128 字节离散分布了具有特殊功能的寄存器。片内数据存储器的结构如图 1.5 所示。

图 1.5　片内数据存储器的结构图

1. 工作寄存器区

工作寄存器区分布在片内 RAM 的 0x00～0x1f 区域，共 32 个单元，分为 4 组，每组有 8 个寄存器 R0～R7，见表 1.2。需要说明的是，在任一时刻，只能使用其中一组寄存器，并把当前正在使用的那组寄存器称为当前寄存器组。寄存器组的切换可以通过对特殊功能寄存器 PSW 中 RS1 和 RS0 的组合来决定。

表 1.2　工作寄存器分布

字节地址	功　　能
0x00～0x07	第 0 组工作寄存器（R0～R7）
0x08～0x0f	第 1 组工作寄存器（R0～R7）
0x10～0x17	第 2 组工作寄存器（R0～R7）
0x18～0x1f	第 3 组工作寄存器（R0～R7）

用 C51 作为单片机的编程语言时，是不会直接使用这些工作寄存器的，但在编写中断函数时，会涉及工作寄存器组的选择问题。

2. 位寻址区

内部 RAM 的 0x20～0x2f 这 16 个单元称为位寻址区。这 16 个存储单元的每一位都有一个 8 位地址，位地址范围为 0x00～0x7f。位寻址区的特点是，该区域的每个存储单元，既可以按位进行操作，也可以按字节进行操作。通常，位寻址区用于设置软件标志，使得编程更具灵活性。

3. 用户 RAM 区

单元地址为 0x30～0x7f 的区域，称为用户 RAM 区。该区域一般作为数据缓冲区，存放来至键盘的数据、命令，送往 LED 数码管的数据等等。

4. 特殊功能寄存器（SFR）

AT89C51 的定时/计数器、P0～P3 口、串行口以及各种控制寄存器都以特殊功能寄存器的形式出现，并离散地分布在片内 RAM 的 0x80～0xff 区域。在特殊功能寄存器中，凡是地址能被 8 整除的特殊功能寄存器，都可以按位寻址，位地址范围是 0x80～0xff。AT89C51 的特殊功能寄存器见表 1.3。关于特殊功能寄存器的作用及设置方法本书将在相应的章节介绍。

表 1.3　AT89C51 的特殊功能寄存器（SFR）

字节地址	位地址/位定义								SFR
0xf0	F7	F6	F5	F4	F3	F2	F1	F0	B
0xe0	E7	E6	E5	E4	E3	E2	E1	E0	ACC
0xd0	D7	D6	D5	D4	D3	D2	D1	D0	PSW
	CY	AC	F0	RS1	RS0	OV		P	
0xb8	BF	BE	BD	BC	BB	BA	B9	B8	IP
				PS	PT1	PX1	PT0	PX0	
0xb0	B7 P3.7	B6 P3.6	B5 P3.5	B4 P3.4	B3 P3.3	B2 P3.2	B1 P3.1	B0 P3.0	P3
0xa8	AF	AE	AD	AC	AB	AA	A9	A8	IE
	EA		ES	ET1	EX1	ET0	EX0		
0xa0	A7 P2.7	A6 P2.6	A5 P2.5	A4 P2.4	A3 P2.3	A2 P2.2	A1 P2.1	A0 P2.0	P2
0x99									SBUF
0x98	9F	9E	9D	9C	9B	9A	99	98	SCON
	SM0	SM1	SM2	REN	TB8	RB8	TI	RI	
0x90	97 P1.7	96 P1.6	95 P1.5	94 P1.4	93 P1.3	92 P1.2	91 P1.1	90 P1.0	P1
0x8d									TH1
0x8c									TH0
0x8b									TL1
0x8a									TL0
0x89	GAT	C/T	M1	M0	GAT	C/T	M1	M0	TMOD
0x88	8F TF1	8E TR1	8D TF0	8C TR0	8B IE1	8A IT1	89 IE0	88 IT0	TCON
0x87	SMOD								PCON
0x83									DPH
0x82									DPL
0x81									SP
0x80	87 P0.7	86 P0.6	85 P0.5	84 P0.4	83 P0.3	82 P0.2	81 P0.1	80 P0.0	P0

二、片外数据存储器

当单片机应用系统需要处理的数据量较大，内部的 RAM 空间不足以容纳时，可在外部扩充。AT89C51 单片机在其外部可扩充 64 KB 的 RAM。

三、程序存储器

AT89 系列单片机可寻址的内部和外部程序存储器总空间为 64 KB。由于 AT89C51 单片机内部有 4 KB 的程序存储器，在外部最多可扩充 60 KB 的程序存储器。当 $\overline{EA}$ 引脚接高电平时，单片机执行内部存储器中的程序；当 $\overline{EA}$ 引脚接低电平时，CPU 执行外部存储器中的程序。

在程序存储器中有一些特殊的存储单元，这些单元的配置情况见表 1.4。

表 1.4   程序存储器特殊单元说明

地　　址	用途说明
0x0000～0x0002	单片机复位后，从 0000H 开始执行程序
0x0003～0x000a	外部中断 0 中断区
0x000b～0x0012	定时/计数器 0 中断区
0x0013～0x001c	外部中断 1 中断区
0x001b～0x0022	定时/计数器 1 中断区
0x0023～0x002a	串行口中断区

学习情境四   AT89C51 单片机 I/O 口结构及功能

单片机的 I/O 口是连接单片机内外的纽带和桥梁，AT89 系列单片机的 4 个 I/O 口一般情况下作为 I/O 口使用，在结构和功能上基本相同，但又各具特点。

由于 AT89C51 单片机内部有 4 KB 的 Flash 存储器，所以在目前的 AT89C51 单片机系统中，大部分是利用 I/O 口的输入/输出功能，在使用这些功能之前，必须先要了解这些 I/O 口的特性。

一、P0 口

P0 口是一个 8 位漏极开路的双向 I/O 口，当控制信号为低电平时，作为通用的 I/O 端口使用；当控制信号为高电平时，作为数据/地址总线。需要注意的是，当 P0 口作为通用的 I/O 端口使用时，漏极处于开路状态，所以需外接上拉电阻，阻值大小需要根据负载的阻抗进行匹配，一般情况下为 1～10 kΩ。P0 口的漏极开路，每个引脚可驱动 8 个 LS 型 TTL 负载。P0 口的 1 位结构如图 1.6 所示。

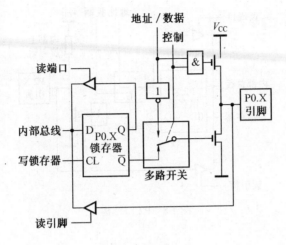

图 1.6 P0 口结构

二、P1 口

P1 口为准双向 8 位 I/O 口。P1 口内部具有约 30 kΩ 的上拉电阻，作为输出功能时，不用外接上拉电阻。若 P1 口用作输入时，必须先向端口的锁存器写 "1"，使输出场效应管截止，才能读取引脚数据，故称为 "准双向 I/O 口"。P1 口的每个引脚可驱动 4 个 LS 型 TTL 负载。P1 口的 1 位结构如图 1.7 所示。

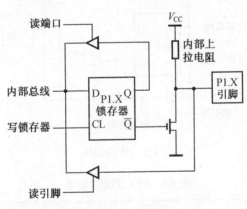

图 1.7 P1 口结构

三、P2 口

P2 口也是一个准双向 8 位 I/O 口。P2 口有两种使用功能：一种是作为通用的 I/O 端口使用，使用方法同 P1 口；另一种是作系统扩展的地址总线口，输出高 8 位的地址 A7～A15。P2 口内部具有约 30 kΩ 的上拉电阻。P2 口作为通用的 I/O 端口使用时，每个引脚可驱动 4 个 LS 型 TTL 负载。P2 口的 1 位结构如图 1.8 所示。

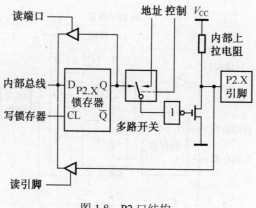

图 1.8 P2 口结构

四、P3 口

P3 口是一个多功能准双向 8 位 I/O 口。P3 口有两种使用功能：一种是作为通用的 I/O 端口使用，使用方法同 P1 口；P3 的第二功能见表 1.5。P3 口内部具有约 30 kΩ 的上拉电阻。P3 口作为通用的 I/O 端口使用时，每个引脚可驱动 4 个 LS 型 TTL 负载。P3 口的 1 位结构如图 1.9 所示。

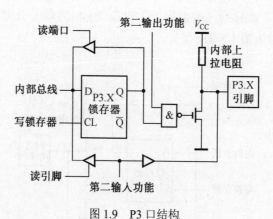

图 1.9 P3 口结构

表 1.5 P3 口的第二功能

端口引脚	第二功能
P3.0	RXD（串行口输入端）
P3.1	TXD（串行口输出端）
P3.2	$\overline{INT0}$（外部中断 0 输入端）
P3.3	$\overline{INT1}$（外部中断 1 输入端）
P3.4	T0（定时器 0 外部输入端）
P3.5	T1（定时器 1 外部输入端）
P3.6	$\overline{WR}$（外部 RAM 写选通）
P3.7	$\overline{RD}$（外部 RAM 读选通）

学习情境五 单片机时钟与 CPU 时序

一、单片机时钟

时钟电路是计算机的"心脏",是定时控制的基础,如果没有时钟,计算机就不能工作。89 系列单片机和 51 系列单片机一样,片内由一个高增益反向放大器构成振荡电路,可用两种方式产生单片机工作所需的时钟。

1. 内部方式

在单片机的引脚 XTAL1 和 XTAL2 之间连接一个石英晶体(简称晶振)及 2 个谐振电容就构成了稳定的自激振荡器,通常谐振电容的值为 30 pF,晶振的选择视单片机应用场合而定,一般的典型值为 12 MHz、24 MHz 或 11.059 2 MHz,如图 1.10 所示。

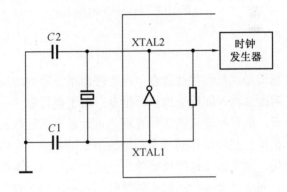

图 1.10 内部时钟方式

2. 外部方式

在外部方式下,XTAL1 接地,XTAL2 接外部振荡源,直接送至内部时钟电路,如图 1.11 所示。外部方式通常用于多个单片机同时工作,以便于同步。

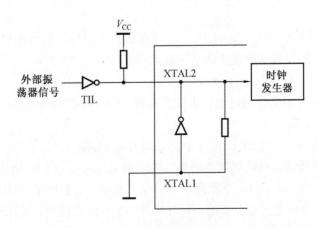

图 1.11 外部时钟方式

不论是内部时钟方式还是外部时钟方式，时钟发生器将振荡信号二分频，向 CPU 提供了一个两相时钟信号 P1 和 P2，作为 CPU 的时钟信号，如图 1.12 所示。

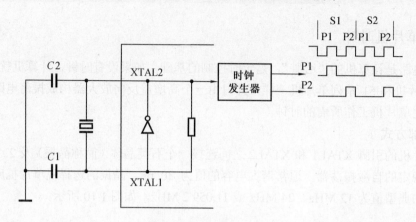

图 1.12　单片机的时钟

二、CPU 时序

计算机的工作过程就是执行程序的过程，而程序由指令序列组成，因此，执行程序的过程，就是执行指令序列的过程，即逐条地执行指令。由于执行每一条指令，都包括取指令和执行指令两个基本阶段，所以计算机的工作过程，也就是不断地取指令和执行指令的过程。

指令是指示计算机执行某种操作的命令。每条指令可完成一个独立的操作。一条指令就是机器语言的一个语句，用来指示计算机硬件应完成什么样的基本操作。一条指令可分解为若干个基本的微操作，而这些微操作所对应的时钟信号在时间上有严格的先后次序，这种次序就是计算机的时序。

下面介绍几个关于 CPU 时序的概念：

1. 时钟周期

时钟周期，又称状态周期或 S 周期，它是振荡周期的 2 倍。一般把振荡信号的周期定义为节拍，一个时钟周期分为 2 个节拍 P1 和 P2。

2. 机器周期

一个机器周期包含 6 个时钟周期，即 12 个振荡周期组成。可以用机器周期把一条指令划分为若干个阶段，每个机器周期完成某些规定的动作。

3. 指令周期

CPU 执行一条指令所需要的时间称为指令周期，它以机器周期为单位。一个指令周期通常包含 1～4 个机器周期。

若外接晶振的频率为 12 MHz，则一个机器周期为 1 μs。

振荡周期、时钟周期、机器周期和指令周期的相互关系如图 1.13 所示。

上面介绍有关 CPU 时序的几个概念，对于深入理解单片机的定时/计数器、中断、串行口、串行总线的工作原理是大有益处的；同时从另一个方面也说明，计算机执行指令（语句）是需要时间的，而且是可以计算出来的，是我们编写延时函数的依据。

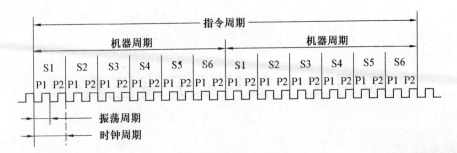

图 1.13 CPU 的时序

习 题

1. 简述什么是单片机。
2. 简述 AT89C51 单片机的组成及各功能部件的作用。
3. 简述 AT89C51 单片机的 I/O 端口的功能。
4. 简述 AT89C51 单片机的存储器组织。
5. 简述构成 AT89C51 单片机最小系统的必要组成部分。
6. 简述振荡周期、时钟周期、机器周期和指令周期的相互关系。

项目二 单片机开发工具

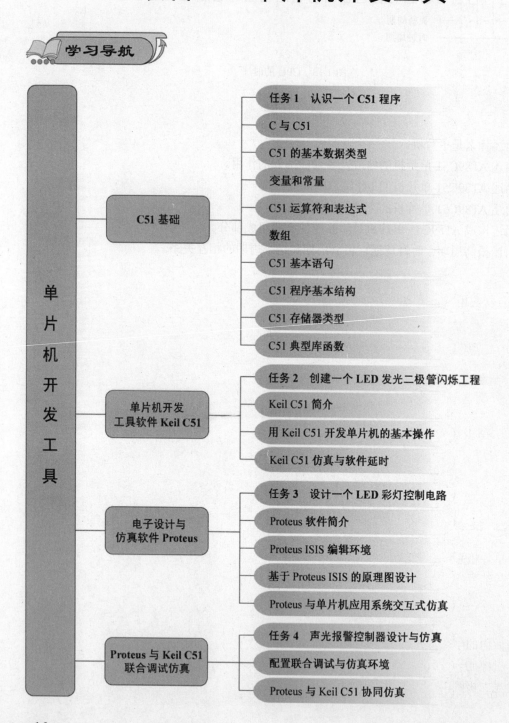

学习导航

单片机开发工具

C51 基础
- 任务 1 认识一个 C51 程序
- C 与 C51
- C51 的基本数据类型
- 变量和常量
- C51 运算符和表达式
- 数组
- C51 基本语句
- C51 程序基本结构
- C51 存储器类型
- C51 典型库函数

单片机开发工具软件 Keil C51
- 任务 2 创建一个 LED 发光二极管闪烁工程
- Keil C51 简介
- 用 Keil C51 开发单片机的基本操作
- Keil C51 仿真与软件延时

电子设计与仿真软件 Proteus
- 任务 3 设计一个 LED 彩灯控制电路
- Proteus 软件简介
- Proteus ISIS 编辑环境
- 基于 Proteus ISIS 的原理图设计
- Proteus 与单片机应用系统交互式仿真

Proteus 与 Keil C51 联合调试仿真
- 任务 4 声光报警控制器设计与仿真
- 配置联合调试与仿真环境
- Proteus 与 Keil C51 协同仿真

❖ 熟知 C51 的数据类型、运算符、基础语句
❖ 熟知 C51 中常用的头文件及预处理命令
❖ 掌握 Keil 的基本操作
❖ 掌握 Proteus 的基本操作

❖ 能熟练使用 Keil 软件创建项目、编写、编译、调试简单的应用程序
❖ 能熟练使用 Proteus 软件进行原理图设计及仿真

　　"工欲善其事，必先利其器"。如前所述，单片机是芯片级的计算机，实质上就是一个芯片，其本身并不能完成任何功能。若要使单片机实现各种控制功能，需要以单片机为核心，根据要求在其外围增设一些功能电路，组成单片机硬件电路，并编写应用程序，最后还要对硬件电路、应用程序进行调试及仿真，直至满足设计要求，上述过程称之为单片机开发。在单片机开发过程中，涉及的电路设计、编程、调试及仿真等环节所用的设备与软件称为单片机开发工具。51 单片机的开发工具多种多样，常用的有电子设计软件 Altium Designer 08、编程语言 C51、单片机开发工具软件 Keil C51、电子设计与仿真软件 Proteus。

　　本项目从应用的角度出发，介绍 51 单片机常用的开发工具 C51、Keil C51、Proteus。

学习情境一　C51 基础

　　C 语言是一种广泛应用的程序设计语言。C 语言功能丰富，使用灵活，可移植性好，既有高级语言的优点，又有汇编语言的特点，很多硬件开发都用 C 语言编程。C51 语言是从 C 语言演变而来的，是 C 语言的扩充。

任务 1　认识一个 C51 程序

任务描述

　　一个单片机系统是由软件和硬件两部分组成的，当硬件电路设计、制作完成后，接下来的工作就是编写应用程序，使单片机系统运行起来。在单片机程序开发中，C 语言成为工程技术人员首选的开发工具，用 C 语言编程具有开发周期短、调试灵活方便等优势。本任务通过一个典型案例，主要介绍如何用 C51 语言编写一个单片机应用程序，以及 C51 程序的基本结构，为后面的学习奠定基础。

　　单片机控制一个发光二极管闪烁系统的硬件电路如图 2.1 所示，要求：编写一个控制程序，使发光二极管闪烁。

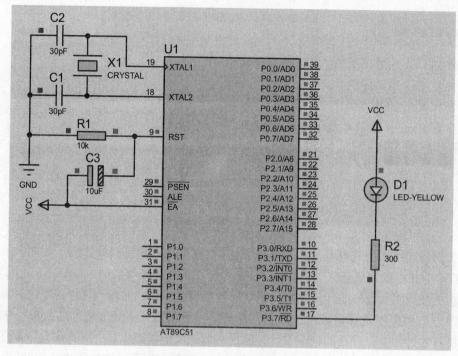

图 2.1 发光二极管闪烁控制电路

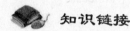 **知识链接**

一、C 与 C51

C 语言是一门应用非常广泛的计算机程序设计语言，符合 ANSI-C 标准，C 语言具有下列特点：

（1）结构化语言。C 语言由函数构成。函数包括标准函数和自定义函数，每个函数就是一个功能相对独立的模块。C 语言还提供了多种结构化的控制语句，如顺序、条件、循环结构语句，满足程序设计结构化的要求。

（2）数据类型丰富。C 语言具有丰富的数据类型，便于实现各类复杂的数据结构。如与地址密切相关的指针及其运算符，直接访问内存地址；位（bit）运算符可实现按位操作。

（3）可移植性好。C 语言程序不依赖于计算机硬件系统，用 C 语言编写的功能代码能够非常方便地从一个工程移植到另一个工程，从而减少了开发时间。

C51 语言是以 ANSI-C 为标准发展起来的，即在 C 语言的基础上扩充的一些关键字、数据类型。C51 是支持 C51 语言的编译器，如 Keil C51。用 C51 编程与用汇编 ASM-51 编程相比，具有如下优点：

（1）不需要了解单片机的指令系统，也不必了解存储器结构，就可以直接编程控制单片机。

（2）寄存器分配、不同存储器的寻址及数据类型等细节由编译器自动管理。

（3）程序有规范的结构，可分成不同的函数，可使程序结构化。

（4）编译器提供了很多标准函数，可大大提高编程效率。

（5）可移植性好。由于不同系列的嵌入式系统的 C51 编译器都是以 ANSI-C 为基础进行开发的，因此，一种 C51 环境下所编写的 C51 程序，只需将部分与硬件相关的地方和编译链接的参数进行适当的修改，就可以方便移植到另外一种系统上，可减少程序开发时间。

二、　C51 的基本数据类型

数据是计算机操作的对象，具有一定格式的数字或数值统称为数据，数据的不同格式称为数据类型。

C51 的数据类型与 C 语言略有不同，C 语言中的基本数据类型为 char、int、short、long、float 和 double，在 C51 中的默认规则如下：short int 即为 int，long int 即为 long，前面若无 unsigned 符号则一律认为是 signed。sbit、bit、sfr 和 sfr16 是 C51 编译器扩充的数据类型。C51 的基本数据类型见表 2.1。

表 2.1　C51 的基本数据类型

数据类型	关键字	所占位数	表示数的范围
无符号字符型	unsigned char	8	0~255
有符号字符型	char	8	−128~127
无符号整型	unsigned int	16	0~65 535
有符号整型	int	16	−32 768~32 767
无符号长整型	unsigned long	32	0~4 294 967 295
有符号长整型	long	32	−2 147 483 648~2 147 483 647
单精度实型	float	32	3.4e-308~3.4e308
双精度实型	double	64	1.7e-308~1.7e308
指针	*	8~24	对象的地址
位类型	bit	1	0~1
特殊功能位声明	sbit	1	0~1
特殊功能寄存器声明	sfr	8	0~255
16 位特殊功能寄存器声明	Sfr16	16	0~65 535

注：数据类型中加灰色底纹的部分为 C51 扩充数据类型

1. 字符型 char

char 类型的数据长度为一个字节，通常用于定义处理字符数据的变量或常量。

2. 整型 int

int 类型的数据长度为两个字节，用于存放一个双字节数据。

3. 长整型 long

long 长整型数据长度为四个字节，用于存放一个四字节数据。

4. 浮点型 float

float 浮点型数据长度占四个字节。许多复杂的数学表达式都采用浮点数据类型,它用符号位表示数的符号,用阶码与尾数表示数的大小。

5. 指针型 *

指针是 C 语言提供的一种特殊的数据类型,它只存放地址型数据。指针变量就是 C 语言中专门存放地址型数据的变量。指针变量中存放指向另一个数据的地址。指针变量占据一定的内存单元,对于不同的处理器,其长度也不同,在 C51 中它的长度一般为 1~3 个字节。指针变量也有数据类型,C51 编译器支持用星号"*"进行指针声明。C51 编译器支持两种不同类型的指针:通用指针和存储器指针。通用指针可以用来访问所有类型的变量,存储器类型指针总是指向所声明的特定存储器空间。在 C51 中,指针的数据是由单片机 P2 口和 P0 口组成的地址。

6. 位类型 bit

位类型 bit 是 C51 编译器的一种扩充数据类型,利用它可定义一个位类型变量,但不能定义位指针,也不能定义位数组。它的值是一个二进制位,只有 0 或 1。

7. 特殊功能寄存器 sfr

sfr 也是 C51 扩充的数据类型,占用一个字节,值域为 0~255,利用它可以访问单片机内部的所有特殊功能寄存器。

单片机内部有很多特殊功能寄存器,每个寄存器在单片机的内部都分配有唯一的地址,一般我们会根据寄存器功能的不同给寄存器赋予相对应的名称,当我们需要在程序中操作这些特殊功能寄存器时,必须要在程序的最前面将这些名称加以声明,声明的过程实际就是将这个寄存器在内存中的地址编号赋予这个名称,这样编译器在以后的程序中才可认知这些名称所对应的寄存器。

例如 sfr SCON=0x98;

SCON 是单片机的串行口控制寄存器,这个寄存器在单片机的内存地址是 0x98。这样声明后,我们在以后要操作这个寄存器时,就可以直接对 SCON 进行操作,这时编译器清楚我们要操作的是单片机内部 0x98 地址处的这个寄存器,而 SCON 仅仅是这个地址的一个代号或是名称而已。

需要说明的是,单片机的特殊功能寄存器声明都包含在头文件"reg51.h"中了,在程序最前面使用编译预处理命令"#include <reg51.h>"后,以后就不用再对单片机的特殊功能寄存器进行单独声明了。

8. 16 位特殊功能寄存器 sfr16

sfr16 也是 C51 扩充的数据类型,占用 2 个字节,值域为 0~65535,用来定义 16 位特殊功能寄存器。sfr16 和 sfr 一样用于操作特殊功能寄存器,所不同的是它用于操作占两个字节的寄存器。采用 sfr16 定义 16 位特殊功能寄存器时,两个字节地址必须是连续的,并且低字节地址在前,定义时赋值号后面是它的低字节地址。使用时,把低字节地址作为整个 sfr16 地址。如 8052 定时器 T2,使用地址 0xcc 和 0xcd 作为低字节和高字节,可以用如下方式定义:

sfr16 T2=0xcc; //这里定义 8052 定时器 2,地址为 T2L=0xcc,T2H=0xcd

9. 可寻址位 sbit

sbit 类型也是 C51 的一种扩充数据类型，利用它可以访问芯片内部 RAM 中的可寻址位或特殊功能寄存器中可寻址位。例如：sbit led=P1^0;定义了用 led 表示 P1.0 引脚。

三、变量和常量

单片机程序中处理的数据有常量和变量两种形式，二者的区别在于：常量的值在程序执行过程中是不能发生变化的，而变量的值在程序执行过程中可以发生变化。

1. 标识符

用来标识变量名、函数名、数组名、类型名、文件名的有效字符序列称为标识符，简单地说，标识符就是一个名字。

C 语言规定标识符只能由字母、数字和下划线三种字符组成，且第一个字符必须为字母或下划线。

2. 常量

常量是指在程序执行过程期间其值固定、不能被改变的量。常量的数据类型有整型、浮点型、字符型、字符串型和位类型。

3. 变量

变量是一种在程序执行过程中其值可以改变的量。一个变量由变量名和变量值组成，变量名是存储单元地址的符号表示，而变量的值就是该单元存放的内容。

变量必须先定义、后使用，用标识符作为变量名，并指明数据类型和存储模式，这样编译系统才能为变量分配相应的存储空间。变量的定义格式如下：

[存储种类] 数据类型 [存储器类型] 变量名表；

其中，数据类型和变量名表是必要的，存储种类和存储器类型是可选项。

四、C51 运算符和表达式

C51 的基本运算符主要有：算术运算符、关系运算符、逻辑运算符、位运算符、赋值运算符、条件运算符、逗号运算符、指针运算符、下标运算符、自增自减运算符、函数调用运算符、强制类型转换运算符等，如表 2.2 所示。

表达式是由运算符及运算对象组成的、具有特定含义的式子。

1. 算术表达式

用算术运算符和括号将运算对象连接起来的、符合 C 语法规则的式子，称算术表达式。运算对象包括常量、变量、函数等。

例如　a+b/5-c

2. 赋值表达式

赋值运算符 "=" 的作用是给变量赋值。用赋值运算符将一个变量与一个表达式连接起来式子称为赋值表达式，在赋值表达式后面加 ";" 号，便构成了赋值语句。赋值语句的格式如下：

变量=表达式；

例如　a=0x35；//将十六进制数 35 赋予变量 a

赋值表达式的功能是计算表达式的值再赋予左边的变量。

3. 关系表达式

用关系运算符连接的式子称为关系表达式。关系表达式的一般形式为：

表达式 关系运算符 表达式

关系表达式的值只有 0 和 1 两种，即逻辑的"真"与"假"。当指定的条件满足时，结果为 1，否则结果为 0。

例如 a+b<c //若 a=2，b=3，c=4，则表达式的值为 1（真）

4. 逻辑表达式

用逻辑运算符连接的式子称为逻辑表达式。逻辑表达式的值只有 0 和 1 两种，即"真"与"假"。当指定的条件满足时，结果为 1，否则结果为 0。

5. 位运算表达式

位运算符的作用是按二进制位对变量进行运算，用位运算符连接的式子称为位表达式。

通常情况下，按位与运算可对某些位清零或保留某些位，按位或运算可将指定位置 1、其余位不变。

表 2.2　C51 的基本运算符

运算符	功能	运算类型
＋、－、*、/、%	加、减、乘、除、取余	算术运算
>、<、==、>=、=<、! =	大于、小于、等于、大于等于、小于等于、不等于	关系运算符
&&、‖、!	与、或、非（左结合）	逻辑运算符
<<、>>、&、|、~、^	左移、右移、按位与、按位或、按位取反、按位异或	位运算符
=	赋值	赋值运算符
? :	表达式 1? 表达式 2；表达式 3	条件运算符
,	表达式 1，表达式 2，…	逗号运算符
*、&	指针、取地址	指针运算符
（）	强制类型转换	强制类型转换运算符
[]	下标运算	下标运算符
＋＋、－－	自增 1、自减 1（向右结合）	自增 1、自减 1 运算符
（）	函数	函数调用运算符
＋=、－=、*=、/=、%=、>>=、<<=、&=、! =	（如 i+=1 等价于 i=i+1）	符合运算符

例如 清除 P1 口的 P1.7~P1.4 为 0，保持 P1.3~P1.0 不变，可执行"P1=P1&0x0f;"操作。

左移运算符"<<"的功能是，将"<<"左边的操作数的各位二进制全部左移若干位，移动的位数由"<<"右边的常数指定，高位丢弃，低位补 0。

例如 a=00000011B，执行"a<<4"操作后，a 的值为 00110000。

右移运算符"＞＞"的功能是，将"＞＞"右边的操作数的各位二进制全部右移若干位，移动的位数由"＞＞"左边的常数指定。进行右移时，如果是无符号数，则总是在其左端补 0；对于有符号数，在右移时，符号位将随同移动。

例如　设 a=0x98，如果 a 为无符号数，则执行"a＞＞2"操作后，a 的值为 001001110B；如果 a 为有符号数，则执行"a＞＞2"操作后，a 的值为 111001110B。

五、数组

由若干类型相同的相关数据项按顺序存储在一起形成的一组同类型有序数据的集合，称为数组。通常，用一个统一的名字标识这组数据，这个名字称为数组名，构成数组的每一个数据项称为数组的元素，同一数组中的元素必须具有相同的数据类型，而且这组数据在内存中将占据一段连续的存储单元。

数组作为带有下标的变量，也遵循"先定义，后使用"的原则。程序设计中最常用的是一维和二维数组。

1. 一维数组

一维数组的定义格式如下：

类型说明符　数组名[常量表达式]；

类型说明符是指数组中每个元素的类型。数组名是用户定义的数组标识符。方括号中的常量表达式表示数组元素的个数，也称为数组的长度。

例如　unsigned char a[10]；/* 定义字符型数组 a，有 10 个元素，a[0]，a[1]，…，a[9]。*/

定义数组需要注意以下几点：

① 数组名的书写规则应符合标识符的书写规定。

② 数组名不能与其他变量名相同。

③ 方括号中常量表达式表示数组元素的个数，数组元素的下标从 0 开始计算。

数组元素也是一种变量，其标志方法为数组名后跟一个下标。下标表示该数组元素在数组中的顺序号，只能为整型常量或整型表达式。

C 语言规定数组不能整体引用，每次只能引用数组的一个元素。

使用赋值语句和初始化赋值的方法给数组元素赋值。

数组初始化赋值是指在数组定义时给数组元素赋值，初始化赋值的一般形式为：

类型说明符　数组名[常量表达式]={表达式 1，表达式 2，…，表达式 n}；

当数组元素的初值全部列于初始化列表时，可以省略对数组长度的说明。

例如　unsigned char a[ ]={1,2,3,4,5,6,7,8,9,10}；

2. 二维数组

二维数组的定义格式如下：

类型说明符　数组名[常量表达式 1][常量表达式 2]；

其中常量表达式 1 表示第一维数组下标的长度，常量表达式 2 表示第二维数组下标的长度。

例如　unsigned int num[3][4]；

说明了一个 3 行 4 列的数组，数组名为 num，数组共有 3×4 个元素。

在定义二维数组时，第二维的长度说明不能省略。

六、C51 基本语句

1. 表达式语句

表达式语句是最基本的 C 语言语句。表达式语句由表达式加上分号";"组成，其一般形式如下：

```
表达式；
```

执行表达式语句就是计算表达式的值。

例如

P1=0x00;

i++;

在 C 语言中有一个特殊的表达式语句，称为空语句。空语句中只有一个分号";"，程序执行空语句时需要占用一条指令的执行时间，但是什么也不做。在 C51 程序中，常常把空语句作为循环体，用于消耗 CPU 时间等待事件发生的场合。典型的应用是在延时函数中，空语句作为循环体出现。

2. 复合语句

把多个语句用大花括号"{}"括起来，组合在一起形成具有一定功能的模块，这种由若干条语句组合而成的语句块称为复合语句。在 C 语言的函数中，函数体就是一个复合语句。

3. 选择语句

在 C 语言中，选择结构程序设计一般用 if 语句或 switch 语句来实现。if 语句又有 if、if-else 和 if-else-if 三种不同的形式。下面对选择语句进行介绍。

（1）基本 if 语句。基本 if 语句的格式如下：

```
if（表达式）
{
   语句组；
}
```

if 语句的执行过程：当"表达式"的值为"真"时，执行其后的语句组，否则跳过该语句组，继续执行下面的语句。if 语句的执行过程如图 2.2 所示。

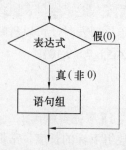

图 2.2　if 语句执行过程

（2）if-else 语句。if-else 语句的一般格式如下：

```
if（表达式）
{
    语句组 1；
}
else
{
    语句组 2；
}
```

if-else 语句的执行过程：当"表达式"的值为"真"时，执行其后的语句组 1，否则执行语句组 2。if-else 语句的执行过程如图 2.3 所示。

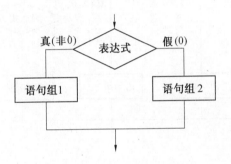

图 2.3　if-else 语句执行过程

（3）if-else-if 语句。if-else-if 语句是由 if else 语句组成的嵌套，用于实现多个条件分支的选择，其一般格式如下：

```
if（表达式 1）
{
    语句组 1；
}
else if（表达式 2）
{
    语句组 2；
}
    ……
else if（表达式 n）
{
    语句组 n；
}
else
{
```

        语句组 n+1;

    }

if-else-if 语句的执行过程如图 2.4 所示。

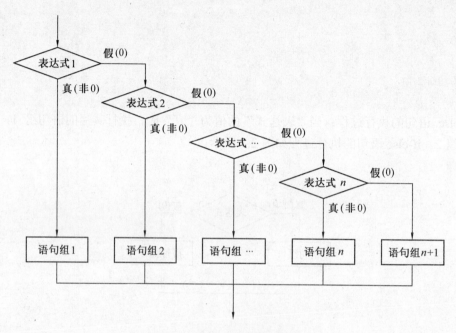

图 2.4　if-else-if 语句执行过程

【说明】　*if 语句一般用于单一条件或分支数目较少的场合，如果使用 if 语句超过 3 个以上分支的程序，就会降低程序的可读性。*

（4）switch 语句。C 语言提供了一种用于多分支选择的 switch 语句，其一般格式如下：

```
switch（表达式）
{
    case 常量表达式 1：语句组 1；break；
    case 常量表达式 2：语句组 2；break；
    ……
    case 常量表达式 n：语句组 n；break；
    default ：        语句组 n+1；
}
```

switch 语句的执行过程是：首先计算表达式的值，并逐个与 case 后的常量表达式的值相比较，当表达式的值与某个常量表达式的值相等时，则执行对应该常量表达式后的语句组，再执行 break 语句，跳出 switch 语句的执行，继续执行下一条语句。如果表达式的值与所有 case 后的常量表达式均不相同，则执行 default 后的语句。

switch 语句的执行过程如图 2.5 所示。

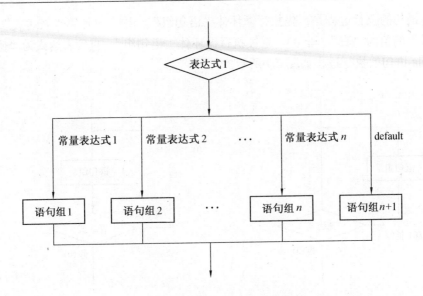

图 2.5 switch 语句执行过程

4. 循环语句

在结构化程序设计中，循环程序结构是一种很重要的程序结构，几乎所有的应用程序都包含循环结构。

循环结构程序的特点：当给定的循环条件成立时，重复执行给定的程序段，直到条件不成立时为止。给定的条件称为循环条件，需要重复执行的程序段称为循环体。

在 C 语言中，可以用 while 语句、do-while 语句和 for 语句来实现循环程序结构。

（1）while 语句。while 语句用来实现"当型"循环结构，即当条件为"真"时，执行循环体。while 语句的一般形式为：

```
while（表达式）
  {
    语句组；/* 循环体 */
  }
```

其中，"表达式"通常是逻辑表达式或关系表达式，为循环条件，"语句组"是循环体，即被重复执行的程序段。

while 语句的执行过程是：首先计算"表达式"的值，当值为"真"（非 0）时，执行循环体"语句组"。while 语句的执行过程如图 2.6 所示。

（2）do-while 语句。do-while 语句用来实现"直到型"循环结构，即先执行一次循环体后，再进行循环条件判断。

do-while 语句的一般格式如下：

```
do
{
  语句组；/* 循环体 */
}while（表达式）；
```

do-while 语句的执行过程是：先执行循环体"语句组"一次，再计算"表达式"的值，如果"表达式"的值为"真"（非 0），继续执行循环体"语句组"，直到表达式为"假"（0）为止。do-while 语句的执行过程如图 2.7 所示。

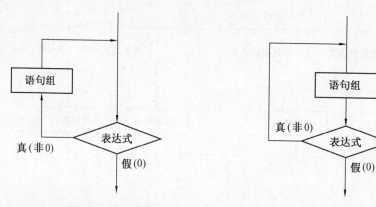

图 2.6　while 语句执行过程　　　　图 2.7　do-while 语句执行过程

（3）for 语句。在 C 语言中，当循环次数已知的情况下，使用 for 语句比 while 和 do-while 语句更为方便。for 语句的一般格式如下：

```
for（循环变量赋初值；循环条件；修改循环变量）
{
    语句组；/ * 循环体 * /
}
```

for 语句的执行过程如下：

① 先执行第一个表达式，给循环变量赋初值，通常这里是一个赋值表达式。

② 执行第二个表达式，若其值为"真"（非 0），则执行循环体"语句组"一次，再执行下面第③步；若其值为"假"（0），则转到第⑤步循环结束。第二个表达式通常是关系表达式或逻辑表达式。

③ 计算第三个表达式，修改循环控制变量。

④ 跳转到第②步继续执行。

⑤ 循环结束，执行 for 语句下面的语句。

for 语句的执行过程如图 2.8 所示。

5. break 和 continue 语句

在 C 语言中，break 语句和 continue 语句用来结束循环。

break 语句中断当前循环，通常在 switch 语句、while、for 或 do-while 循环中使用 break 语句。执行 break 语句会退出当前循环，并开始执行下面的语句。

continue 语句的作用是结束本次循环，即跳出循环体中尚未执行的语句，强行执行下一次循环。continue 语句只能用在 for、while、do-while 等循环中，通常与 if 条件语句一起使用，用来加速循环结束。

break 语句和 continue 语句的区别：break 语句是直接结束整个循环过程，不再判断执行循环的条件是否成立；continue 语句则是结束本次循环，而不是终止整个循环的执行。

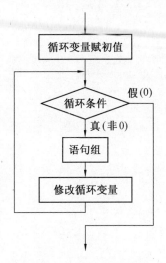

图 2.8　for 语句执行过程

七、C51 程序基本结构

C 语言程序由一个或若干个函数组成，每个函数完成相对独立的功能。每个 C 程序都必须（且仅有）一个主函数 main()，程序的执行总是从主函数开始，再调用其他函数后返回主函数 main()，不管函数的排列顺序如何，最后在主函数中结束整个程序。

函数定义的一般形式：

```
类型标识符　函数名（形式参数列表）
{
    声明部分
    语句
}
```

其中，"类型标识符"说明了函数返回值的类型。"函数名"是自定义函数的名字。"形式参数列表"中的参数称为形式参数，简称形参，在函数调用时，主调函数把实际参数的值传递给被调用函数中的形参。如果定义的是无参数函数，可以没有形式参数表，但是圆括号不能省略。花括弧内是函数体，它包括声明部分和语句，声明部分是对在函数内部使用的局部变量进行定义，语句是为完成函数的特定功能而设置的语句。

函数调用就是在一个函数体中引用另外一个已经定义的函数，前者称为主调函数，后者称为被调用函数。函数调用的一般格式为：

```
函数名（实际参数列表）；
```

1. C51 程序的基本结构

```
#include<reg51.h>        / * 头文件声明部分，预处理部分 * /
unsigned char a1，a2；    / * 全局变量声明部分 * /
```

```
…Function(…) {……}        /* 功能函数定义部分 */
main()
{
    unsigned int  i, j;       /* 整型变量声明部分 */
    Function(…) ;            /* 函数调用 */
    ……                      /* 语句 */
}
```

2. C51 程序的一般结构

```
预处理
全局变量声明
函数 1 声明
……
函数 n 声明
main()
{
    局部变量声明；
    执行语句；
    函数调用；
}
类型标识符  函数名 1（形式参数列表）
{
    局部变量声明；
    执行语句；
    函数调用；
}
……
类型标识符  函数名 n（形式参数列表）
{
    局部变量声明；
    执行语句；
    函数调用；
}
```

八、C51 存储器类型

51 系列单片机存储器结构为哈佛结构。哈佛结构是一种将程序存储器和数据存储器分开的存储器结构，其主要特点是将程序和数据存储在不同的存储空间，即程序存储器和数据存储器是两个独立的存储器，每个存储器独立编址、独立访问。

1. 数据存储器类型

51 单片机有片内、片外数据存储器。片内数据存储器还分为直接寻址区和间接寻址区，分别对应 data（片内直接）、bdata（片内可位寻址）和 idata（片内间接）类型，片外存储器则根据访问空间大小分 xdata（片外 64K）、pdata（片外 256 字节）类型。使用不同的存储器，程序执行效率不同，在编写 C51 程序时，最好指定变量的存储类型，这样将有利于提高程序执行效率。

在 51 系列单片机中，data、bdata、idata、pdata、xdata 存储类型的区别如下：

data 类型：固定指片内存储器 0x00~0x7F 的 128 个字节 RAM，速度快，生成的代码也最小。

bdata 类型：固定指片内存储器 0x00~0x2F 的 16 个 RAM 字节，可以处理二进制的一位信号。

idata 类型：固定指片内存储器 0x00~0xFF 的 256 个字节 RAM，其中前 128 位和 data 类型的 128 位完全相同，只是访问方式不同。idata 类型是用类似 C 程序中的指针方式访问。

pdata 类型：片外存储器扩展 RAM，寻址空间为 256 字节，一般由 P0 口低 8 位地址而定。用类似 C 程序中的指针方式访问或用绝对地址方式访问。

xdata 类型：片外存储器扩展 RAM，指外部 0x0000~0xFFFF 空间，由 P2 口和 P0 口 16 位地址而定，寻址空间为 64 K 字节。用类似 C 程序中的指针方式访问或用绝对地址方式访问。

2. 程序存储器类型

单片机内部程序存储器一般在 4~64 K 字节，外部程序存储器则可在 1~64 K 字节。与程序存储器相对应的存储器类型只有 code 类型。

表 2.3 给出了 6 钟不同的存储器类型及说明。

表 2.3 存储器类型

存储器类型	说　　　明
data	直接访问内部设计存储器（128 字节），访问速度最快
bdata	可位寻址内部数据存储器（16 字节），允许位与字节混合访问
idata	间接访问内部数据存储器（256 字节），允许访问全部内部地址
pdata	分页访问外部数据存储器（256 字节）
xdata	外部数据存储器（64 KB）
code	程序存储器（64 KB）

九、C51 典型库函数

从用户使用角度来看，函数有两种类型：标准库函数和用户自定义函数。

标准库函数是由 C51 的编译器提供的，用户可以直接调用。Keil C51 编译器提供了 100 多个标准库函数供用户使用。常用的 C51 标准库函数包括一般 I/O 端口函数，访问 SFR 地址函数等。在 C51 编译环境中，以头文件的形式给出，使用时在程序最前面用"#include"预处理引入相应的头文件。

用户自定义函数是用户根据需要自行编写的函数，它必须先定义之后才能被调用。

编程时调用 C 语言函数库可以缩短开发程序的周期。下面介绍几种典型库函数。

1. absacc.h

该头文件定义了几个宏，以确定各存储空间的绝对地址。包括：CBYTE、XBYTE、PWORD、DBYTE、CWORD、XWORD、PBYTE、DWORD。具体使用方式可打开该库函数文件查询。

例如：

rval=CBYTE[0x0002]; /* 指向程序存储器的 0x0002 地址 */

rval=XWORD[0x0002]; /* 指向片外 RAM 的 0x0004 地址 */

2. intrins.h

头文件 intrins.h 提供了循环左移、右移、空操作、位测试等函数原型，供用户使用。以下为几种函数原型及实例。

原型 1：

unsigned char _crol_(unsigned char val，unsigned char n); /* 字符循环左移 */

unsigned int _irol_(unsigned int val，unsigned char n);   /* 整数循环左移 */

unsigned int _lrol_(unsigned int val，unsigned char n);   /* 长整数循环左移 */

例如

```
#include<intrins.h>
main()
{
    unsigned int y;
    y=0x00ff;
    y=_irol_(y，4);
}
```

原型 2：

unsigned char _cror_(unsigned char val，unsigned char n); /* 字符循环右移 */

unsigned int _iror_(unsigned int val，unsigned char n);   /* 整数循环右移 */

unsigned int _lror_(unsigned int val，unsigned char n);   /* 长整数循环右移 */

例如

```
#include<intrins.h>
main()
{
    unsigned int y;
    y=0xff00;
    y=_iror_(y，4);
}
```

原型 3：

void _nop_(void); /* 产生一个 nop 指令（空操作），该函数可用作 C 程序的延时 */

例如

P1_1=0;

nop();

P1_1=1;

原型 4:

bit _testbit_(bit，x);

该函数测试一个位，当置位时返回 1，否则返回 0。如果该位置为 1，则将该位复位为 0。_testbit_只能用于可直接寻址的位，在表达式中使用是不允许的。

3. reg51.h

标准的 8051 头文件，定义了所有特殊功能寄存器（SFR）名及位名，在单片机编程时，都要包含该头文件。

4. stdio.h

输入输出流函数。可用于 8051 的串行口或用户自定义的 I/O 口读写数据，缺省时为 8051 串行口。如要修改，可修改 lib 目录中的 getkey.c 及 putchar.c 源文件，然后在库中替换他们即可。

 任务实施

单片机控制一个 LED 发光二极管闪烁程序设计方案：用单片机的 P3.7 引脚连接发光二极管，当 P3.7 引脚为低电平时，发光二极管点亮；当 P3.7 引脚为高电平时，发光二极管熄灭。发光二极管的亮、灭时间控制可通过软件延时的方式实现，即首先让 P3.7 引脚输出低电平"0"，延时 500ms，然后再让 P3.7 引脚输出高电平"1"，无限重复上述操作，就能使发光二极管闪烁。

LED 闪烁控制程序如下：

```c
#include<reg51.h>        /* 包含头文件 reg51.h */
sbit led=P3^7;           /* 定义 P3.7 引脚为 led */
delay(unsigned int ms);  /* 延时函数声明 */
main()
{
   while(1)
   {
      led=0;        /* 点亮 LED */
      delay(500);   /* 延时 500ms */
      led=1;        /* 熄灭 LED */
      delay(500);   /* 延时 500ms */
   }
}
delay(unsigned int ms)
{
```

```
unsigned int i,j;
for(i=ms;i>0;i--)
    for(j=124;j>0;j--);
}
```

LED 闪烁控制程序说明：

① #include<reg51.h>头文件。

reg51.h 是头文件，它定义了 51 系列单片机内部所有的特殊功能寄存器。本任务是用 P3 口的 P3.7 引脚控制 LED 发光二极管闪烁，这就涉及了单片机的特殊功能寄存器 P3。在程序中通过编译预处理命令#include<reg51.h>，就将这个头文件的全部内容放到引用头文件的位置处，我们就无需对 P3 进行定义了，可以在程序中直接使用。同样，在程序中，也可以直接使用单片机的所有特殊功能寄存器，而不需要再进行定义了。

② 语句 sbit led=P3^7;。

"sbit led=P3^7;"语句的含义是，将单片机 P3 口的 P3.7 引脚定义为 led，在程序中对 led 进行的操作就是对 P3.7 引脚操作。尽管我们在前面使用了编译预处理命令#include<reg51.h>，头文件 reg51.h 对 P3.7 引脚也有声明，这里用 C51 的关键字 sbit 重新声明了 led 表示 P3.7 引脚。

③ 主函数 main( )。

一个 C 语言程序是由一个或若干个函数组成的，每一个函数完成相对独立的功能。每个 C 程序都必须有、且只有一个主函数 main()，程序总是从主函数开始执行，调用其他函数后返回主函数。

④ while 语句。

下面的复合语句，是 main( )函数的函数体，其功能是控制发光二极管闪烁（即交替亮、灭）。

```
while(1)
  {
    led=0;        /* 点亮 LED */
    delay(500);   /* 调用延时函数 */
    led=1;        /* 熄灭 LED */
    delay(500);   /* 调用延时函数 */
  }
```

while 语句中"表达式"的值是常量"1"（"真"），目的就是让 while 语句的循环体反复执行，无限循环下去，以实现控制发光二极管闪烁，这也正是程序设计要求。

计算机的工作过程就是执行程序的过程，而程序由指令序列组成，因此，执行程序的过程，就是执行指令序列的过程。了解了计算机的工作过程，也就明白了为什么在单片机中采用这样的程序结构，其目的就是让单片机反复去执行 while 语句的循环体，以保证单片机不会停止工作，初学者一定要记住这一点。如果单片机停止工作了，系统也就瘫痪了。

⑤ 延时函数 delay（unsigned int ms）。

单片机在执行延时函数 delay（unsigned int ms），就是反复执行一个空语句"；"，具体执行多少次空语句";",取决于调用延时函数 delay(unsigned int ms)时传递给形参 ms 的数值。单片机执行语句的时间是已知的、确定的,我们让单片机反复执行空语句";",其目的就是起到延时作用。

学习情境二 单片机开发工具软件 Keil C51

Keil 是当前使用最为广泛的基于 8051 单片机内核的软件开发平台之一,集编辑、编译、调试和仿真于一体,支持汇编语言和 C 语言程序设计,是单片机开发的首选工具。

任务 2 创建一个 LED 发光二极管闪烁工程

任务描述

对于初识单片机的用户而言,总是会提出这样的问题:在哪里编写单片机的源程序?在哪里生成单片机可执行的 .HEX 文件?在哪里调试程序?这些工作可用单片机开发工具软件完成。单片机开发工具软件种类很多,应用最为广泛的是 Keil C51。

本任务以单片机控制一个 LED 发光二极管闪烁为例,介绍用 Keil C51 开发单片机的具体操作步骤。

知识链接

一、Keil C51 简介

Keil C51 由德国 Keil Software 公司(2005 年被 AMR 公司收购)推出,是当前使用最为广泛的基于 8051 内核的软件开发平台。Keil C51 提供了包括 C51 编译器、A51 宏汇编器、BL51 链接器、LIB51 库管理器和一个功能强大的仿真调试器在内的完整开发方案,并通过一个集成开发环境(μVision)将它们组合在一起。Keil C51 中标准 C51 编译器为 8051 微控制器的软件开发提供了 C 语言环境,C51 编译器已被完全集成到μ Vision 的集成开发环境中。

Keil μVision3 是 ARM 推出全新的针对各种嵌入式处理器的软件开发工具,Keil μ Vision3 集成开发环境是一个基于 Windows 的软件开发平台,集编辑、编译、仿真于一体,支持 C 语言和汇编语言。在 Keil μ Vision3 的仿真功能中,有两种仿真模式:软件仿真和目标板仿真方式。在软件仿真方式下,不需要任何单片机硬件电路即可完成用户程序的仿真调试,极大地提高了用户程序的开发效率;在目标板仿真方式下,用户可通过连接器,将程序下载到目标板上,利用单片机的串行通信接口与 PC 机进行通信,实现用户程序的实时在线仿真。

自从 Keil Software 公司推出 Keil μVision2 以来,ARM 公司先后陆续推出了 Keil μVision3、Keil μVision4 和 Keil μVision5,其功能越来越强大,不仅支持 51 系列单片机开发,而且支持 ARM7、ARM9 和 Cortex-M3 核处理器开发。

本书以 Keil μVision3 集成开发环境作为 51 单片机的开发平台。一般来说,Keil C51 和μVision3 指的是 Keil μVision3 集成开发环境。

二、用 Keil C51 开发单片机的基本操作

用 Keil C51 开发单片机的总体操作步骤如下：

（1）启动 Keil μVision3，创建一个项目文件，并为项目选择合适的单片机型号。

（2）设置项目环境。

（3）创建源程序文件，并将该源程序添加到项目中。

（4）编译项目生成一个.HEX 文件。

（5）调试程序。

任务实施

用 Keil C51 开发 51 单片机的具体操作步骤如下：

步骤 1 启动 Keil μVision3 集成开发环境

双击 Keil μVision3 图标或者单击"开始"→"程序"→"Keil μVision3"命令，出现如图 2.9 所示的启动界面。

如果上一次退出 Keil μVision3 时没有关闭项目和文件，当 Keil μVision3 再次启动时，就会恢复上次的项目和文件。

Keil μVision3 启动后，出现的是 Keil μVision3 集成开发环境编辑操作界面，如图 2.10 所示。Keil μVision3 集成开发环境编辑操作界面主要包括菜单栏、工具栏、项目窗口、文本编辑窗口、输出窗口。

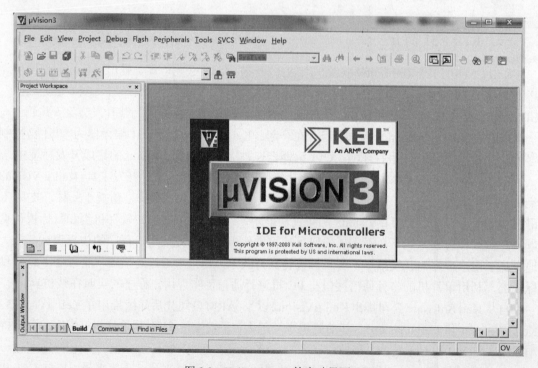

图 2.9　Keil μVision3 的启动界面

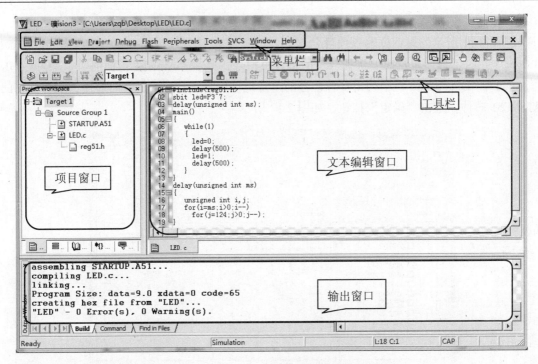

图 2.10　Keil μVision3 集成开发环境编辑操作界面

步骤 2　创建项目文件

在 Keil μVision3 菜单中单击"Project"→"New Project"选项，出现"Create New Project"对话框，选择项目要保存的路径，输入项目名，这里输入项目名 LED，如图 2.11 所示。在 μVision3 中默认的项目扩展名为*.uv2。

Keil C51 使用项目（Project）方式来管理文件，而不是单一文件的模式，所有的文件（包括源程序、头文件等）都放在项目文件里统一管理。采用项目方式管理，可方便用户对项目中各个程序的编写、调试和存储。

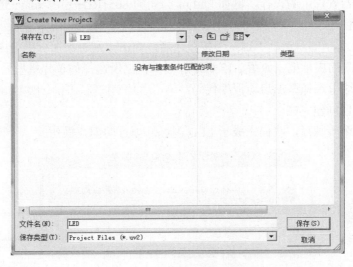

图 2.11　创建项目文件对话框

步骤3 选择单片机型号

在图 2.11 所示的对话框输入项目名，然后单击"保存"按钮，弹出"Select Device for Target 'Target 1'"对话框，根据需要选择合适的单片机型号。单击"Atmel"前面的"+"号或双击"Atmel"，"Data base"栏中列出多种型号的单片机供用户选择，这里我们选择 Atmel 公司的 AT89C51 芯片，单击"确定"按钮，如图 2.12 所示。

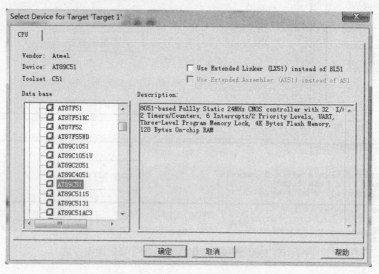

图 2.12 "Select Device for Target 'Target 1'"对话框

在图 2.12 的"Data base"栏中列出了各厂商名及其产品，右边"Description"栏里是对该型号单片机的基本说明。

步骤4 配置启动程序代码

STARTUP.A51 文件是大部分 8051CPU 及其派生产品的启动程序，启动程序的操作包括清除数据存储器内容、初始化硬件及可重入堆栈指针。一些 8051 派生的 CPU 需要初始化代码以使其配置符合硬件上的设计，例如 Philips 公司的 8051RD+片内 xdata RAM 需通过在启动中的设置才能使用。

单击图 2.12 所示的对话框"确定"按钮之后，弹出"是否添加标准 8051 单片机启动程序代码到项目中"的提示框，如图 2.13 所示。用户根据所选择的单片机型号，确定是否配置启动程序代码。这里选择添加启动程序代码，单击"是"按钮，之后出现如图 2.14 所示的界面，表示一个项目创建完成。

经过上述 4 个步骤后，我们完成了 LED 闪烁灯项目的创建操作。

图 2.13 添加启动程序代码提示框

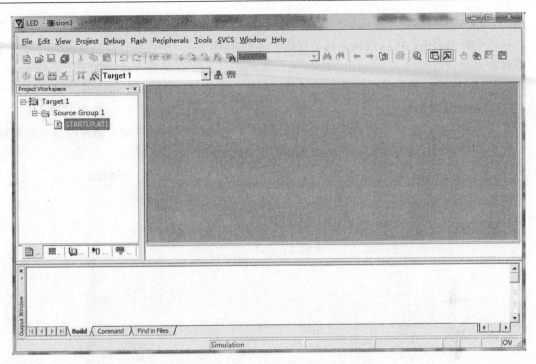

图 2.14 创建的 LED 闪烁灯项目界面

步骤 5 设置项目环境

项目创建完成后，还要对项目环境进行设置。操作方法是：单击工具栏快捷按钮 " "（称为"魔术棒"）或在 Keil μVision3 菜单中单击 "Project" → "Option for Target 'Target 1'" 选项，出现如图 2.15 所示的 "Option for Target 'Target 1'" 对话框。

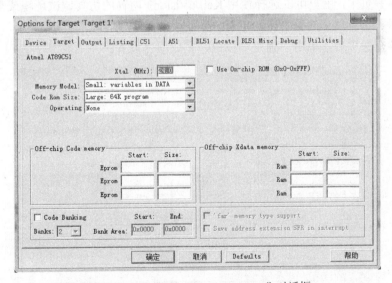

图 2.15 "Option for Target 'Target 1'" 对话框

"Option for Target 'Target 1'" 对话框有很多标签，通过切换标签，可以切换到项目的不同选项。通常需要设置的选项有以下 3 个：

① Target（目标）。

在这个标签页中，可以设置系统所使用的晶振频率，以便在仿真时得到准确的时间；可以选择数据存储器的模式（Small、Compact、Large）、程序存储器容量（Small、Compact、Large）；可以选择片外程序存储器的地址范围和片外数据存储器的地址范围等。

② Output（输出）。

在这个标签页中，可以设置项目的输出路径；选择输出文件的类型，通常情况下需要输出*.HEX 文件，所以要将"Create HEX File"选项选中，如图 2.16 所示。

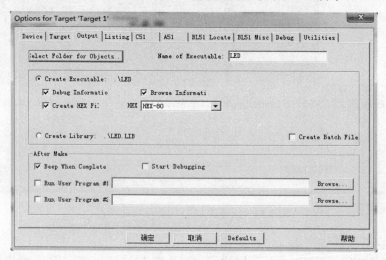

图 2.16　Output 标签

③ Debug（调试）。

在这个标签页中，用户可以选择使用 Keil μVision3 内置的仿真调试环境或与目标板连接的仿真调试器。系统默认的是"Use Simulator"，如图 2.17 所示。

设置好各个选项后，单击"确定"按钮，完成项目设置。

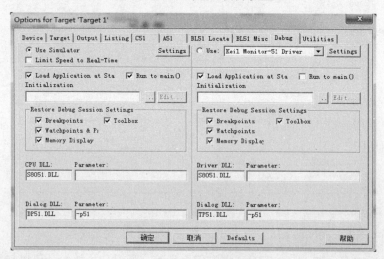

图 2.17　Debug 标签

步骤6 建立源程序文件

在 Keil μVision3 菜单中单击"File"→"New"命令或者单击工具栏的"Create a new file"按钮,出现文本编辑窗口,用户在文本编辑窗口里输入程序代码,如图 2.18 所示。

用户用汇编语言或 C 语言输入源代码后,单击 Keil μVision3 菜单中"File"→"Save as"或"Save"选项,在弹出对话框中输入文件名和扩展名(使用汇编语言编写的源程序,扩展名为.a51 或.asm;使用 C 语言编写的源程序,扩展名为.c)。保存好源程序后,源程序窗口中的关键字呈彩色高亮度显示。

这里建议先保存空白文件,因为 Keil C51 能自动识别关键字,并以不同的颜色提示用户加以注意,这样会使用户少犯错误,有利于提高编写效率。若新建立的源程序文件没有保存,Keil C51 是不会自动识别关键字的,也不会有不同的颜色出现。

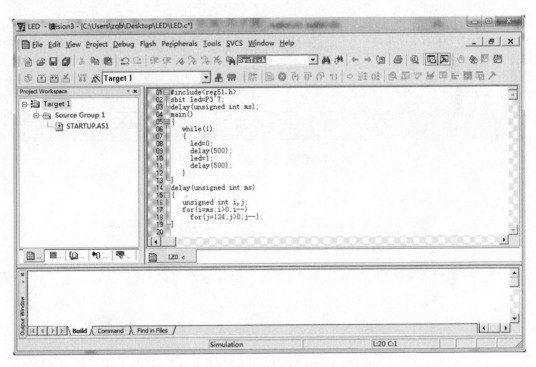

图 2.18 文本编辑窗口

步骤7 添加源程序至项目文件

编写完源程序代码后,接下来的任务是将程序代码添加到项目中。单击项目窗口中"Target 1"前面的"+"号,然后在"Source Group 1"选项上单击右键,弹出如图 2.19 所示的快捷菜单,单击"Add File to Group 'Source Group 1'"选项,出现对话框如图 2.20 所示。选中程序"LED.c",单击"Add",再单击"Close"按钮,完成添加源程序至项目文件操作,如图 2.21 所示。观察图 2.21 发现项目窗口增加了一个 LED.c 的文件,说明源程序代码文件与项目建立起了关联。

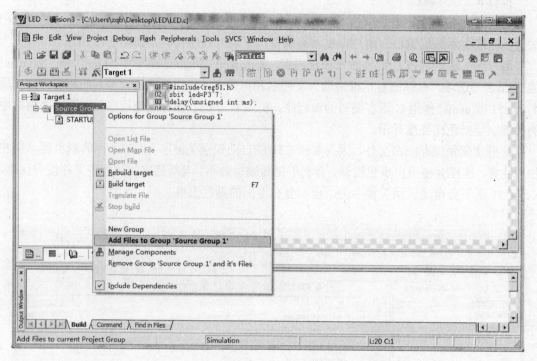

图 2.19　添加源程序至项目文件操作界面

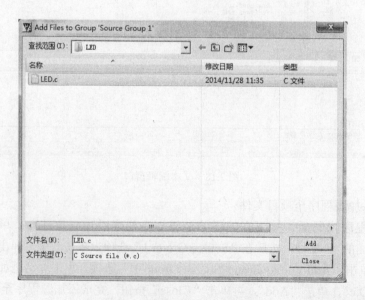

图 2.20　添加源程序文件对话框

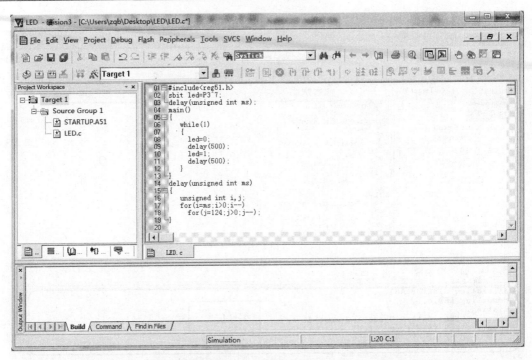

图 2.21 添加源程序至项目文件后的操作界面

步骤 8 编译项目并创建.HEX 文件

我们用 C 语言或者汇编语言编写的程序，计算机是不能识别和执行的，计算机只能识别机器语言（二进制编码），所以用 C 语言或者汇编语言写的源程序代码必须要经过翻译，变成用机器码表示的程序（称为目标程序——Object Program），计算机才能识别和执行。

在 Keil C51 中，将源程序代码生成目标程序可通过 C51 编译器或 A51 宏汇编器实现，生成的目标程序是 HEX 类型文件。需要说明的是，用户通过编程器（或者是下载器）下载到单片机的目标程序，只能是 HEX 文件或 BIN 文件。HEX（hexadecimal）文件是十六进制文件，BIN（binary）文件是二进制文件，这两种文件可通过软件相互转换，其实际内容是一样的。

在 Keil μVision3 工具栏中单击快捷按钮"⧉"或"⧉"，Keil μVision3 会对当前文件进行编译并创建一个 led.HEX 文件，编译信息显示在输出窗口，如图 2.22 所示。

若编译后报错，说明源程序代码有语法错误，目标文件没有创建。用鼠标双击报错信息行，则文本编辑窗口出现一个蓝色箭头，指出错误位置，修改后重新进行编译，直到无报错信息为止。

以上操作也可以在 Keil μVision3 菜单中单击"Project"→"Build Target"或"Project"→"Rebuild all Target files"命令直至完成。"Build Target"命令是对当前项目文件进行编译，"Rebuild all Target files"命令则是对当前项目中的所有文件重新进行编译。

需要注意的是，编译成功只能说明源程序代码没有语法错误，至于程序是否满足设计要求，则需经过反复调试，直至满足设计要求，因此，调试程序是单片机开发的一个十分重要的环节。

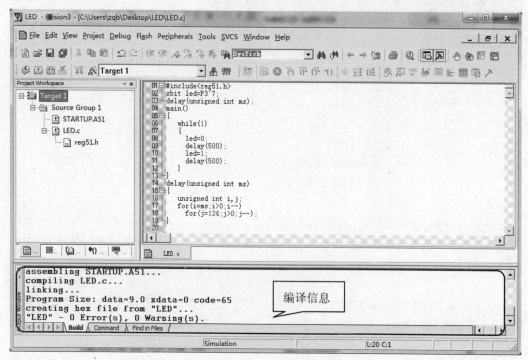

图 2.22 编译并创建.HEX 文件的提示信息

步骤 9 调试程序

Keil μVision3 提供了软件仿真（Use Simulator）和硬件仿真（Use）两种操作模式，这两种模式可以在"Option for Target 'Target 1'"对话框的"Debug"标签页中选择。

"Use Simulator"：软件仿真模式。软件仿真是使用计算机软件来模拟单片机的实际运行，用户不需要搭建硬件电路就可以追踪程序的执行情况。Keil μVision3 能够仿真 8051 系列单片机的绝大多数功能（如并行口、串行口、定时/计数器、A/D、D/A 以及中断资源）而不需要任何硬件目标板。

"Use"：硬件仿真模式。硬件仿真是使用附加的硬件来代替用户系统的单片机并完成单片机全部或大部分的功能，它能直接反映单片机的全部或部分实际运行控制功能。能进行硬件仿真的装置称为仿真器。

在 Keil μVision3 菜单中单击"Debug"→"Start/Stop Debug Session"命令或单击工具栏快捷按钮"@"，即可进入软件仿真模式，如图 2.23 所示。

进入仿真状态后，文本编辑窗口中的黄色箭头指示即将执行的语句，项目窗口自动切换到寄存器窗口，并提示相关特殊功能寄存器的信息；输出窗口自动切换到命令窗口，用户可以根据需要输入相关的命令；软件增设了一个观察窗口，用户可在此窗口观察到在程序中定义的变量的内容。

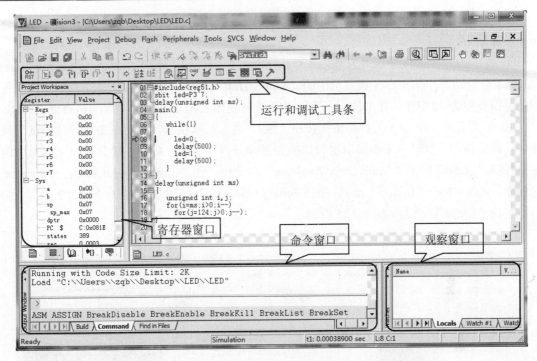

图 2.23　仿真窗口

Keil μVision3 的工具栏中有一个运行和调试工具条，该工具条上的快捷按钮只有在进入软件仿真模式后有效。在软件仿真模式下，我们可以设置断点、单步、全速、进入某个函数内部运行；还可以查看变量变化过程、模拟硬件 I/O 口电平状态变化、查看程序代码执行时间；通过 Peripherals 菜单来观察单片机的并行口、串行口、定时/计数器以及中断的状态。在开始调试之前，先熟悉一下运行和调试工具条上的调试按钮功能。运行和调试工具条如图 2.24所示。

图 2.24　运行和调试工具条

下面对运行和调试工具条上的几个常用按钮介绍如下：

：CPU 复位，将程序复位到主函数的最开始处，准备重新运行程序

：全速运行

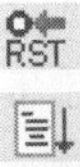

：停止全速运行

：单步跟踪执行，进入子函数内部

：单步执行，不进入子函数内部，可直接跳过函数

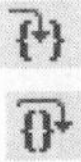

：跳出当前进入的函数，只有进入子函数内部该按钮才被激活

：程序直接运行至当前光标所在行

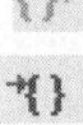

：显示/隐藏编译窗口，可以查看每句 C 语言编译后所对应的汇编代码

：显示/隐藏变量观察窗口，可以查看每个变量值的变化状态

下面我们用 Keil μVision3 提供的逻辑分析仪观察单片机引脚 P3.7 的电平变化情况。具体操作步骤如下：

① 在 Keil μVision3 集成开发环境中单击工具栏快捷按钮"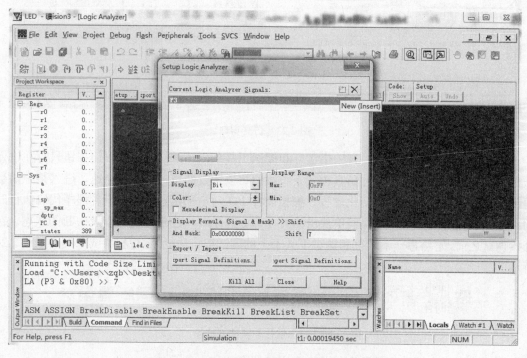"出现"Option for Target 'Target 1'"对话框，在 Target 标签页中的"Xtal(MHz):"选项中输入"12"，即设置系统所使用的晶振频率为 12 MHz；在 Debug 标签页中，选择使用 Keil μVision3 内置的仿真调试环境。

② 单击 Keil μVision3 工具栏快捷按钮"⬛"进入仿真状态，然后单击运行和调试工具条中的快捷按钮"⬛"，文本编辑窗口切换为逻辑分析仪窗口，单击逻辑分析仪窗口上面的命令按钮"Setup"弹出"Setup Logic Analyzer"对话框，在"Current Logic Analyzer Signals"选项中，选择"New（Insert）"按钮，在"Setup Logic Analyzer"的编辑区中输入 P3.7（大写）后，单击"Close"按钮，如图 2.25 所示。

图 2.25　用逻辑分析仪观察单片机 I/O 口设置界面

③ 在 Keil μVision3 菜单中单击"Debug"→"Run"命令或单击运行和调试工具条中的快捷按钮"⬛"，开始仿真。可以看到逻辑分析仪窗口出现了一个周期为 1 s 的方波波形，也就是 P3.7 引脚电平变化的情况，如图 2.26 所示。从仿真的情况来看，编写的发光二极管闪烁控制程序满足设计要求。

Keil μVision3 具有强大的调试仿真功能，这里介绍的只是 Keil μVision3 的一小部分，读者可以根据需要自行学习使用。

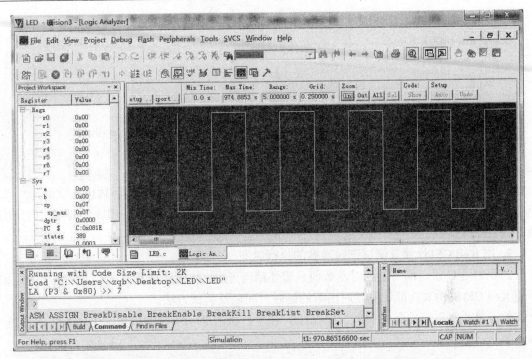

图 2.26　逻辑分析仪模拟单片机 I/O 口的电平变化界面

三、Keil C51 仿真与软件延时

软件延时在单片机应用系统中几乎无处不在,如按键识别要用到延时,LED 数码管动态扫描要用到延时,各种类型总线的数据传输操作等也要用到延时,延时时间从几十微秒到几秒,有时还要求有很高的精度。用51汇编语言写程序时,这种问题很容易得到解决,而目前开发嵌入式系统软件的主流工具为 C 语言,用 C51编写延时程序(函数)而且需要精确延时,如何实现?下面将讨论用软件实现精确延时及如何用 Keil 计算延时时间的方法。

1. 编写延时函数

计算机执行语句是需要时间的,利用这一点我们就可以编写出延时函数,在需要延时的地方调用延时函数即可。延时函数通常用 for 语句和 while 语句,其循环体通常为空语句";",这种延时方式称为软件延时。

用 for 语句编写的典型延时函数如下:

```
delay_ms(unsigned int ms) //延时函数
{
    unsigned int i,j;
    for(i=ms;i>0;i--)
        for(j=124;j>0;j--);
}
```

在延时函数 delay_ms(unsigned int ms)中,使用了双重 for 循环,循环体为空语句";",重复执行 ms×124次空操作。这种结构形式的延时函数,一般应用在需要较长时间的延时场

合。例如，延时 1 000 ms，只需调用延时函数

delay_ms(1000);

即可。

用 while 语句编写的典型延时函数如下：

```
delay_ms(unsigned int ms) //延时函数
{
    while(ms--);
}
```

这里，延时函数 delay_ms(unsigned int ms)使用的是 while 语句，循环体也是空语句";"，单重循环，循环执行 ms 次空操作。这种结构形式的延时函数，一般应用在需要较短时间的延时场合。

2. 用 Keil C51 计算及调试延时函数的执行时间

当我们用 C 语言编写了延时函数而且需要精确延时，如何计算及调试？下面介绍的是如何用 Keil C51 的仿真功能计算延时函数的延时时间以及调试方法。

假设单片机系统的晶振频率为 12 MHz，在单片机的 P1.0 引脚输出频率为 100 ms 的方波，程序如下：

```
#include<reg51.h>              /* 包含头文件 reg51.h */
sbit pulse=P1^0;              /* 定义 P1.0引脚为 pulse */
delay_ms(unsigned int ms);    /* 延时函数声明 */
main()
{
    while(1)
    {
        pulse=0;             /* 输出低电平 */
        delay_ms(100);       /* 延时 ms */
        pulse=1;             /* 输出高电平 */
        delay_ms(100);       /* 延时 ms */
    }
}
delay_ms(unsigned int ms)    /* 延时函数 */
{
    unsigned int i,j;
    for(i=ms;i>0;i--)
        for(j=124;j>0;j--);
}
```

在上面的程序中，函数 delay_ms(unsigned int ms)是带有形参的毫秒级延时函数，若要延时 100 ms 可以写成"delay_ms(100);"。

下面介绍如何用 Keil C51 的仿真功能来计算并调试延时函数的执行时间。

① 在 Keil μVision3 集成开发环境中创建一个项目 pulse、编写输出方波程序 delay.c、编译项目并创建 delay.HEX 文件。

② 在 Keil μVision3 菜单中单击"Project"→"Option for Target 'Target 1'"选项，出现"Option for Target 'Target 1'"对话框，在 Target 标签页中的"Xtal(MHz):"选项中输入"12"，即设置系统所使用的晶振频率为 12 MHz，如图 2.27 所示。同时，在 Debug 标签页中，选择使用 Keil μVision3 内置的仿真调试环境。

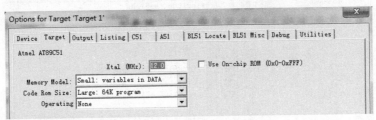

图 2.27　设置 Keil C51 仿真频率

③ 在文本编辑窗口中设置断点。设置方法如下：在语句"pulse=0;"所在行前面空白处双击鼠标，则该行语句的前面出现一个红色方框，表示本行设置了一个断点，然后在语句"pulse=1;"所在行前面空白处双击鼠标，所在行以同样方式插入另一个断点，这两个断点之间的代码就是延时函数"delay_ms(100)"，如图 2.28 所示。我们要计算的就是延时函数"delay_ms(100)"的执行时间。

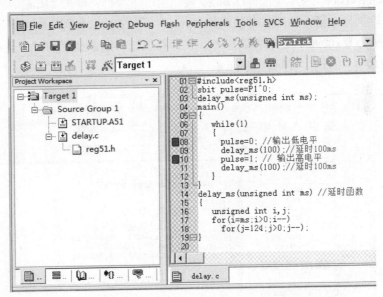

图 2.28　设置断点

④ 在 Keil μVision3 菜单中单击"Debug"按钮出现下拉框，单击"Start/Stop Debug Session"选项，进入到软件调试模式，程序执行到设置的第一个断点处（第一个红色小方框）停下来，如图 2.29 所示。观察图 2.29，文本编辑框中"pulse=0;"所在行前面出现了一个黄色的小箭头，这个小箭头指向的代码是下一步将要执行的代码；图 2.29 左侧显示的是寄存器窗口，其

中"sec"后面显示的数据就是程序代码执行所用的时间，单位是秒，可以看出显示的是 0.000389 s，这是程序启动执行到目前停止位置所用的时间。注意，这个时间是累计时间。

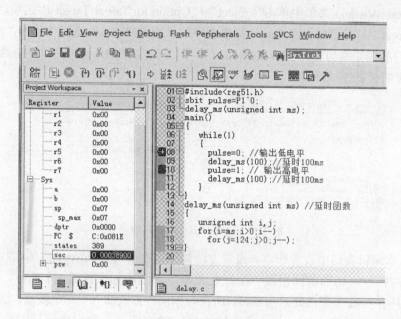

图 2.29　Keil C51 软件调试模式

⑤单击 Keil μVision3 菜单中的"Debug"按钮出现下拉框，单击"Run"选项，程序从第一个断点处开始执行，运行到第二个断点处"pulse=1;"停止，如图 2.30 所示。查看"sec"后面显示的数据为 0.100903 s。若忽略微秒，从而得出延时函数执行的时间是 0.1 s。延时函数"delay_ms(100)"的执行时间是 100 ms。

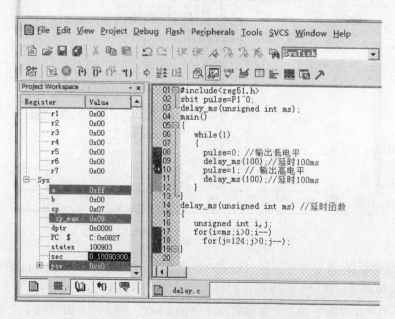

图 2.30　用 Keil C51 软件计算延时函数执行时间界面

　　若延时函数的执行时间和我们所要求的有较大的误差，可以对延时函数中的循环控制变量的初值进行修改，直到误差在允许的范围内。这里要说明的一点是，延时函数中所用的变量类型是 unsigned int 型，若你使用的 unsigned char 类型，同样的延时函数所执行的时间是不同的，这一点要特别注意。

学习情境三　电子设计与仿真软件 Proteus

　　Proteus 软件是由英国 Lab Center Electronics 公司开发的 EDA 工具软件。Proteus 软件除具有和其他 EDA 工具软件一样的原理图设计、PCB 制作外，还具有交互式的仿真功能。它不仅是模拟电路、数字电路、模/数混合电路的设计与仿真平台，更是目前世界上最先进、最完整的多型号的微处理器系统的设计与仿真平台，真正实现了在计算机上完成电路原理图设计、电路分析与仿真、微处理器程序设计与仿真、系统测试与功能验证到形成印制电路板的完整电子设计、研发过程。

　　Proteus 软件由 ISIS（Intelligent Schematic Input System）和 ARES（Advanced Routing and Editing Software）两个软件构成。其中 ISIS 是一款智能电路原理图输入系统软件，可作为电子系统仿真平台；ARES 是高级布线编辑软件，用于制作印制电路板（PCB）。

任务3　设计一个 LED 彩灯控制电路

任务描述

　　原理图设计是单片机开发的一个重要环节，是单片机系统硬件开发的第一步。本任务通过设计一个LED彩灯控制电路，介绍单片机开发工具 Proteus 软件的基本操作、如何用 Proteus 设计电路原理图以及 Proteus 软件的交互式仿真功能。

　　用单片机控制 8 个不同颜色的 LED 发光二极管进行花样显示，在 Proteus ISIS 中完成电路设计、交互式仿真。

知识链接

一、Proteus 软件简介

　　Proteus 电子设计软件由原理图输入系统（ISIS）、混合模型仿真器、动态器件库、高级图形分析模块、处理器仿真模型 VSM、PCB 设计以及自动布线等 6 个部分组成。

1. Proteus 软件特点

　　（1）集原理图设计、仿真和 PCB 设计于一体，真正实现了从概念到产品的设计。

　　（2）具有模拟电路、数字电路、单片机系统、嵌入式系统设计与仿真功能。

　　（3）交互式的电路仿真。用户可以实时采用 LED/LCD、键盘、RS-232 终端等动态外围器件模型，对电路进行交互仿真。

　　（4）具有全速、单步、设置断点等多种形式的调试功能。

（5）具有各种信号源和电路分析所需的虚拟仪表。

（6）支持 Keil C51、MPLAB 等第三方的软件编译和调试环境，是目前唯一能仿真微处理器的电子设计与仿真软件。

（7）具有强大的原理图到 PCB 设计功能，可以输出多种格式的电路设计报表。

2. Proteus 软件资源

Proteus 提供了操作工具、绘图工具、电路激励源、虚拟仪器、测试探针和丰富的元器件资源，可用来进行电路设计、电路功能分析、电路图表分析。

（1）元器件。Proteus 提供的仿真元器件有模拟器件、数字器件、交流和直流等数千种元器件。

（2）电路分析工具（虚拟仪表）。Proteus 提供的电路分析工具有示波器、逻辑分析仪、虚拟终端、SPI 调试器、I2C 调试器、信号发生器、模式发生器、交直流电压表、交直流电流表。用户可用 Proteus 提供的电路分析工具，在电路设计时，测试电路的工作状态。

（3）激励源。Proteus 提供的激励源有直流电压源、脉冲发生器、正弦波发生器等。对于 Proteus 提供的每一种信号源参数又可进行设置。

（4）微处理器及外围器件。Proteus 提供的微处理器有 51 系列、AVR 系列、PIC12 系列、PIC16 系列、PIC18 系列、Z80 系列、M68000 系列、ARM7 等主流微处理器；外围器件包括 RAM、ROM、键盘、LED、LCD、A/D 转换器、D/A 转换器、SPI 器件、I2C 器件、步进电机、直流电机等微处理器外围接口器件和部分执行元件。

（5）电路分析图表。Proteus 提供的各种分析图表，在电路高级仿真时，用来精确分析电路的技术指标。Proteus 提供的操作工具、图形绘制工具，用来绘制电路原理图。

二、Proteus ISIS 编辑环境

双击 ISIS 7 Professional 图标或者单击"开始"→"程序"→"Proteus ISIS 7 Professional"→"ISIS 7 Professional"命令，出现如图 2.31 所示的 Proteus ISIS 启动界面。

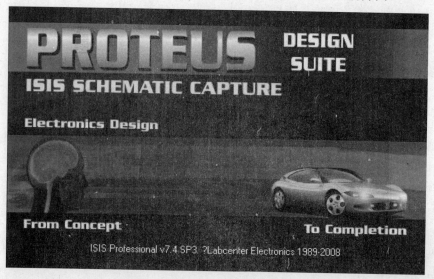

图 2.31　Proteus ISIS 启动界面

1. Proteus ISIS 工作界面

ISIS 启动后进入 ISIS Professional 的工作界面，如图 2.32 所示。ISIS Professional 的工作界面包括标题栏、菜单栏、工具栏、工具箱、预览窗口、器件选择按钮、原理图编辑窗口、对象选择窗口、方向工具栏、状态栏、仿真按钮等。

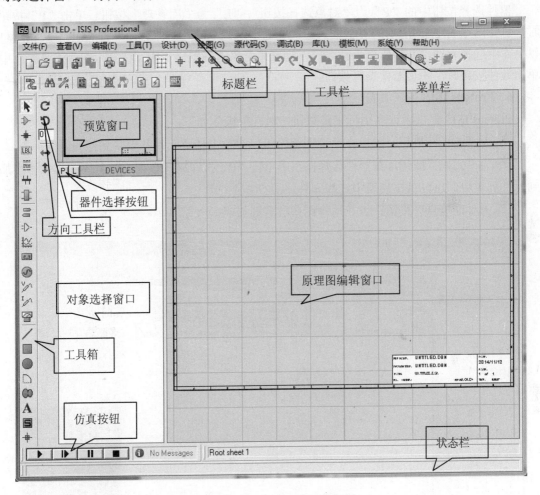

图 2.32 Proteus ISIS 的工作界面

2. Proteus ISIS 的菜单栏

Proteus ISIS 菜单包括文件（File）、查看（View）、编辑（Edit）、工具（Tools）、设计（Design）、图形（Graph）、源代码（Source）、调试（Debug）、库（Library）、模板（Template）、系统（System）、帮助（Help）等共 12 项，每项都有下一级菜单。

3. Proteus ISIS 的工具栏

Proteus ISIS 的工具栏包括 File Toolbar（文件工具条）、View Toolbar（查看工具条）、Edit Toolbar（编辑工具条）和 Design Toolbar（调试工具条）4 个部分，工具栏中的每个按钮对应一个具体的菜单命令，实现相应的功能。

4. Proteus ISIS 的预览窗口

Proteus ISIS 的预览窗口可显示两部分内容。在对象选择窗口选择一个元件时，预览窗口会显示该对象的符号；当鼠标落在原理图编辑窗口时，它会显示整个原理图的缩略图，并显示绿色方框，绿色方框里的内容就是当前原理图编辑窗口中显示的内容，可在它上面用鼠标单击来改变绿色方框的位置，从而改变原理图的可视范围。

5. Proteus ISIS 的器件选择按钮

器件选择按钮中的"P"为"对象选择按钮"，"L"为"库管理"按钮。单击"P"按钮时，将弹出如图 2.33 所示的对话框，在"关键字"栏中输入器件名，单击"OK"按钮就可以从库中选择元件，并将所选器件名一一列在"对象选择窗口"中。注意，在"工具箱"中单击元件按钮时，才有器件选择按钮。

6. Proteus ISIS 的工具箱

Proteus ISIS 提供了许多图标工具按钮，对应的操作如下：

为"选择"按钮，可以在原理图编辑窗口中单击任意元件并编辑元件的属性。

为"元件"按钮，在器件选择按钮中单击"P"按钮时，根据需要从库中将元件添加到元件列表中，也可以在列表中选择元件。

为"连接点"按钮，可在原理图中放置连接点。

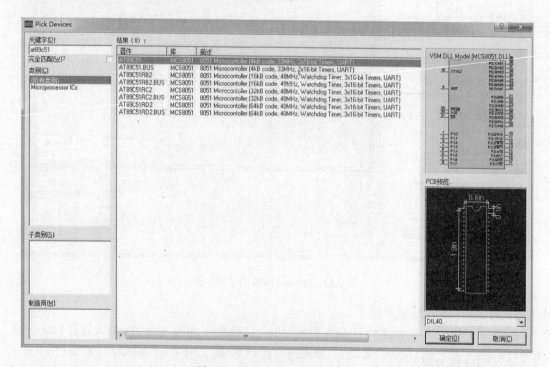

图 2.33 "Pick Devices"对话框

为"网络标号"按钮，在绘制电路图时，使用网络标号可使连线简单化。在电路原理图中，具有相同网络标号的导线，可视为物理上是连通的。

为"文本脚本"按钮，在电路中输入文本脚本。

为"总线"按钮，用于绘制总线。使用总线时，总线分支线都要标记相应的网络标号。

为"子电路"按钮，用于绘制子电路。

为"元件终端"按钮，在绘制电路图时，通常会涉及各种端子，如输入、输出、电源和地端等。单击此按钮，将弹出"Terminals Selector"窗口，此窗口中提供了各种常用的端子，如 POWER 为电源端子、GROUND 为接地端子。

为"元件引脚"按钮，单击此按钮，在弹出的窗口中将出现各种引脚供用户选择。

为"图表"按钮，单击该按钮，在弹出的"Graph"窗口中将出现各种仿真分析所需的图表供用户选择。

为"录音机"按钮，当对电路进行分割仿真时采用此模式。

为"信号源"按钮，单击该按钮，在弹出的"Generator"窗口中将出现各种激励源供用户选择。

为"电压探针"按钮，在原理图中添加电压探针，电路仿真时可显示探针处的电压值。

为"电流探针"按钮，在原理图中添加电流探针，电路仿真时可显示探针处的电流值。

为"虚拟仪器"按钮，单击该按钮，在弹出的"Instruments"窗口中将出现虚拟仪器供用户选择，如 OSCILLOSCOPE（示波器）、LOGIC ANALYSER（逻辑分析仪）、COUNTER TIMER（计数/定时器）、SPI DEBUGGER（SPI 总线调试器）、I2CDEBUGGER（I2C 总线调试器）、SIGNAL GENERATOR（信号发生器）等。

为"画线"按钮，用于创建元件或表示图表时绘线。

为"方框"按钮，用于创建元件或表示图表时绘制方框。

为"圆"按钮，用于创建元件或表示图表时绘制圆。

为"弧线"按钮，用于创建元件或表示图表时绘制弧线。

为"曲线"按钮，用于创建元件或表示图表时绘制曲线。

A 为"文本"按钮，用于插入各种文本。

为"符号"按钮，用于选择各种符号。

为"坐标原点"按钮，用于产生各种坐标标记。

7. Proteus ISIS 的原理图编辑窗口

原理图编辑窗口用于放置元件、绘制原理图。在该窗口中，蓝色方框为可编辑区，电路设计必须在此窗口内完成。原理图编辑窗口没有滚动条，可单击预览窗口，拖动鼠标移动预览窗口中的绿色方框改变原理图编辑窗口的可视区域。

原理图编辑窗口的常用操作：

◇ 用鼠标中轮来缩小或放大原理图
◇ 鼠标左键用于放置元件、连线
◇ 鼠标右键用于选择元件、连线和其他对象。选中操作对象时，在默认情况下将以红色显示
◇ 双击鼠标右键，可删除元件、连线

✧ 先单击鼠标右键后再单击鼠标左键，可编辑元件属性

✧ 按住鼠标右键拖出方框，可选中方框中的多个右键及其连线

✧ 先单击鼠标右键选中对象，再按住鼠标左键移动，可拖动右键、连线

8. Proteus ISIS 的仿真按钮

仿真按钮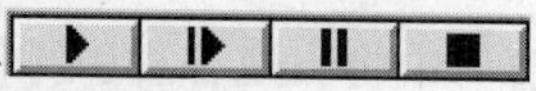，用于仿真运行控制。

 运行按钮。

 单步运行按钮。

 暂停按钮。

 停止按钮。

9. Proteus ISIS 的方向按钮

 旋转控制按钮。第 1、2 个图标为“旋转”按钮，第 3 个图标为“输入旋转角度”按钮，旋转的角度只能是 90° 的整数倍。直接单击“旋转”按钮，则以 90° 为递增量进行旋转。

 翻转控制按钮，用于水平翻转和垂直翻转。使用方法是先选中元件，再单击相应的“旋转”按钮。

三、基于 Proteus ISIS 的原理图设计

基于 Proteus ISIS 的原理图设计步骤如下：

（1）新建设计文档：在 Proteus ISIS 环境中选择“File”→“New Design”命令，在弹出的对话框中选择适当的图纸尺寸。

（2）选取、放置元器件：在 Proteus ISIS 编辑环境中选择元器件，然后放置元器件。

（3）绘制原理图：元件之间连线、放置网络标号。

（4）设置、修改元件属性：在需要修改的元件上，双击鼠标左键，在出现的对话框中设置元件属性（参数）。

（5）保存文件：将设计好的原理图存盘保存。

四、Proteus 与单片机应用系统交互式仿真

Proteus 的交互式仿真是通过交互式器件和虚拟仪器观察电路的运行状况，用来定性分析电路，验证电路工作是否正确。

当一个单片机应用系统的硬件电路、应用程序设计完成后，就可以在 Proteus 平台上对单片机系统进行仿真，以检验硬件及软件设计是否正确，如果仿真结果不正确，则可依据仿真结果查找问题所在，然后对软件、硬件进行修改，从而使软硬件设计达到设计要求。

交互式仿真的操作步骤如下：

（1）加载*.HEX 文件。在原理图编辑窗口中，选中单片机 AT89C51 并左键双击，出现图 2.34 所示的对话框，在“Program File”中单击“”按钮，出现文件浏览对话框，选择“*.HEX”文件，单击“确定”按钮。

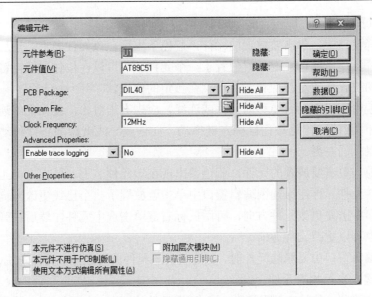

图 2.34 编辑元件对话框

（2）交互式仿真。加载*.HEX 文件后，在原理图编辑窗口中单击运行按钮，进入电路的交互式仿真。

 任务实施

1. 电路原理图设计

用 Proteus ISIS 设计原理图的操作步骤如下：

步骤 1 新建设计文档

启动 Proteus ISIS，在 Proteus ISIS 环境中选择"File"→"New Design"命令，在弹出的对话框中选择 A4 图纸，单击"OK"按钮，完成一个设计文档的创建。

步骤 2 选取元器件

本任务使用的元器件见表 2.4。在器件选择按钮中单击"P"按钮，弹出"Pick Devices"对话框，在"Keywords"中输入要选择的元器件名，然后在右边框中双击选中要选的元器件，则元器件列在对象选择窗口中，最后单击"OK"按钮，返回 Proteus ISIS 的工作界面。

表 2.4 **LED 彩灯电路元器件列表**

元器件名称	参数	元器件名称	参数
单片机 AT89C51		电阻 RES	330 Ω
晶体振荡器 CRYSTAL	12 MHz	发光二极管	LED-RED
瓷片电容 CAP	30 pF	发光二极管	LED-BLUE
电解电容 CAP-ELEC	20 μF	发光二极管	LED-GREEN
电阻 RES	10 kΩ	发光二极管	LED-YELLOW

步骤3 放置、移动、旋转、删除元器件

在对象选择窗口中，单击要放置的元件，蓝色条出现在该元件名上，然后在原理图编辑窗口中的适当位置单击鼠标左键，就放置了一个元件。也可以在按住鼠标左键的同时，移动鼠标，在合适的位置释放左键，将元件放置在预定的位置。

在原理图编辑窗口中，若要移动元件或连线，应先右击对象，使元件或连线处于选中状态（默认情况下为红色），再按住鼠标左键拖动，元件或导线就跟随指针移动，到达合适的位置时，松开鼠标的左键。

放置元件前，单击要放置的元件，蓝色条出现在该元件名上，单击方向工具栏上相应的转向按钮可旋转元件，再在原理图编辑窗口中单击就放置了一个已经更改方向的元件。若在原理图编辑窗口中需要更改元件方向，可用鼠标右键单击选中元件，然后在弹出的菜单中单击旋转按钮，也可以更改元件方向。

在原理图编辑窗口中要删除元件时，右键双击该元件就可删除，或者先左击选中该元件，再按下 Delete 键，也可删除元件。

通过放置、移动、旋转、删除操作后，可将元件放置在 Proteus ISIS 原理图编辑窗口中的合适位置。

步骤4 放置电源、地

单击工具箱中的"元件终端"按钮，在对象选择窗口中单击"POWER"，使其出现蓝色条，再在原理图编辑窗口的合适位置单击鼠标左键，就将电源放置在原理图中。用同样的方法将地（GROUND）放置在原理图中。

基于单片机控制的 LED 彩灯电路元器件布局如图 2.35 所示。

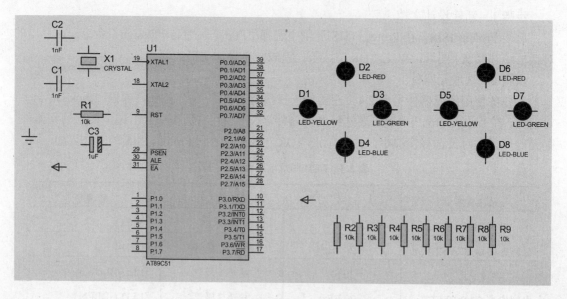

图 2.35 LED 彩灯控制电路元器件布局

步骤 5 连线、放置网络标号

在 Proteus ISIS 原理图编辑环境中，有一个自动连线按钮⚡，系统默认有效。在自动连线按钮⚡开启情况下，用鼠标左键单击元件的引脚末端时，出现一个红色小方框，表示连线操作有效，拖动鼠标到达需要连线的另一个元件引脚处单击鼠标左键，ISIS 能自动绘制出一条导线。如果用户自己决定走线路径，只需在需要拐点处单击鼠标左键即可。

在原理图绘制的过程中，元件之间的连接除了使用导线外，还可以通过设置网络标号的方法来实现。网络标号具有实际的电气连接意义，具有相同网络标号的导线或元件引脚不管在原理图上是否连接在一起，其电气关系都是连接在一起的。特别是在连接的线路比较远，或者线路过于复杂而使走线困难时，使用网络标号代替实际走线可以大大简化原理图。放置网络标号的方法是，单击工具箱的网络标号按钮，在要标记的导线上单击，在弹出的对话框中输入网络标号，然后单击"OK"按钮即可。

步骤 6 修改元器件属性

在需要修改的元件上双击鼠标左键，在弹出的对话框中重新设置元件的属性（参数）。

按照上述方法绘制的基于单片机控制的 LED 彩灯电路如图 2.36 所示。

步骤 7 保存文件

最后一步将设计好的原理图保存在用户指定的文件夹中。

至此，完成一个原理图设计。需要说明的是，这里通过一个案例介绍了 Proteus ISIS 的基本操作，要达到熟练使用 Proteus ISIS 进行原理图设计，还需要读者反复的练习。

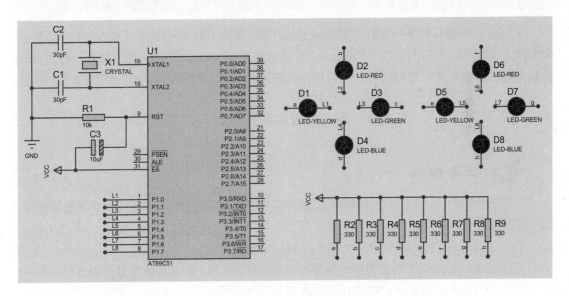

图 2.36 LED 彩灯控制电路原理图

2. 交互式仿真

在原理图编辑窗口中，将在 Keil μVision3 中创建的"*.HEX"文件加载到 AT89C51 单片机中，单击运行按钮，仿真结果如图 2.37 所示。

在 Proteus ISIS 界面中出现的红色方块表示此处为高电平，蓝色表示此处为低电平，灰色方块表示电平不确定。这样，直观地表现程序的执行过程、系统的工作状况，便于用户调试程序和电路。

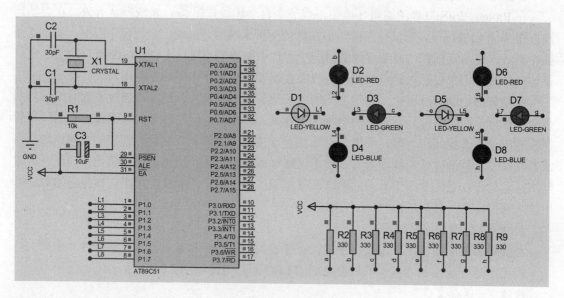

图 2.37　LED 彩灯控制电路交互式仿真

学习情境四　Proteus 与 Keil C51 联合调试仿真

Proteus 软件具有与第三方软件联合调试的功能，Keil C51 也提供了"Use（硬件仿真）"操作模式。这样，我们就可以在 Proteus 中设计电路，在 Keil C51 完成程序设计，将 Proteus 和 Keil C51 联合起来，协同仿真，对软件、硬件进行调试。

任务 4　声光报警控制器设计与仿真

 任务描述

在某控制系统中，当系统发生故障时，能产生声光报警，直至故障排除后，声光报警解除。要求：

（1）在 Proteus ISIS 中完成声光报警控制器电路设计。

（2）在 Keil μVision3 中创建声光报警控制器项目、编写、编译声光报警控制器控制程序。

（3）用 Proteus 和 Keil C51 调试、仿真声光报警电路。

 知识链接

一、配置联合调试与仿真环境

由于程序设计、电路设计是在不同的集成开发环境中，因此需要对两个集成开发环境进行配置后，才能进行联合调试。具体配置步骤如下：

步骤 1　安装 vdmagdi 插件

要实现 Proteus 与 Keil C51 联合调试，首先要将 vdmagdi 插件安装到 Keil 目录下。操作方法：运行 Proteus7.5SP3 软件包"Keil 驱动"目录下的"vdmagdi.exe"文件，在"Setup Type"对话框中选择"AGDI Drivers for μVision3"，安装到 Keil C51 的安装目录下。

步骤 2　对 Keil C51 进行配置

在 Keil μVision3 集成开发环境中，单击"Project"→"Option for Target 'Target 1'"选项，在弹出的对话框中选择"Debug"标签，选择"Use"，在"Use"下拉列表中选择"Proteus VSM Simulator"选项，如图 2.38 所示。

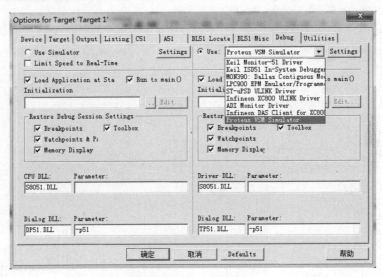

图 2.38　Keil C51 设置

步骤 3　对 Proteus 进行配置

在 Proteus ISIS 工作界面，单击"Debug（调试）"→"Use Remote Debug Monitor（使用远程调试监控）"选项，如图 2.39 所示。

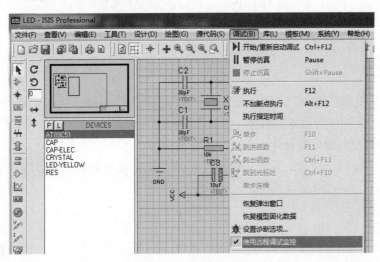

图 2.39　Proteus 设置

通过上述配置后，就可实现 Keil C51 与 Proteus 联合调试。

二、Proteus 与 Keil C51 协同仿真

在 Keil μVision3 集成开发环境中，单击"Debug"→"Start/Stop Debug Session"命令进入程序调试状态，再单击运行和调试工具条中的快捷按钮"![img]"，Keil C51 全速执行程序，此时 Proteus 也被启动进入仿真状态，如图 2.40 所示。

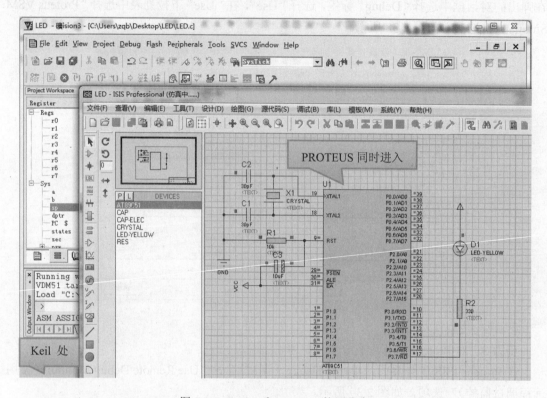

图 2.40　Proteus 和 Keil C51 协同仿真

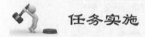 **任务实施**

1. 制订方案

用一个开关模拟系统故障，即当开关闭合时，系统发生故障；当开关断开时，系统故障排除。用发光二极管作为故障指示灯，声音由扬声器发出。

2. 声光报警控制器电路设计

开关接单片机 P1.7 引脚，发光二极管接 P3.6 引脚，扬声器接 P3.7 引脚，系统所需元器件见表 2.5。

表 2.5 声光报警器电路元器件列表

元器件名称	参数	元器件名称	参数
单片机 AT89C51		电阻 RES	1 kΩ
晶体振荡器 CRYSTAL	12 MHz	按钮 BUTTON	
瓷片电容 CAP	30 pF	发光二极管	LED-YELLOW
电解电容 CAP-ELEC	20 μF	三极管	PNP
电阻 RES	10 kΩ	扬声器 SPEAKER	
电阻 RES	330 Ω		

启动 Proteus ISIS，在 Proteus ISIS 环境中选择"File"→"New Design"命令，在弹出的对话框中选择适当的 A4 图纸，保存文件名为"SPEAKER.DSN"。

在器件选择按钮中单击"P"按钮，添加表 2.5 所示的元器件。

在 Proteus ISIS 原理图编辑窗口中放置元件。单击工具箱中的"元件终端"按钮，放置电源、地。放置好元件后，布线。设置相应元件参数，完成电路设计，如图 2.41 所示。

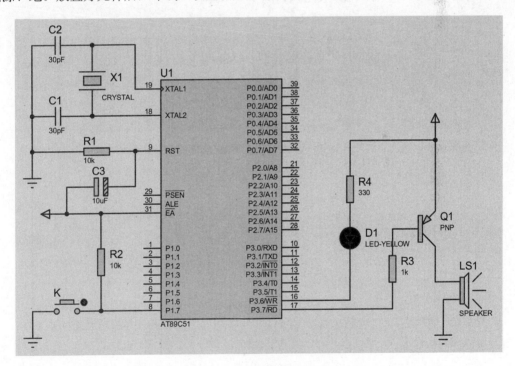

图 2.41 声光报警控制器电路

3. 创建声光报警控制器项目

当系统发生故障时，报警灯闪烁、扬声器发声以指示故障，因此设计程序时，可向发光二极管（P3.6 引脚）、扬声器（P3.7 引脚）输出有规律的脉冲，以使发光二极管闪烁、扬声器发声；由于是用开关模拟系统故障，所以需要对开关（P1.7 引脚）进行实时检测。声光报警控制器程序如下：

```
#include<reg51.h>          /* 包含头文件 reg51.h */
sbit key=P1^7;             /* 定义 P1.7 引脚 */
sbit led=P3^6;             /* 定义 P3.6 引脚 */
sbit speaker=P3^7;         /* 定义 P3.7 引脚 */
delay(unsigned int ms);    /* 延时函数声明 */
main()
{
  while(1)
  {
    if(key==0)             /* 系统发生故障，声光报警 */
    {
      led=0;               /* 点亮发光二极管 */
      speaker=0;           /* 驱动扬声器发声 */
      delay(100);          /* 延时 100 ms */
      led=1;               /* 熄灭发光二极管 */
      speaker=1;           /* 关闭扬声器 */
      delay(100);          /* 延时 100 ms */
    }
    else                   /* 解除报警 */
    {
      led=1;               /* 熄灭发光二极管 */
      speaker=1;           /* 关闭扬声器 */
    }
  }
}
delay(unsigned int ms)
{
  unsigned int i,j;
  for(i=0;i<ms;i++)
   for(j=0;j<124;j++);
}
```

启动 Keil μVision3，单击 "Project" → "New Project" 选项，创建 "SPEAKER" 项目，并选择单片机型号为 AT89C51。

在 Keil μVision3 菜单中单击 "File" → "New" 命令创建文件，输入源程序代码，保存为 "SPEAKER.c"。单击项目窗口中 "Target 1" 前面的 "+" 号，然后在 "Source Group 1" 选项上单击右键，选择 "Add File to Group 'Source Group 1'" 命令，将源程序 SPEAKER.c 添加到项目中。

在 Keil μVision3 菜单中单击"Project"→"Option for Target 'Target 1'"选项，在弹出的"Option for Target 'Target 1'"对话框中选择"Output"标签，选中"Create HEX File"。

在 Keil μVision3 菜单中单击"Project"→"Build Target"，编译源程序代码。如果编译成功，则在"Output Window"窗口中显示没有错误，并创建了一个"SPEAKER.HEX"文件。

 ### 调试与仿真

在 Keil μVision3 菜单中单击"Project"→"Option for Target 'Target 1'"选项，在弹出的"Option for Target 'Target 1'"对话框中选择"Debug"标签，选中"Use: Proteus VSM Simulator"。

在 Proteus ISIS 工作界面，单击"Debug（调试）"→"Use Remote Debug Monitor（使用远程调试监控）"选项，使 Proteus 与 Keil C51 建立连接，进行联合调试。

在 Keil μVision3 集成开发环境中，单击"Debug"→"Start/Stop Debug Session"命令进入程序调试环境。同时，Proteus ISIS 也进入仿真状态。

在 Keil μVision3 的文本编辑窗口中设置断点，设置好断点后，在 Keil μVision3 菜单中单击"Debug"→"Run"命令，运行程序。当系统出现故障时（即按钮按下），发光二极管闪烁，扬声器发出声音；当系统故障排除时（即按钮松开），发光二极管熄灭，扬声器关闭，如图 2.42 所示。

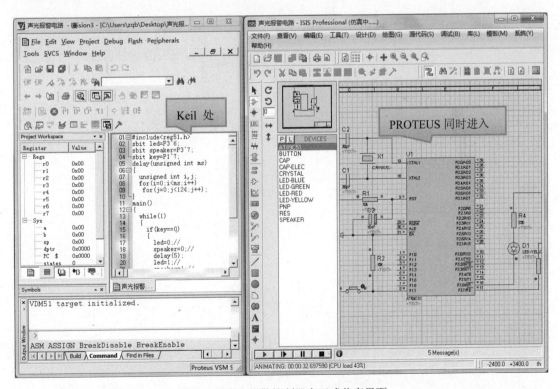

图 2.42　声光报警控制器交互式仿真界面

在 Keil C51 中修改延时函数的参数，观察 Proteus ISIS 界面中的发光二极管的闪烁间隔时间也会随之发生变化，扬声器发出的声音也有所不同。

习 题

1. 简述 C51 程序的基本结构。

2. 简述 while 语句与 do-while 语句的区别。

3. C 语言有几种基本语句，分别有哪些？

4. 简述使用 Keil 软件的基本步骤。

5. 编程实现控制 8 个 LED 灯交替闪烁，在 Keil 软件中进行程序调试，并在 Proteus 软件中完成电路图及仿真。

项目三　单片机系统信息显示与输入功能实现

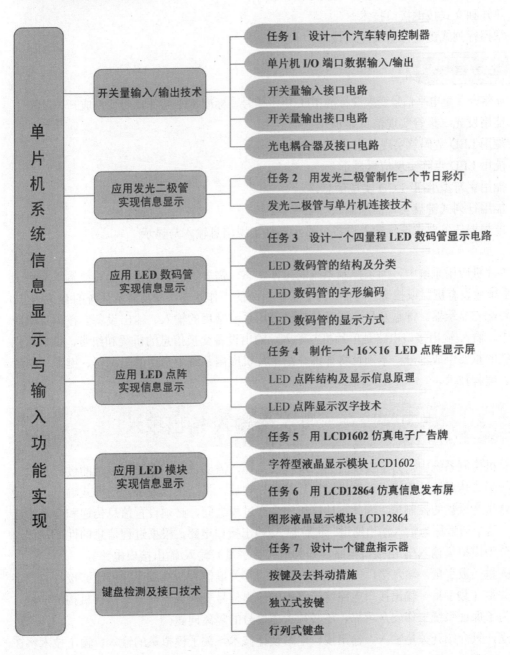

单片机系统信息显示与输入功能实现

开关量输入/输出技术
- 任务1　设计一个汽车转向控制器
- 单片机I/O端口数据输入/输出
- 开关量输入接口电路
- 开关量输出接口电路
- 光电耦合器及接口电路

应用发光二极管实现信息显示
- 任务2　用发光二极管制作一个节日彩灯
- 发光二极管与单片机连接技术

应用LED数码管实现信息显示
- 任务3　设计一个四量程LED数码管显示电路
- LED数码管的结构及分类
- LED数码管的字形编码
- LED数码管的显示方式

应用LED点阵实现信息显示
- 任务4　制作一个16×16 LED点阵显示屏
- LED点阵结构及显示信息原理
- LED点阵显示汉字技术

应用LED模块实现信息显示
- 任务5　用LCD1602仿真电子广告牌
- 字符型液晶显示模块LCD1602
- 任务6　用LCD12864仿真信息发布屏
- 图形液晶显示模块LCD12864

键盘检测及接口技术
- 任务7　设计一个键盘指示器
- 按键及去抖动措施
- 独立式按键
- 行列式键盘

知识目标

❖ 掌握开关量输入/输出接口电路设计技术
❖ 掌握用 C51 实现 I/O 端口数据输入/输出操作
❖ 掌握发光二极管与单片机接口技术
❖ 掌握 LED 数码管显示方式与接口技术
❖ 熟知 LED 显示信息原理与接口技术
❖ 熟知字符型/图形 LCD 显示模块与接口技术
❖ 熟知独立式按键接口技术
❖ 掌握行列式键盘检测及接口技术

能力目标

❖ 能将开关量电平信号变换成标准 TTL 电平信号、标准 TTL 电平信号变换成开关量信号
❖ 能用发光二极管实现信息显示
❖ 能用 LED 数码管实现信息显示
❖ 能用 LED 点阵实现信息显示
❖ 能用字符型/图形 LCD 实现信息显示
❖ 能用行列式键盘实现信息输入
❖ 能根据任务要求选择输入设备、显示器件实现信息输入与显示

在单片机应用系统中，为了控制系统的工作状态，需要通过输入设备向系统输入命令、参数，系统应设有键盘或按键；同样，为了了解系统的工作状态，以及显示系统的有关信息，系统也要配有显示器。键盘及显示器是单片机应用系统常用的输入、输出设备。在单片机应用系统中，输入/输出接口电路是单片机与输入、输出设备交换信息的桥梁和纽带，是单片机应用系统的重要组成部分。本项目将详细介绍单片机应用系统中常用的显示器、键盘与单片机接口、编程技术。

学习情境一　开关量输入/输出技术

计算机控制系统中，为了实现对生产过程的监控，需要将在生产现场测量的过程参数以数字量的形式传送给计算机，计算机经过计算和处理后，将结果以数字量的形式输出，并转换为适合生产过程的控制量。因此在计算机和生产过程之间，必须设置信息传递和变换的连接通道，这个通道称为输入输出通道，也称输入/输出接口电路。根据过程信息的性质及传递方向，分为模拟量输入/输出接口电路、开关量（数字量）输入/输出接口电路。

开关量（数字量）输入接口电路将来自现场的开关量信号变换成计算机能够接收的数字量；开关量（数字量）输出接口电路将计算机的输出信号变换成能够驱动执行机构的信号。此外，为了保证系统工作安全可靠，还必须考虑信号的隔离问题。

这里，只介绍开关量输入、输出接口电路设计技术，关于模拟量的输入、输出技术将在

本书其他项目中介绍。

任务 1　设计一个汽车转向控制器

 任务描述

当汽车向左转向时，按下左转向开关，汽车前后的左转向灯闪烁；当汽车向右转向时，按下右转向开关，汽车前后的右转向灯闪烁。

要求：

（1）在 Proteus ISIS 中完成汽车转向控制器电路设计。

（2）在 Keil μVision3 中创建汽车转向控制器项目、编写、编译汽车转向控制器控制程序。

（3）用 Proteus 和 Keil C51 仿真与调试汽车转向控制器。

 知识链接

一、单片机 I/O 端口数据输入/输出

单片机的 I/O 端口是单片机与外部设备进行信息交换的桥梁，我们通过读取 I/O 端口的状态来了解外设的状态，通过向 I/O 端口送出命令或数据来控制外设。所以对单片机的 I/O 端口进行输入、输出操作，是单片机应用系统中经常出现的事件。

对单片机的 I/O 端口进行操作时，需要对单片机 I/O 端口的特殊功能寄存器进行声明，在 C51 的编译器中，这项声明包含在头部文件 reg51.h 中，编写程序时，可通过预处理命令 #include <reg51.h>，把这个文件加进去。

用 C51 实现 I/O 端口数据输入/输出操作方法：

输入操作：

用语句

变量=PX；

实现输入操作。其中 X=0、1、2、3，X 为单片机的端口编号。

输出操作：

用语句

PX =变量；

或

PX =数据；

实现输出操作。

二、开关量输入接口电路

在单片机应用系统中，对应二进制数码的每一位都可以代表被控对象的一个状态，如电机的起动和停止、继电器的接通和断开等，这些数据作为设备的状态送入单片机并作为控制的依据。

单片机只能接收标准的 TTL 电平信号，在实际的单片机应用系统中，开关量并不全都是标准的 TTL 电平信号，这就需要开关量输入接口电路将非标准的 TTL 电平变换为标准的 TTL 电平信号。

1. 开关量输入接口电路的结构

开关量输入接口电路主要由信号调节电路、输入缓冲器、控制逻辑等组成。典型的开关量输入接口电路的结构形式如图 3.1 所示。

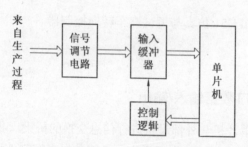

图 3.1　开关量输入接口电路框图

典型的开关量输入接口电路通常由以下几个部分组成：

（1）信号调节电路。开关量输入接口电路的基本功能就是接收外部装置或生产过程的状态信号。这些状态信号通常是机械式开关（如继电器、限位开关、按钮等）触点的闭合或断开、电子器件的导通与截止，因此会引起瞬时过电压、接触抖动等现象。为了将外部开关量信号输入到计算机，必须将现场输入的开关量经转换、保护、滤波、隔离等措施转换成计算机能够接收的逻辑信号，这些功能称为信号调节。

（2）输入缓冲器。输入缓冲器用来暂存信号调节电路输出的开关量信息，并实现与 CPU 数据总线的连接。

（3）控制逻辑。控制逻辑协调通道的同步工作，并控制开关量到 CPU 的输入。

2. 开关量输入接口电路

从现场采集到的开关量一般可分为两种形式，即机械有触点开关量和电子无触点开关量，不同形式的开关量要采用不同的变换方法。

（1）机械有触点开关量输入接口电路。机械有触点开关量是工程中经常遇到的最典型的开关量，它由机械式开关（如继电器、限位开关、按钮等）产生。机械有触点开关量的特点是无源、开闭时产生抖动，同时这类有触点开关通常安装在生产现场，在信号变换时应采取隔离措施。

常用的机械有触点开关量输入接口电路如图 3.2 所示。它将触点的接通与断开动作，转换成 TTL 电平信号送到计算机。为了消除由于触点的机械抖动而产生的振荡信号，在电路中采用有较长时间常数的积分电路或 R-S 触发器来消除这种振荡信号，如图 3.2（a）所示。由于工业生产现场往往有许多强电设备，它们的启动和工作过程将对计算机系统产生强烈的干扰，为了保证控制系统的工作安全可靠，在信号调节电路中常采用光电耦合器进行隔离，以消除干扰对系统的影响，如图 3.2（b）所示。

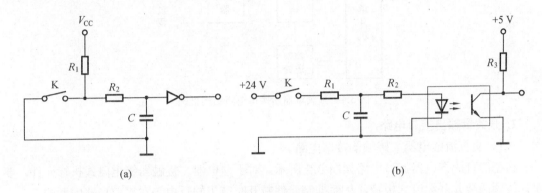

图 3.2　机械有触点开关量输入接口电路

（2）电子无触点开关量输入接口电路。无触点开关量是指电子开关（如固态继电器、功率电子器件、模拟开关等）产生的开关量。由于无触点开关通常与主电路没有隔离，因此隔离电路是信号变换的重要组成部分。常用的电子无触点开关量输入接口电路如图 3.3 所示。

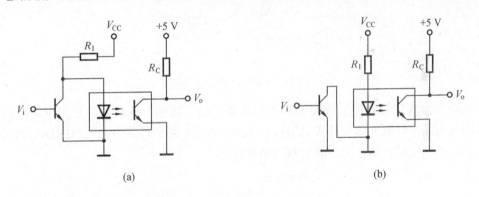

图 3.3　无触点开关量输入接口电路

三、开关量输出接口电路

在单片机应用系统中，有许多执行机构需要开关量控制信号，单片机输出的开关量一般要经过开关量输出电路接口，将开关量信号进行隔离和放大后作用到执行机构。

1. 开关量输出接口电路的结构

开关量输出接口电路主要由输出锁存器、输出驱动电路、控制逻辑等组成，如图 3.4 所示。

在单片机应用系统中，有许多执行机构需要开关量控制信号，单片机输出的开关量一般要经过开关量（数字量）输出接口电路，将开关量信号进行隔离和放大后作用到执行机构。

由于执行机构大都属于脉冲型功率元件或开关型功率元件，不同的功率元件需要不同的功放电路，因此涉及的功放电路很多，下面介绍几种常用的驱动电路。

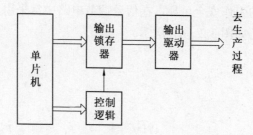

图 3.4　开关量输出接口电路结构框图

2. 开关量输出接口电路

（1）交直流继电器、接触器接口电路。

典型的直流继电器接口电路如图 3.5 所示。对于继电器、接触器等电磁式执行元件，要在其线圈两端并联续流二极管，从而抑制元件断开时产生的反电势对接口电路的影响。

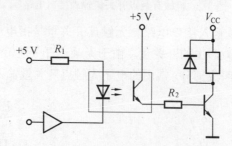

图 3.5　直流继电器接口电路

交流继电器或接触器由于线圈的工作电压要求是交流电，所以通常使用双向晶闸管驱动。采用双向晶闸管驱动的交流接触器接口电路如图 3.6 所示，其中 OPTOTRIAC 为采用双向晶闸管驱动光电耦合器，用于触发双向晶闸管。

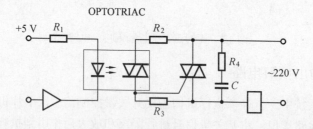

图 3.6　交流接触器接口电路

（2）功率 MOSFET。

在大功率开关控制电路中，大功率 MOSFET 越来越受人们的重视，它已在许多控制电路中取代了晶闸管。因为 MOSFET 具有高增益、低损耗以及耐高压等优良性能，它可作为高速开关，所需驱动电压和功率较低。MOSFET 的偏置电路设计很简单，只要在 MOSFET 栅极-源极之间加上一偏置电压（一般大于 10 V），MOSFET 就能工作在导通状态，源漏极之间相当于开关接通，其使用方法和双极性晶体管相同。功率 MOSFET 可由外围驱动器直接驱动，一种典型的驱动电路如图 3.7 所示。

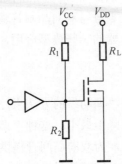

图 3.7　功率 MOSFET 接口电路

（3）固态继电器接口电路。

固态继电器简称 SSR（Solid State Relay），是一种四端器件：两端输入、两端输出，它们之间用光耦合器隔离。SSR 是一种新型的无触点电子继电器，其输入端只要求输入很小的控制电流，与 TTL、HTL、CMOS 等集成电路具有较好的兼容性，而其输出则用双向晶闸管来接通和断开负载电源。与普通电磁式继电器和磁力开关相比，具有开关速度快、工作频率高、体积小、重量轻、寿命长、无机械噪声、工作可靠、耐冲击等一系列特点。

由于 SSR 无机械触点，当其用于需抗腐蚀、抗潮湿、抗振动和防爆的场合时，更能体现出有机械触点继电器无法比拟的优点。由于 SSR 输入控制端与输出端用光电耦合器隔离，所需控制驱动器电压低、电流小，非常容易与计算机控制输出接口。在计算机控制应用系统中，已越来越多地用固态继电器取代传统的电磁式继电器和磁力开关作开关量输出控制。

固态继电器不仅实现了小信号对大电流功率负载的开关控制，而且还具有隔离功能。图 3.8 所示的是双向晶闸管输出型的固态继电器接口电路。

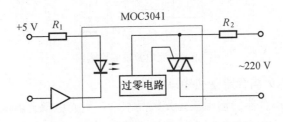

图 3.8　固态继电器接口电路

在图 3.8 中，MOC3041 是双向晶闸管输出型的固态继电器，带过零触发电路，输入端的控制电流为 15 mA，输出端的额定电压为 400 V，输入输出端隔离电压为 7 500 V。

四、光电耦合器及接口电路

单片机应用系统要控制或检测电压高、电流大的信号，必须采用电气上的完全隔离并抑制干扰。光电耦合器是利用光传递信息的器件，它使电路的输入和输出在电气上完全隔离，大大提高了系统的安全可靠性。

光电耦合器的类型很多，按器件的输出结构可分为直流输出型和交流输出型两大类。对于直流输出可采用晶体管输出、达林顿管输出、史密特触发器输出；对于交流输出可采用单向晶闸管输出、双向晶闸管输出、过零触发双向晶闸管输出。

在前面我们已经给出了光电耦合器的一些典型应用，下面就介绍光电耦合器的其他几种典型应用。

1. 交流电源过零检测器电路

在单片机应用系统中，经常采用"调功"的方法来控制负载的功率，以减少电路在接通时对电网的影响，从而使电路的损耗降至最小。这种"调功"方法是：通过交流电源过零检测器，检测出交流电压的过零点时间，为双向晶闸管提供准确的过零触发脉冲，同时在中断服务程序中用一个定时器来控制双向晶闸管的导通时间，进而控制负载的功率，即所谓的"调功器"。

由光电耦合器组成的过零检测器如图 3.9 所示。图中，交流电经电阻 R_1 直接加至两个反向并联的光电二极管上，在交流电正弦波的正、负半周，二极管 D_1 和 D_2 轮流导通，从而使 T_1、T_2 也轮流导通，在导通期间 V_o 输出低电平。在交流电正弦波过零的瞬间，两个二极管都不导通，V_o 输出高电平。因此，V_o 端得到的是周期为 10 ms 的脉冲信号。图中 R_1 将光电二极管的电流限制在 2 mA 左右。

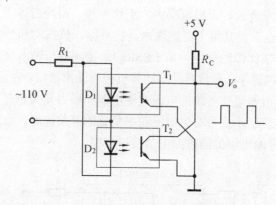

图 3.9　交流电源过零检测器

2. 晶闸管输出型光电耦合器驱动接口电路

晶闸管输出型光电耦合器的输出端是光敏晶闸管。当光电耦合器的输入端有一定的电流流入时，晶闸管即导通。有的光电耦合器的输出端还配有过零检测电路，用于控制晶闸管过零触发，以减少电器在接通电源时对电网的影响。

图 3.10 是晶闸管输出型光电耦合器 4N40 的接口电路。4N40 是常用的单向晶闸管输出型光电耦合器，也称固态继电器。当输入端有 15~30 mA 电流时，输出端的晶闸管导通，输出端的额定电压为 400 V，额定电流为 300 mA。输入输出端隔离电压为 1 500~7 500 V。

光电耦合器也常用于较远距离的信号隔离传送。一方面光电耦合器可以起到隔离两个系统地线的作用，使两个系统的电源相互独立，消除地电位不同所产生的影响；另一方面，光电耦合器的发光二极管是电流驱动器件，可以形成电流环路的传送形式。由于电流电路是低阻抗电路，它对噪音的敏感度低，因此提高了通信系统的抗干扰能力，常用于在高噪音干扰的环境下传输信号。

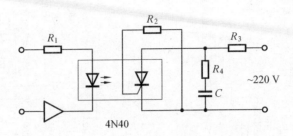

图3.10 晶闸管输出型光电耦合器驱动接口电路

 任务实施

1. 制订方案

汽车电器采用直流24 V供电，转向开关闭合时，接入的是直流24 V，不能直接接入单片机，需要设计输入接口电路将24 V直流电压变换成成标准TTL电平；汽车转向灯也是直流24 V供电，单片机也不能直接将其点亮，需要设计输出接口电路，使单片机输出的标准TTL电平通过输出接口电路控制转向灯闪亮。本任务用发光二极管模拟汽车转向灯。

2. 汽车转向电路设计

转向开关输入接口电路采用光电耦合器，将24 V直流电压变换成标准TTL电平送入单片机，分别接单片机的P1.0（左转向）、P1.1（右转向）引脚；输出电路也采用光电耦合器，使单片机输出的转向控制信号（标准TTL电平）通过光电耦合器控制继电器，从而控制转向灯闪烁，前、后左转向灯由P1.4、P1.5控制，前、后右转向灯由P1.6、P1.7控制。汽车转向灯控制器电路所需元器件见表3.1。

表3.1 汽车转向控制器电路元器件列表

元器件名称	参数	元器件名称	参数
单片机 AT89C51		单刀三掷开关	SW-SPDT
晶体振荡器 CRYSTAL	12 MHz	光电耦合器	OPTOCOUPLER-NPN
瓷片电容 CAP	30 pF	发光二极管	LED-YELLOW
电解电容 CAP-ELEC	10 μF	三极管	NPN
电阻 RES	10 kΩ	二极管	10BQ015
电阻 RES	300 Ω	继电器 RELAY	
电阻 RES	1 kΩ	集电极开路同相驱动器	7407
电阻 RES	2 kΩ		

启动Proteus ISIS，在Proteus ISIS环境中选择"File"→"New Design"命令，在弹出的对话框中选择适当的A2图纸，保存文件名为"CAR.DSN"。

在器件选择按钮中单击"P"按钮，添加表3.1所示的元器件。

在Proteus ISIS原理图编辑窗口中放置元件。单击工具箱中的"元件终端"按钮，放置电源、地。放置好元件后，布线。设置相应元件参数，完成电路设计，如图3.11所示。

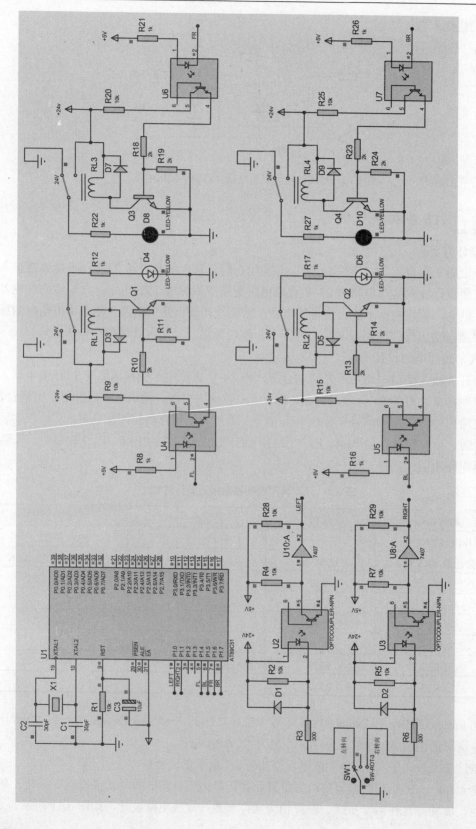

图 3.11 汽车转向灯控制器电路

3. 创建汽车转向控制器项目

在设计程序时，需要对转向开关进行实时检测，以控制转向灯依据转向开关的位置闪烁或者熄灭。当转向开关搬于左转向时，前、后左转向灯闪烁；当转向开关搬于右转向时，前、后右转向灯闪烁；当转向开关搬于中心位置时，汽车前后、左右转向灯熄灭。汽车转向控制器程序如下：

```
#include<reg51.h>          /* 包含头文件 reg51.h */
sbit left=P1^0;            /* 定义左转向开关 */
sbit right=P1^1;           /* 定义右转向开关 */
sbit leftfront=P1^4;       /* 定义左前转向灯 */
sbit leftback=P1^5;        /* 定义左后转向灯 */
sbit rightfront=P1^6;      /* 定义右前转向灯 */
sbit rightback=P1^7;       /* 定义右后转向灯 */
delay(unsigned int ms);    /* 声明延时函数 */
main()
{
   P1=0xff;    //
   while(1)
   {
      if(left==0)  /* 判断左转向开关是否闭合 */
      {
         leftfront=0;   /* 点亮左前转向灯 */
         leftback=0;    /* 点亮左后转向灯 */
         delay(500);    /* 延时 500ms */
         leftfront=1;   /* 熄灭左前转向灯 */
         leftback=1;    /* 熄灭左后转向灯 */
         delay(500);    /* 延时 500ms */
      }
      else
      {
         leftfront=1;   /* 熄灭左前转向灯 */
         leftback=1;    /* 熄灭左后转向灯 */
      }
      if(right==0)       /* 判断右转向开关是否闭合 */
      {
         rightfront=0;   /* 点亮右前转向灯 */
         rightback=0;    /* 点亮右后转向灯 */
         delay(500);     /* 延时 500ms */
         rightfront=1;   /* 熄灭右前转向灯 */
```

```
            rightback=1;      /* 熄灭右后转向灯 */
            delay(500);
        }
        else
        {
            rightfront=1;     /* 熄灭右前转向灯 */
            rightback=1;      /* 熄灭右后转向灯 */
        }
    }
}
delay(unsigned int ms)
{
    unsigned int i,j;
    for(i=0;i<ms;i++)
        for(j=0;j<124;j++);
}
```

启动 Keil μVision3，单击"Project"→"New Project"选项，创建"CAR"项目，并选择单片机型号为 AT89C51。

在 Keil μVision3 菜单中单击"File"→"New"命令创建文件，输入源程序代码，保存为"CAR.c"。单击项目窗口中"Target 1"前面的"+"号，然后在"Source Group 1"选项上单击右键，选择"Add File to Group 'Source Group 1'"命令，将源程序 CAR.c 添加到项目中。

在 Keil μVision3 菜单中单击"Project"→"Option for Target 'Target 1'"选项，在弹出的"Option for Target 'Target 1'"对话框中选择"Output"标签，选中"Create HEX File"。

在 Keil μVision3 菜单中单击"Project"→"Build Target"，编译源程序代码。如果编译成功，则在"Output Window"窗口中显示没有错误，并创建了一个"CAR.HEX"文件。

 调试与仿真

在 Keil μVision3 菜单中单击"Project"→"Option for Target 'Target 1'"选项，在弹出的"Option for Target 'Target 1'"对话框中选择"Debug"标签，选中"Use: Proteus VSM Simulator"。

在 Proteus ISIS 工作界面，单击"Debug（调试）"→"Use Remote Debug Monitor（使用远程调试监控）"选项，使 Proteus 与 Keil C51 建立连接，进行联合调试。

在 Keil μVision3 集成开发环境中，单击"Debug"→"Start/Stop Debug Session"命令进入程序调试环境。同时，Proteus ISIS 也进入仿真状态。

在 Keil μVision3 的文本编辑窗口中设置断点，设置好断点后，在 Keil μVision3 菜单中单击"Debug"→"Run"命令，运行程序。当转向开关位于左转向位置时，前、后左转向灯闪烁；当转向开关位于右转向位置时，前、后右转向灯闪烁；当转向开关掷于中心位置时，汽车前后、左右转向灯都熄灭，如图 3.11 所示。

学习情境二　应用发光二极管实现信息显示

发光二极管是最常见的显示器件，使用最为灵巧、方便，可用它来指示系统的工作状态、制作节日彩灯、广告牌匾等。

发光二极管与普通二极管相似，都具有单向导电性，在使用过程中需要注意的是它的工作电流。通常情况下，发光二极管的工作电流在 5～30 mA 之间，电流值越大，亮度相应也越高。由于发光材料的改进，现在大部分发光二极管的工作电流较小，通常为 1～5 mA，其内阻为 20～100 Ω。为保证发光二极管的正常工作，同时减少功耗，限流电阻的选择十分重要，若供电电压为+5 V，则限流电阻可选 1～3 kΩ。

对于单片机系统来说，发光与显示器件是最大的功耗部分，在满足系统性能指标的前提下，要尽量降低系统的功耗。

任务 2　用发光二极管制作一个节日彩灯

 任务描述

当你在美丽的夜晚，漫步在城市繁华的街道上，你一定会看到五光十色的霓虹灯，把城市的夜色装点得分外妖娆，此时，你会不会想到自己也制作一个节日彩灯，装点一下自己的寝室或家庭哪？下面，我们就来看一看节日彩灯是如何设计的，然后你也制作一个属于你自己的节日彩灯。

用单片机控制 8 个发光二极管进行花样显示，显示规律为：8 个 LED 依次左移点亮，然后再依次右移点亮，无限循环。

要求：

（1）在 Proteus ISIS 中完成节日彩灯电路设计。

（2）在 Keil μVision3 中创建节日彩灯项目，编写、编译节日彩灯控制程序。

（3）用 Proteus 和 Keil C51 仿真与调试节日彩灯电路。

 知识链接

发光二极管与单片机连接技术

对于 AT89C51 单片机而言，P0 口用作输入输出时，漏极是开路的，需要外接上拉电阻，P1～P3 口内部有 30 kΩ 左右的上拉电阻。若将发光二极管与单片机的 I/O 口直接连接，还需考虑到单片机 I/O 的负载能力。若连接不当，将造成单片机的损坏。为了说明，我们先看一下发光二极管与单片机的 I/O 口连接的 2 个案例，见图 3.12。

单片机 I/O 端口的灌电流负载能力远大于拉电流负载能力。在低电平时，吸入电流可达 20 mA，具有一定的驱动能力；而为高电平时，输出电流仅数十 μA 甚至更小（电流实际上是由引脚的上拉电流形成的），基本上没有驱动能力。其原因是高电平时该脚也同时作输入脚使用，而输入脚必须具有高的输入阻抗，因而上拉的电流必须很小才行。由此可见，发光二极管与单片机的 I/O 口直接连接时，可采用图 3.12（b）所示的连接方式。

如果一定要高电平驱动时，可在单片机与发光二极管之间加驱动电路，如 74LS04、74LS244 等。

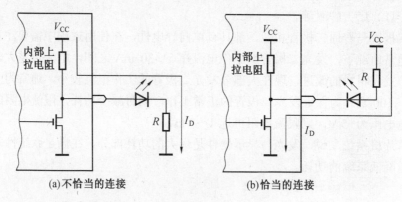

(a)不恰当的连接　　　　　(b)恰当的连接

图 3.12　发光二极管与单片机的连接

 任务实施

1. 制订方案

用单片机的 P1 口接 8 个发光二极管，当 P1 口的某个引脚为低电平时，与该引脚连接的发光二极管点亮，电路在任意时刻只有一个发光二极管点亮。

实现发光二极管依次点亮，可以使用移位运算符"＞＞"、"＜＜"实现；也可以用 Keil C51 提供的库函数"unsigned char _crol_(unsigned char val ，unsigned char n)"（左移 n 位函数）、"unsigned char _cror_(unsigned char val ，unsigned char n)"（右移 n 位函数）实现；还可以建立一个字符型数组，将数组中的元素依次送到 P1 口实现；又可以用位操作或字节操作实现。

2. 节日彩灯电路设计

P1 口接 8 个发光二极管 D0~D7，节日彩灯电路所需元器件见表 3.2。

启动 Proteus ISIS，在 Proteus ISIS 环境中选择"File"→"New Design"命令，在弹出的对话框中选择适当的 A4 图纸，保存文件名为"LIGHT.DSN"。

表 3.2　节日彩灯电路元器件列表

元器件名称	参数	元器件名称	参数
单片机 AT89C51		发光二极管	LED-RED
晶体振荡器 CRYSTAL	12 MHz	发光二极管	LED-BLUE
瓷片电容 CAP	30 pF	发光二极管	LED-GREEN
电解电容 CAP-ELEC	10 μF	发光二极管	LED-YELLOW
电阻 RES	300 Ω	电阻 RES	10 kΩ

在器件选择按钮中单击"P"按钮，添加表 3.2 所示的元器件。

在 Proteus ISIS 原理图编辑窗口中放置元件。单击工具箱中的"元件终端"按钮，放置电源、地。放置好元件后，布线。设置相应元件参数，完成电路设计，如图 3.13 所示。

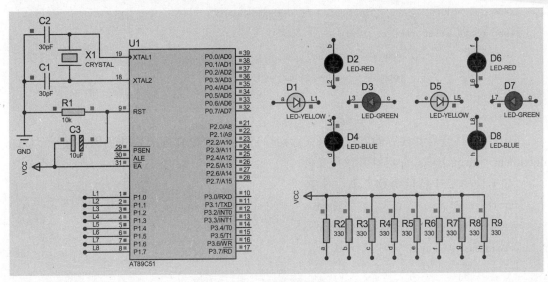

图 3.13　节日彩灯电路

3. 创建节日彩灯项目

由于实现方案较多，本方案将用 3 种方法分别编写相应的程序，读者可以自己去比较，哪一个方法更好一些。

在本案例中用到了 Keil C51 提供的库函数"unsigned char _crol_(unsigned char val, unsigned char n)"（左移 n 位函数）、"unsigned char _cror_(unsigned char val , unsigned char n)"（右移 n 位函数），这些函数的原型包含在头文件 INTRINS.H 中。用户若要使用这些库函数，只需在程序中通过编译预处理命令#include<intrins.h>，将头文件 INTRINS.H 的全部内容放到引用头文件的位置处即可。头文件 INTRINS.H 的全部内容如下：

```
/*------------------------------------------------------------------

INTRINS.H

Intrinsic functions for C51.

Copyright (c) 1988-2004 Keil Elektronik GmbH and Keil Software, Inc.

All rights reserved.

-----------------------------------------------------------------*/

#ifndef __INTRINS_H__

#define __INTRINS_H__

extern void          _nop_     (void);

extern bit           _testbit_ (bit);

extern unsigned char _cror_    (unsigned char, unsigned char);

extern unsigned int  _iror_    (unsigned int,  unsigned char);
```

```
extern unsigned long _lror_      (unsigned long, unsigned char);
extern unsigned char _crol_      (unsigned char, unsigned char);
extern unsigned int  _irol_      (unsigned int,  unsigned char);
extern unsigned long _lrol_      (unsigned long, unsigned char);
extern unsigned char _chkfloat_(float);
extern void          _push_      (unsigned char _sfr);
extern void          _pop_       (unsigned char _sfr);
#endif
```

打开头文件查看其内容的方法：将鼠标移动到 INTRINS.H 上，单击右键，选择 "Open document <intrins.h>"，即可打开该头文件。

（1）使用 C51 移位函数实现。

```
#include<reg51.h>        //包含头文件 reg51.h
#include <intrins.h>      //包含头文件 intrins.h
delay(unsigned int ms); //声明延时函数
void main( )
{
    unsigned char i,temp;
    while(1)
    {
        temp=0xfe;              //初值为 11111110
        for(i=0;i<8;i++)
        {
            P1=temp;               //temp 值送 P1 口
            delay(500);            //延时 500 ms
            temp=_crol_(temp,1);   //temp 值循环左移 1 位
        }
        for(i=0;i<8;i++)
        {
            P1=temp;               //temp 值送 P1 口
            delay(500);            //延时 500 ms
            temp=_cror_(temp,1);   //temp 值循环右移 1 位
        }
    }
}
delay(unsigned int ms)
{
    unsigned int i,j;
```

```
    for(i=0;i<ms;i++)
        for(j=0;j<124;j++);
}
```

（2）使用移位运算符实现。

```
#include<reg51.h>
delay(unsigned int ms);
void main( )
{
unsigned char i,temp;
while(1)
{
    temp=0x01;              //赋左移初值给 temp
    for(i=0;i<8;i++)
    {
        P1=~temp;          //将 temp 取反送 P1 口
        delay(500);         //延时 500 ms
        temp=temp<<1;      //temp 中的数据左移 1 位
    }
    temp=0x80;              //赋右移初值给 temp
    for(i=0;i<8;i++)
    {
        P1=~temp;          //将 temp 取反送 P1 口
        delay(500);         //延时 500 ms
        temp=temp>>1;      //temp 中的数据右移 1 位
    }
  }
}
delay(unsigned int ms)
{
    unsigned int i,j;
    for(i=0;i<ms;i++)
        for(j=0;j<124;j++);
}
```

（3）使用字节操作实现。

```
#include<reg51.h>
unsigned char tab[ ]={0xfe,0xfd,0xfb,0xf7,0xef,0xdf,0xbf,0x7f,        //左移数据
```

```
                              0xbf,0xdf,0xef,0xf7,0xfb,0xfd,    //右移数据
                              0x33,0xcc,0x55,0xaa,0x00,0xff};    //花样数据
delay(unsigned int ms);
void main( )
{
   unsigned char i;
   while(1)
    {
        for(i=0;i<20;i++)
        {
            P1=tab[i];
            delay(500);
        }
    }
}
delay(unsigned int ms)
{
   unsigned int i,j;
   for(i=0;i<ms;i++)
       for(j=0;j<124;j++);
}
```

启动 Keil μVision3，单击"Project"→"New Project"选项，创建"LIGHT"项目，并选择单片机型号为 AT89C51。

在 Keil μVision3 菜单中单击"File"→"New"命令创建文件，输入源程序代码，保存为"LIGHT.c"。单击项目窗口中"Target 1"前面的"+"号，然后在"Source Group 1"选项上单击右键，选择"Add File to Group 'Source Group 1'"命令，将源程序 LIGHT.c 添加到项目中。

在 Keil μVision3 菜单中单击"Project"→"Option for Target 'Target 1'"选项，在弹出的"Option for Target 'Target 1'"对话框中选择"Output"标签，选中"Create HEX File"。

在 Keil μVision3 菜单中单击"Project"→"Build Target"，编译源程序代码。如果编译成功，则在"Output Window"窗口中显示没有错误，并创建了一个"LIGHT.HEX"文件。

 调试与仿真

在 Keil μVision3 菜单中单击"Project"→"Option for Target 'Target 1'"选项，在弹出的"Option for Target 'Target 1'"对话框中选择"Debug"标签，选中"Use: Proteus VSM Simulator"。

在 Proteus ISIS 工作界面，单击"Debug（调试）"→"Use Remote Debug Monitor（使用远程调试监控）"选项，使 Proteus 与 Keil C51 建立连接，进行联合调试。

在 Keil μVision3 集成开发环境中，单击 "Debug" → "Start/Stop Debug Session" 命令进入程序调试环境。同时，Proteus ISIS 也进入仿真状态。

在 Keil μVision3 的文本编辑窗口中设置断点，设置好断点后，在 Keil μVision3 菜单中单击 "Debug" → "Run" 命令，运行程序。节日彩灯运行效果如图 3.13 所示。

通过上面的学习，相信你也一定能制作出更美的节日彩灯吧！

学习情境三　应用 LED 数码管实现信息显示

在单片机应用系统中，LED 数码管是最常使用的显示器件之一。LED 数码管具有结构简单、价格便宜等特点。

任务 3　设计一个四量程 LED 数码管显示电路

任务描述

设计一个能够显示四位十进制数的显示电路，显示器件采用 LED 数码管。显示电路有一个旋转开关，四个档位，转动旋转开关，LED 数码管显示的数值跟随旋转开关的位置放大或缩小 10 倍。显示电路设有四个量程，显示的数值范围为 0.000～9 999。

要求：

（1）在 Proteus ISIS 中完成四量程显示电路设计。

（2）在 Keil μVision3 中创建四量程显示电路项目，编写、编译四量程显示电路控制程序。

（3）用 Proteus 和 Keil C51 仿真与调试四量程显示电路。

知识链接

一、LED 数码管的结构及分类

LED 数码管由若干个发光二极管组成，如图 3.14（a）所示。LED 数码管又分为共阳极和共阴极两种结构，如图 3.14（b）、（c）所示。

当某一发光二极管导通时，它就会发光。每个发光二极管为一个字段（笔画），若干个二极管导通时，就构成了一个显示字符。控制相应的二极管导通，就能显示对应的字符。

共阳极 LED 数码管的发光二极管的阳极并联，用低电平驱动。共阳极 LED 数码管的 2 个 com 端连在一起接 +5 V，其他管脚（阴极）接驱动电路输出端。当某个发光二极管的阴极为低电平时，发光二极管点亮；共阴极 LED 数码管的发光二极管的阴极并联，用高电平驱动，共阴极 LED 数码管的 2 个 com 端连在一起接地，其他管脚（阳极）接驱动电路输出端。当某个发光二极管的阳极为高电平时，发光二极管点亮。

通常，我们把 LED 数码管的公共端（com）称为 "位选线"，引脚 a～dp 称为 "段选线"。

【注意】　图中的电阻为外接限流电阻，其阻值可根据相应的 LED 显示器的字段导通额定电流来确定。通常，LED 显示器的字段导通额定电流一般为 5～20 mA。

　　LED 数码管除了根据 LED 的接法不同分为共阴极和共阳极之外，根据封装数量划分为一位、两位一体、四位一体数码管。对于两位一体或四位一体数码管，它们的位选线（公共端）是独立的，段选线是并联在一起的。

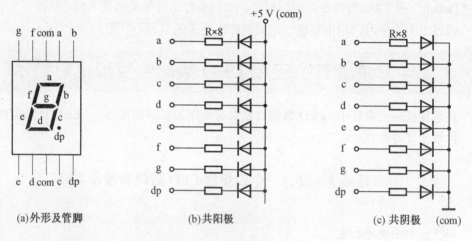

图 3.14　LED 数码管

二、LED 数码管的字形编码

　　若使 LED 数码管显示出相应的数字或字符，需要给 LED 数码管送出相应的字形编码。LED 数码管有 8 个字段，对应一个字节数据，通常将控制发光二极管的 8 位字节数据称为段码（或字形编码），如表 3.3 所示。共阳极与共阴极的段码互为补数。

　　段码各位的定义为：D0 与 a 字段对应，D1 与 b 字段对应，D2 与 c 字段对应，D3 与 d 字段对应，D4 与 e 字段对应，D5 与 f 字段对应，D6 与 g 字段对应，D7 与 dp 字段对应。

表 3.3　LED 数码管字形编码（段码）

显示字符	共阳极段码	共阴极段码	显示字符	共阳极段码	共阴极段码
0	0xc0	0x3f	C	0xc6	0x39
1	0xf9	0x06	d	0xa1	0x5e
2	0xa4	0x5b	E	0x86	0x79
3	0xb0	0x4f	F	0x8e	0x71
4	0x99	0x66	P	0x8c	0x73
5	0x92	0x6d	H	0x89	0x76
6	0x82	0x7d	L	0xc7	0x38
7	0xf8	0x07	U	0xc1	0x3e
8	0x80	0x7f	Y	0x91	0x6e
9	0x90	0x6f	—	0xbf	0x40
A	0x88	0x77	.	0x7f	0x80
b	0x83	0x7c	灭	0xff	0x00

三、LED 数码管的显示方式

LED 数码管有静态显示和动态显示两种方式，与之对应的接口电路也会随之不同。

1. LED 数码管静态显示方式

静态显示方式，是指数码管显示某一字符时，相应的发光二极管恒定地导通或截止，直到显示字符改变为止。

LED 数码管工作在静态显示方式下，每个 LED 显示器公共端（com）连接在一起接地（共阴极）或接 +5 V（共阳极）；每个 LED 数码管的段选线（a~dp）与一个 8 位并行口相连。

采用静态显示方式，LED 数码管只需较小的电流即可获得较高的亮度；占用 CPU 时间少，编程简单，但占用系统的口线多，硬件电路复杂，成本高。所以静态显示方式适用于显示位数较少的场合。

在静态显示方式中，每个数码管可独立显示，只要在该数码管的段选线上保持段码电平，该数码管就能显示该字符。由于每一个数码管由一个 8 位输出口控制段码，故在同一时间里每一位显示的字符可以各不相同。一个四位 LED 数码管静态显示电路如图 3.15 所示。

由于 N 位 LED 数码管静态显示要求 $N \times 8$ 条 I/O 口线，占用 I/O 资源较多。故在位数较多时往往采用动态显示方式。

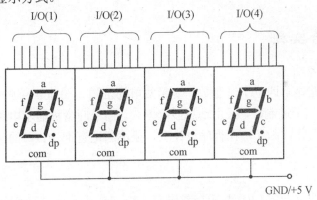

图 3.15　LED 数码管静态显示电路

2. LED 动态显示方式

所谓动态显示（也称动态扫描）方式，就是一位一位地轮流点亮每个数码管。这种逐位点亮数码管的方式称为扫描。

在动态显示方式下，将所有数码管的段选线并联在一起，由一个 8 位 I/O 口控制，从该 I/O 口输出段码，此 I/O 口称为段选口或字形口；而每个数码管的 com 端则分别由另一 I/O 口的口线控制，该 I/O 称为扫描口或位选口。对于每个数码管，每一时刻只能有 1 个数码管被点亮，每隔一段时间点亮一次，每个数码管依次轮流被点亮。由于人眼的视觉暂留效应和发光二极管熄灭时的余晖，人们感觉到的是所有的数码管"同时"显示字符。为了使每个数码管能够充分被点亮，每个数码管应持续导通一段时间。通过适当地调整每个数码管导通的时间间隔及导通电流，即可实现亮度较高和稳定的显示。一般每隔 20 ms 扫描一遍所有数码管。一个四位 LED 数码管动态显示电路如图 3.16 所示。

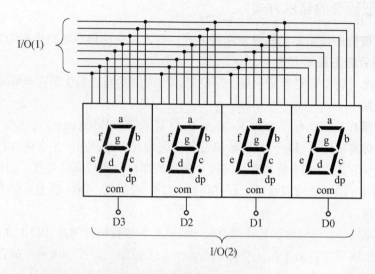

图 3.16 LED 数码管动态显示电路

采用动态显示方式比较节省 I/O 口，但在显示位数较多时，CPU 要依次扫描，占用 CPU 较多的时间。

 任务实施

1. 制订方案

四量程显示电路显示四位十进制数，显示数值的范围为 0.000~9 999，可以用四位一体 LED 数码管显示四位十进制数，采用动态显示方式。由于四量程显示电路显示的数值随旋转开关的位置而发生变化，因此，在程序设计上，要不断地查询 P1 口的状态，以使显示的数值也随之改变。

2. 电路设计

显示器件采用四位一体 LED 共阳极数码管。P0 口作为段选口，连接四位一体 LED 共阳极数码管的段选端 a~dp；P2 口作为位选口，四位一体 LED 共阳极数码管的驱动电路由四个 PNP 三极管组成，由 P2 口控制；P1 口接四档位选择开关。四量程显示电路所需元器件见表 3.4。

表 3.4 四量程显示电路元器件列表

元器件名称	参数	元器件名称	参数
单片机 AT89C51		电阻 RES	1 kΩ
晶体振荡器 CRYSTAL	12 MHz	电阻排 RESPACK	10 kΩ
瓷片电容 CAP	30 pF	电阻排 R×8	1 kΩ
电解电容 CAP-ELEC	10 μF	LED 数码管	7SEG-MPX4-CA
电阻 RES	10 kΩ	四选一开关	SW-ROT-4
电阻 RES	670 Ω	三极管	PNP

启动 Proteus ISIS，在 Proteus ISIS 环境中选择"File"→"New Design"命令，在弹出的对话框中选择适当的 A3 图纸，保存文件名为"DISPLAY.DSN"。

在器件选择按钮中单击"P"按钮，添加如表 3.4 所示的元器件。

在 Proteus ISIS 原理图编辑窗口中放置元件。单击工具箱中的"元件终端"按钮，放置电源、地。放置好元件后，布线。设置相应元件参数，完成电路设计，如图 3.17 所示。

电路设计说明　本电路设计中，在三极管 Q1～Q4 的集电极接入了电阻，而在实际电路中是不需要接电阻的。原因是三极管的仿真模型是模拟模型，数码管的仿真模型是数字模型，由于两种模型在仿真时不能同时进行，而在集电极接入电阻，目的是将三极管开关作为开关使用。

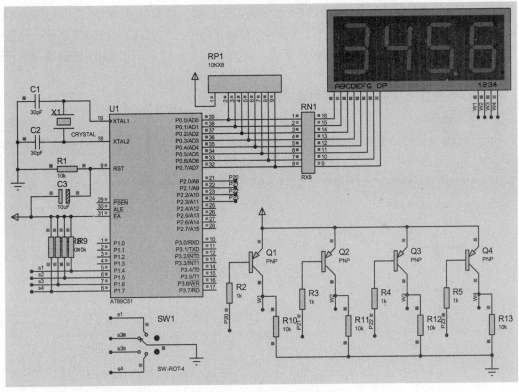

图 3.17　四量程显示电路

3. 创建四量程显示电路项目

在编写四量程显示电路控制程序之前，需要解决下面几个问题：

（1）采用动态显示方式，如何在 LED 数码管上显示多位十进制数？

假设要在图 3.17 所示的电路上显示四位十进制数 3 456，具体方法如下：

①首先将四位十进制数 3 456 的千位、百位、十位、个位的数值分离出来，即

　　千位的数值为：3 456/1 000=3

　　百位的数值为：3 456/100%10=4

　　十位的数值为：3 456%100/10=5

　　个位的数值为：3 456%10=6

②建立一个一维字符型数组，用来存放共阳极数码管 0~9 的字形编码。

③编写一个毫秒级延时函数。

④设计动态显示方式方案。

P0 口输出千位数值的字形编码，P2 口输出位选信号 0xfe（二进制数为 1111 1110），三极管 Q1 导通，数码管的"位选端 1"有效（高电平），第一个数码管显示千位数值 3，延时一段时间；P0 口输出百位数值的字形编码，P2 口输出位选信号 0xfd（二进制数为 1111 1101），三极管 Q2 导通，数码管的"位选端 2"有效（高电平），第二个数码管显示百位数值 4，延时一段时间；P0 口输出十位数值的字形编码，P2 口输出位选信号 0xfb（二进制数为 1111 1011），三极管 Q3 导通，数码管的"位选端 3"有效（高电平），第三个数码管显示十位数值 5，延时一段时间；P0 口输出个位数值的字形编码，P2 口输出位选信号 0xf7（二进制数为 1111 0111），三极管 Q4 导通，数码管的"位选端 4"有效（高电平），第四个数码管显示个位数值 6，延时一段时间。按照此规律一直循环下去，就能在四位一体共阳极 LED 数码管上显示四位十进制数"3456"。

在 LED 数码管上显示四位十进制数的程序如下：

```c
#include <reg51.h>
unsigned char seg[]={0xc0,0xf9,0xa4,0xb0,0x99,0x92,0x82,0xf8,0x80,0x90}; /* 共阳极 LED 数码管 0~9 字形编码 */
//********************************延时函数********************************//
delayms(unsigned int ms)
{
    unsigned int i,j;
    for(i=0;i<ms;i++)
        for(j=0;j<124;j++);
}
//********************************显示函数********************************//
void display(int dat)
{
    P0=seg[dat/1000];        /* 输出千位数字形编码 */
    P2=0xfe;                 /* 位选 1 有效 */
    delayms(2);              /* 延时 2 ms */
    P2=0xff;                 /* 消影 */
    P0=seg[dat/100%10];      /* 输出百位数字形编码 */
    P2=0xfd;                 /* 位选 2 有效 */
    delayms(2);              /* 延时 2 ms */
    P2=0xff;                 /* 消影 */
    P0=seg[dat%100/10];      /* 输出十位数字形编码 */
    P2=0xfb;                 /* 位选 3 有效 */
    delayms(2);              /* 延时 2 ms */
```

```
        P2=0xff;                /* 消影 */
        P0=seg[dat%10];         /* 输出个位数字形编码 */
        P2=0xf7;                /* 位选4有效 */
        delayms(2);             /* 延时 2 ms */
        P2=0xff;                /* 消影 */
}
//*****************************主函数******************************//
void main()
{
    unsigned int a=3456;
    while(1)
    {
        display(a);             /* 调用显示函数 */
    }
}
```

程序说明：在每次执行输出字形编码到 P0 口、输出位选信号到 P2 口、延时 2ms 操作后，并不是再次立即执行输出字形编码、输出位选信号操作，而是执行一条语句"P2=0xff;"，这条语句的专业术语称为"消影"。解释如下：单片机的 P0～P3 口都具有数据锁存功能，在每次执行输出字形编码、位选信号操作后，P0、P2 口就一直保持着送入的字形编码、位选信号，直到再次送入新的字形编码、位选信号为止。若取消语句"P2=0xff;"，当再次执行接下来的输出字形编码、位选信号操作后，P0 口、P2 口接收新的数据信息，导致 P0 口、P2 口的数据发生了变化，结果就是数码管出现显示混乱的现象。当在程序中采取"消影"措施后，在输出新的字形编码、位选信号之前，先让所有数码管的位选端处于无效状态，即所有数码管都不显示，然后再执行输出字形编码到 P0 口、输出位选信号到 P2 口、延时 2ms 操作，这样，数码管的显示是稳定的，不会出现显示混乱现象了。可以看出，语句"P2=0xff;"的作用是，在输出新的字形编码、位选信号之前，先让所有数码管的位选端处于无效状态，即所有数码管都不显示，以避免数码管出现显示混乱现象。

（2）如何在 LED 数码管上显示十进制小数？

小数在计算机中称为浮点数，对于 8 位单片机而言，不具有浮点数运算的能力，如果一定要计算浮点数，将占用单片机的大量内存单元和 CPU 的时间。如果遇到小数该如何处理？这里可以采用一种简单的方法：将该数放大若干倍，使其变成整数，在显示时，将整数位的小数点点亮即可。

假设要在图 3.17 所示的电路上显示四位十进制数 3.456，如何编写程序？具体方法如下：

①将 3.456 乘以 1 000，即放大 1 000 倍，变成 3 456，计算出千位、百位、十位和个位的数值。

②在显示时，将千位数值 3 的小数点点亮，也就是使用语句"P0=seg[dat/1000]&0x7f;"，这样，在显示千位数值 3 的同时，小数点也被点亮。其原因是："seg[dat/1000]"是 0～9 的

字形编码，但小数点是不显示的，"seg[dat/1000]"和"0x7f"按位相"与"运算后，就变成了带小数点的字形编码了。需要说明的是，本例使用共阳极数码管，上述的算法才成立，若使用共阴极数码管，算法请读者自己思考。

（3）如何将 LED 数码管上显示的十进制数放大或缩小 10 倍？

将 LED 数码管上显示的十进制数放大或缩小 10 倍的方法：将小数点右移 1 位，放大 10 倍；左移 1 位，缩小 10 倍。

在解决了上述几个问题后，就可以编写四量程显示电路控制程序了。

四量程显示电路采用动态显示方式，P0 口输出显示数值的字形编码，P2 口输出位选信号，四位十进制数值和小数点的显示由显示函数完成；主函数主要负责检测 P1 口连接的四档位选择开关位置，以此进行量程切换。四量程显示电路控制程序如下：

```c
#include <reg51.h>
sbit sw1=P1^4;
sbit sw2=P1^5;
sbit sw3=P1^6;
sbit sw4=P1^7;
unsigned char lg2=0xff,lg3=0xff,lg4=0xff;
unsigned char   seg[]={0xc0,0xf9,0xa4,0xb0,0x99,0x92,0x82,0xf8,0x80,0x90}; / * 共阳极 LED 数码管 0~9
字形编码 */
//*******************************数码管延时函数********************************//
delayms(unsigned int ms)
{
    unsigned int i,j;
    for(i=0;i<ms;i++)
      for(j=0;j<124;j++);
}
//*******************************数码管显示函数********************************//
    void display(int dat)
    {
    P0=seg[dat/1000];          / * 输出千位数字形编码 */
    P2=0xfe;                   / * 位选 1 有效 */
    delayms(2);                / * 延时 2 ms */
    P2=0xff;                   / * 消影 */
    P0=seg[dat/100%10];        / * 输出百位数字形编码 */
    P2=0xfd;                   / * 位选 2 有效 */
    delayms(2);                / * 延时 2 ms */
    P2=0xff;                   / * 消影 */
    P0=seg[dat%100/10];        / * 输出十位数字形编码 */
    P2=0xfb;                   / * 位选 3 有效 */
```

```
        delayms(2);                /* 延时 2 ms */
        P2=0xff;                   /* 消影 */
        P0=seg[dat%10];            /* 输出个位数字形编码 */
        P2=0xf7;                   /* 位选 4 有效 */
        delayms(2);                /* 延时 2 ms */
        P2=0xff;                   /* 消影 */
    }
//******************************主函数******************************//
void main()
{
    unsigned int a=3456;
    while(1)
    {
        if(sw1==0)                 /* 选择开关位于 1 挡位 */
        {
            lg2=0xff;              /* 不显示小数点 */
            lg3=0xff;
            lg4=0xff;
        }
        if(sw2==0)                 /* 选择开关位于 2 挡位 */
        {
            lg2=0x7f;              /* 点亮十位小数点 */
            lg3=0xff;
            lg4=0xff;
        }
        if(sw3==0)                 /* 选择开关位于 3 挡位 */
        {
            lg2=0xff;
            lg3=0x7f;              /* 点亮百位小数点 */
            lg4=0xff;
        }
        if(sw4==0)                 /* 选择开关位于 4 挡位 */
        {
            lg2=0xff;
            lg3=0xff;
            lg4=0x7f;              /* 点亮千位小数点 */
        }
        display(a);
```

```
    }
}
```

启动 Keil μVision3，单击"Project"→"New Project"选项，创建"DISPLAY"项目，并选择单片机型号为 AT89C51。

在 Keil μVision3 菜单中单击"File"→"New"命令创建文件，输入源程序代码，保存为"DISPLAY.c"。单击项目窗口中"Target 1"前面的"+"号，然后在"Source Group 1"选项上单击右键，选择"Add File to Group 'Source Group 1'"命令，将源程序 DISPLAY.c 添加到项目中。

在 Keil μVision3 菜单中单击"Project"→"Option for Target 'Target 1'"选项，在弹出的"Option for Target 'Target 1'"对话框中选择"Output"标签，选中"Create HEX File"。

在 Keil μVision3 菜单中单击"Project"→"Build Target"，编译源程序代码。如果编译成功，则在"Output Window"窗口中显示没有错误，并创建了一个"DISPLAY.HEX"文件。

 调试与仿真

在 Keil μVision3 菜单中单击"Project"→"Option for Target 'Target 1'"选项，在弹出的"Option for Target 'Target 1'"对话框中选择"Debug"标签，选中"Use: Proteus VSM Simulator"。

在 Proteus ISIS 工作界面，单击"Debug（调试）"→"Use Remote Debug Monitor（使用远程调试监控）"选项，使 Proteus 与 Keil C51 建立连接，进行联合调试。

在 Keil μVision3 集成开发环境中，单击"Debug"→"Start/Stop Debug Session"命令进入程序调试环境。同时，Proteus ISIS 也进入仿真状态。

在 Keil μVision3 的文本编辑窗口中设置断点，设置好断点后，在 Keil μVision3 菜单中单击"Debug"→"Run"命令，运行程序。四量程显示电路运行效果如图 3.17 所示。

学习情境四　应用 LED 点阵实现信息显示

LED 点阵显示器的应用非常广泛，车站、码头、机场、大型晚会、商场、银行、医院、街道等，随处可见。LED 点阵显示器不仅能显示文字、图形，还能播放动画、图像、视频等信息，是广告宣传、新闻传播的有力工具。LED 点阵显示器分为图文显示器和视频显示器，LED 点阵显示器不仅有单色显示，还有彩色显示。本学习情境将介绍单色 LED 点阵显示器的应用技术。

任务 4　制作一个 16×16 LED 点阵显示屏

 任务描述

用 4 个 8×8LED 点阵模块组成一个 16×16 LED 点阵显示屏，循环显示汉字"中国梦"。

要求：

（1）在 Proteus ISIS 中完成 16×16 LED 点阵显示屏电路设计。

（2）在 Keil μVision3 中创建 16×16 LED 点阵显示屏项目，编写、编译 16×16 LED 点阵显示屏控制程序。

（3）用 Proteus 和 Keil C51 仿真与调试 16×16 LED 点阵显示屏电路。

 知识链接

一、LED 点阵结构及显示信息原理

LED 点阵显示器（以下简称 LED 点阵）是由若干个 LED 发光二极管按矩阵的方式排列组成的，通过对每个 LED 进行控制，点亮不同位置的发光二极管，可以完成各种字符或图形的显示。LED 点阵按阵列点数可分为 5×7（5 列 7 行）、7×9（7 列 9 行）、8×8（8 列 8 行）；按发光颜色可分为单色、双色、三色；按极性排列又可分为共阳极和共阴极。

一个典型的 8×8 LED 点阵模块如图 3.18 所示，它有 64 个像素，可以显示简单的字符或图形。用 4 个 8×8 LED 点阵模块可以组合成一个 16×16 LED 点阵，可以显示 16×16 点阵的汉字。我们可以用若干个 8×8 LED 点阵模块构成一个 LED 大屏幕，显示图形和更多的汉字信息。

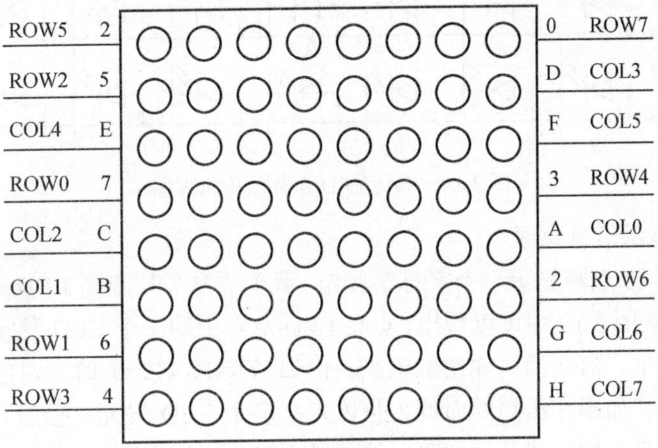

ROW5 2		0 ROW7
ROW2 5		D COL3
COL4 E		F COL5
ROW0 7		3 ROW4
COL2 C		A COL0
COL1 B		2 ROW6
ROW1 6		G COL6
ROW3 4		H COL7

图 3.18　8×8 LED 点阵模块

1. LED 点阵结构

一个 8×8 LED 点阵模块结构原理图如图 3.19 所示。8×8 LED 点阵模块由 64 个 LED 发光二极管组成，每个 LED 发光二极管是处于行线（ROW0～ROW7）和列线(COL0～COL7)之间的交叉点上。8×8 LED 点阵模块有 16 个引脚，其中 8 根行线（Y0～Y7）用数字 0～7 表示，8 根列线（X0～X7）用字母 A～H 表示。

对于单色 LED 点阵其实是没有共阳极和共阴极之分的，因为要是从行（列）方向看是共阳极的（行线接的是发光二极管阳极），而从列（行）方向看就是共阴极的（列线接的是发

光二极管阴极），故此 LED 点阵也有行阳列阴 LED 点阵、行阴列阳 LED 点阵之说。所以当我们在使用 LED 点阵模块显示信息时，一定要搞清楚 LED 点阵模块的极性，否则就会出错。

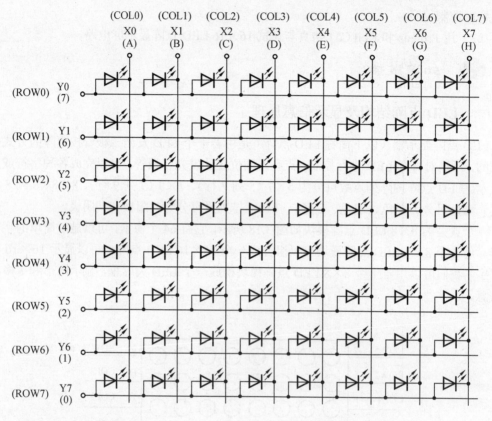

图 3.19　8×8 LED 点阵结构原理图

2. LED 点阵显示信息原理

如何使一个 8×8 点阵显示一个字符？首先，我们先从怎样点亮 LED 点阵中的一个 LED 发光二极管入手，从图 3.19 中可以看出，点亮 LED 点阵中的一个 LED 发光二极管的条件是：对应的行输出高电平、对应的列输出低电平。例如 Y0=1，X0=0 时，对应于左上角的 LED 发光二极管被点亮。如果在很短的时间内依次点亮多个 LED 发光二极管，LED 点阵就可以显示一个稳定的字符、数字或其他图形，这就是 LED 点阵显示信息的原理。LED 点阵显示有多种形式，如固定显示、移动显示、交替显示、闪烁显示等。

用 LED 点阵显示字符、数字或图案，通常采用行扫描方式。所谓行扫描方式就是先使 LED 点阵的第一行有效，列送显示数据，延时几个毫秒（使该行上点亮的 LED 发光二极管能够充分被点亮）；然后再使第二行有效，列送显示数据，延时几个毫秒，……最后再使 LED 点阵的最后一行有效，列送显示数据，延时几个毫秒，然后再循环上述操作，一个稳定的字符、数字或图案就在 LED 点阵上显示出来了。

在行扫描方式中，每显示一行信息所需的时间称为行周期，所有行扫描完成后所需的时间称为场周期。行与行之间延时 1～2 ms，延时时间受 50 Hz 闪烁频率的限制，应保证扫描所有行（即一帧数据）所用的时间在 20 ms 以内。

下面通过具体的案例介绍用 LED 点阵显示图形的方法。假设要让 8×8 LED 点阵显示一个心形图案，可采用行扫描方式实现，具体方法如下：

先给 8×8 LED 点阵第 1 行送高电平（行高电平有效），同时给所有列线送 11111111（列线低电平有效），延时一段时间；然后给第 2 行送高电平，同时给所有列线送 10011001，延时一段时间……最后给第 8 行送高电平，同时给所有列线送 11111111，然后再循环上述操作，利用人眼的视觉驻留效应，一个稳定的心形图案就显示出来了，如图 3.20 所示。

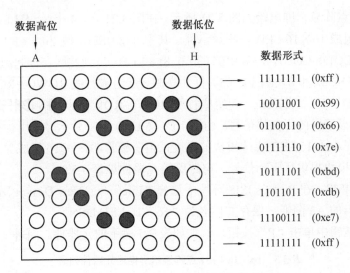

图 3.20　8×8 LED 点阵显示图形原理

二、LED 点阵显示汉字技术

汉字在计算机中处理时是采用图形的方法，即每个汉字就是一个图形，显示一个汉字就是显示一个图形符号，描述这个图形符号的数据称为汉字字模。每个汉字在计算机中都有对应的字模。按类型，汉字字模可以分为两种，一种是点阵字模，一种是矢量字模。

点阵字模是汉字字形描述最基本的表示法。它的原理是把汉字的方形区域细分为若干小方格，每个小方格便是一个基本点。在方形范围内，凡是笔画经过的小方格便形成墨点，不经过的形成白点，若墨点代表 1，白点代表 0，那么小方格可以用一个二进制位表示。这样制作出来的汉字称为点阵汉字。

将汉字按汉字编码顺序编辑汇总称为汉字点阵字库。常用的汉字点阵字库有 12×12 点阵、16×16 点阵、24×24 点阵和 32×32 点阵。以 16×16 点阵为例，每个汉字需要 256 个点来描述。汉字存储时，每行 16 个点，占 2 个字节，一共存储 16 行，所以每个汉字需要 32 个字节来存储。

用 8×8 LED 点阵模块可以显示一些简单的图形或汉字，但要显示较为复杂的图形和汉字，就需要用多个 8×8LED 点阵模块组合成一个 LED 大屏幕。下面通过制作一个 16×16 点阵显示屏的案例，介绍 LED 点阵显示汉字的方法。

任务实施

1. 制订方案

16×16 LED 点阵显示屏由 4 个 8×8 LED 点阵显示模块组成。单片机的 P0、P2 口接 16×16 LED 点阵显示屏的列线，输出汉字点阵数据；P1 口通过 74HC154（4-16 译码器）控制 16×16 LED 点阵显示屏的行线，输出扫描信号。16×16 LED 点阵显示屏采用行扫描方式显示汉字信息，显示的汉字点阵数据可由字模软件得到。

2. 电路设计

16×16 LED 点阵显示屏电路如图 3.21 所示。在图 3.21 中，4 个 8×8 LED 点阵显示模块排列成正方形，组成 16×16 LED 点阵显示屏，其中 8×8 LED（1）和 8×8 LED（2）列并联在一起组成列线 COL0～COL7，8×8 LED（3）和 8×8 LED（4）列并联在一起组成列线 COL8～COL15；8×8 LED（1）和 8×8 LED（3）行并联在一起组成行线 ROW0～ROW7，8×8 LED（2）和 8×8 LED（4）行并联在一起组成行线 ROW8～ROW15。4-16 译码器 74HC154 提供 16×16 LED 点阵显示屏的行扫描信号。由于 16×16 LED 点阵显示屏采用行扫描方式显示汉字信息，为了保证 16×16 LED 点阵模块的亮度，由三极管 Q1～Q16 组成显示驱动电路，为 16×16 LED 点阵模块提供行驱动信号。电路所需元器件见表 3.5。

启动 Proteus ISIS，在 Proteus ISIS 环境中选择"File"→"New Design"命令，在弹出的对话框中选择适当的 A3 图纸，保存文件名为"16×16 LED.DSN"。

在器件选择按钮中单击"P"按钮，添加如表 3.5 所示的元器件。

表 3.5　16×16 LED 点阵显示屏电路元器件列表

元器件名称	参数	元器件名称	参数
单片机 AT89C51		电阻排 RESPACK	10 kΩ
晶体振荡器 CRYSTAL	12 MHz	电阻 RES	10 kΩ
瓷片电容 CAP	30 pF	8×8 LED 点阵模块	MATRIX-8×8-RED
电解电容 CAP-ELEC	10 μF	三极管	PNP
电阻 RES	1 kΩ	4-16 译码器	74HC154

在 Proteus ISIS 原理图编辑窗口中放置元件。单击工具箱中的"元件终端"按钮，放置电源、地。放置好元件后，布线。设置相应元件参数，完成电路设计，如图 3.21 所示。

【说明】　在实际电路中，16×16 LED 点阵显示屏的列线和单片机的 I/O 口之间是要加限流电阻的，其阻值在 10～100 Ω 左右。本案例为了得到清晰的汉字显示效果，没有加限流电阻。

在图 3.21 中，4 个 8×8 LED 点阵模块 MATRIX-8×8-RED 是逆时针旋转 90° 后进行连线的，为了观察方便，将 4 个 8×8 LED 点阵模块排列成正方形，列线 COL0～COL7 和行线 ROW0～ROW15 已被覆盖，实际的行线、列线布局如图 3.22 所示。

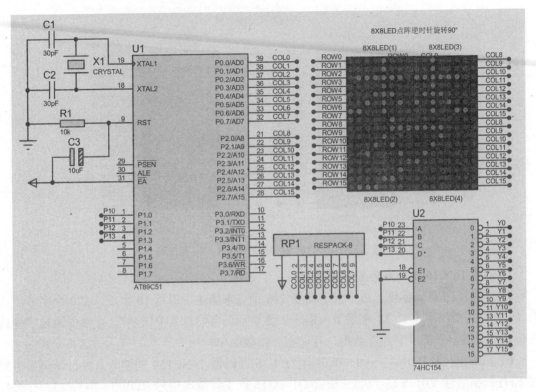

（a）由 4 个 8×8 LED 点阵模块组成的 16×16 点阵接口电路

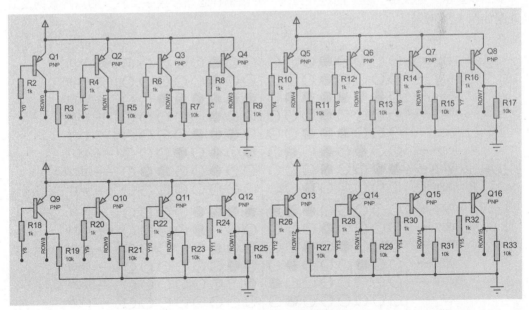

（b）16×16 点阵显示驱动电路

图 3.21　16×16 点阵显示屏电路

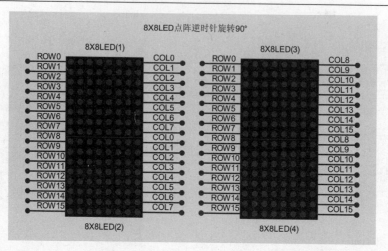

图 3.22　16×16 点阵显示屏行线、列线布局

3. 创建 16×16LED 点阵显示屏项目

对于 16×16 点阵字模，每个汉字需要 256 个点来描述，每行 16 个点，占 2 个字节，一共 16 行，每个汉字需要 32 个字节来描述。要显示汉字信息"中国梦"，可以先通过字模软件得到"中国梦"的汉字点阵数据，存储在一维数组中。

P1 口输出行选择信号 0x00～0x0f 作为 4-16 译码器 74HC154 的输入，经过译码后得到 16 路行扫描信号 Y0～Y15 控制三极管 Q1～Q16 产生行驱动信号 ROW0～ROW15。行选择信号 0x00～0x0f 也存储在一个一维数组中。

下面以显示一个汉字"梦"的过程为例，介绍编程思路，汉字"梦"的点阵数据及显示示意图如图 3.23 所示。

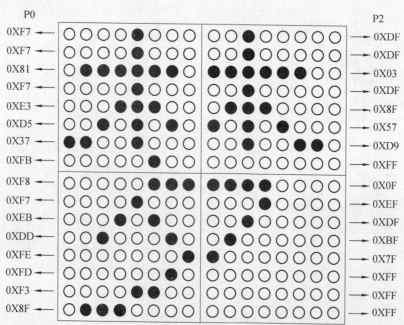

图 3.23　汉字"梦"显示示意图

　　具体方法如下：首先，P1 口输出行扫描码 0x00，使第 1 行有效，字形数据 0XF7 输出到 P0 口、0XDF 输出到 P2 口点亮对应的 LED，延时 1 ms，然后 P1 口输出行扫描码 0x01，使第 2 行有效，字形数据 0XF7 输出到 P0 口、0XDF 输出到 P2 口点亮对应的 LED，延时 1 ms……最后 P1 口输出行扫描码 0x0f，使第 16 行有效，字形数据 0X8F 输出到 P0 口、0XFF 输出到 P2 口点亮对应的 LED，延时 1 ms，然后再循环上述操作，利用人眼的视觉驻留效应，一个稳定的汉字"梦"就显示出来了。

　　多个汉字的显示则是在一个汉字显示程序的基础上再外嵌套一个循环即可实现。

　　16×16LED 点阵显示屏循环显示汉字"中国梦"控制程序如下：

```c
#include<reg51.h>
//显示的字符代码 点阵格式：阳码 取模方式：逐行式 取模走向：顺向 输出数制：十六进制 宋体
code unsigned char word[ ]={
    0xFE,0xFF,0xFE,0xFF,0xFE,0xFF,0xFE,0xFF,0xC0,0x07,0xDE,0xF7,0xDE,0xF7,0xDE,0xF7,
    0xDE,0xF7,0xDE,0xF7,0xC0,0x07,0xDE,0xF7,0xFE,0xFF,0xFE,0xFF,0xFE,0xFF,0xFE,0xFF, /*"中",0*/
    0xFF,0xFF,0x80,0x03,0xBF,0xFB,0xBF,0xFB,0xA0,0x0B,0xBE,0xFB,0xBE,0xFB,0xB0,0x1B,
    0xBE,0xFB,0xBE,0xBB,0xBE,0xDB,0xA0,0x0B,0xBF,0xFB,0xBF,0xFB,0x80,0x03,0xBF,0xFB,/*"国",1*/
    0xF7,0xDF,0xF7,0xDF,0x81,0x03,0xF7,0xDF,0xE3,0x8F,0xD5,0x57,0x37,0xD9,0xFB,0xFF,
    0xF8,0x0F,0xF7,0xEF,0xEB,0xDF,0xDD,0xBF,0xFE,0x7F,0xFD,0xFF,0xF3,0xFF,0x8F,0xFF,   /*"梦",2*/
};
unsigned char scan[ ]={0x00,0x01,0x02,0x03,0x04,0x05,0x06,0x07,
                       0x08,0x09,0x0a,0x0b,0x0c,0x0d,0x0e,0x0f,};   /* 扫描码 */
delay(unsigned int ms);                 /* 声明延时函数 */
void main(void)
{
    unsigned int j=0,q=0;
    unsigned char r,t=0;
    while(1)
    {
        for(r=0;r<200;r++)              /* 控制每一个字符显示的时间 */
            for(j=q;j<32+q;j++)
            {
                P1=scan[t];            /* 扫描 */
                P0=word[j];            /* 送数据 */
                j++;
                P2=word[j];            /* 送数据 */
                delay(1);
                P0=0xff;               /* 消影 */
                P2=0xff;               /* 消影 */
                t++;                   //
```

```
            if(t==16) t=0;
         }
        q=q+32;                    /* 显示下一个字符 */
        if(q==96)q=0;
     }
}
delay(unsigned int ms)
{
   unsigned int i,j;
   for(i=0;i<ms;i++)
    for(j=0;j<124;j++);
}
```

启动 Keil μVision3，单击"Project"→"New Project"选项，创建"16×16 LED"项目，并选择单片机型号为 AT89C51。

在 Keil μVision3 菜单中单击"File"→"New"命令创建文件，输入源程序代码，保存为"16×16 LED.c"。单击项目窗口中"Target 1"前面的"+"号，然后在"Source Group 1"选项上单击右键，选择"Add File to Group 'Source Group 1'"命令，将源程序 16×16 LED.c 添加到项目中。

在 Keil μVision3 菜单中单击"Project"→"Option for Target 'Target 1'"选项，在弹出的"Option for Target 'Target 1'"对话框中选择"Output"标签，选中"Create HEX File"。

在 Keil μVision3 菜单中单击"Project"→"Build Target"，编译源程序代码。如果编译成功，则在"Output Window"窗口中显示没有错误，并创建了一个"16×16 LED.HEX"文件。

 调试与仿真

在 Keil μVision3 菜单中单击"Project"→"Option for Target 'Target 1'"选项，在弹出的"Option for Target 'Target 1'"对话框中选择"Debug"标签，选中"Use: Proteus VSM Simulator"。

在 Proteus ISIS 工作界面，单击"Debug（调试）"→"Use Remote Debug Monitor（使用远程调试监控）"选项，使 Proteus 与 Keil C51 建立连接，进行联合调试。

在 Keil μVision3 集成开发环境中，单击"Debug"→"Start/Stop Debug Session"命令进入程序调试环境。同时，Proteus ISIS 也进入仿真状态。

在 Keil μVision3 的文本编辑窗口中设置断点，设置好断点后，在 Keil μVision3 菜单中单击"Debug"→"Run"命令，运行程序。16×16 LED 显示屏运行效果如图 3.21 所示。

学习情境五　应用 LCD 实现信息显示

液晶显示器（Liquid Crystal Display），简称 LCD，由于 LCD 具有功耗低、体积小、超薄型、显示品质高等特点，而广泛应用在便携式电子产品中。目前我们所使用的 LCD 是由 LCD 面板、驱动与控制电路组合而成的，也称液晶显示模块（LCM）。

LCD 的种类繁多，常用的有字符型和点阵型。字符型 LCD 只能显示字母、数字以及常用的符号；点阵型 LCD 除了字符外，还可以显示各种图形信息、汉字等。

任务 5　用 LCD1602 仿真电子广告牌

任务描述

用单片机控制字符型 LCD1602 显示字符信息"Hello everyone！"和"Welcome to HLJ！"，字符信息"Hello everyone！""Welcome to HLJ！"分别从 LCD1602 右侧第一行、第二行滚动移入，然后再从左侧滚动移出，循环显示。

要求：

（1）在 Proteus ISIS 中完成 LCD1602 仿真电子广告牌电路设计。

（2）在 Keil μVision3 中创建 LCD1602 仿真电子广告牌项目，编写、编译 LCD1602 仿真电子广告牌控制程序。

（3）用 Proteus 和 Keil C51 仿真与调试 LCD1602 仿真电子广告牌电路。

知识链接

字符型液晶显示模块 LCD1602

1. 字符型 LCD1602 的主要特性

（1）具有字符发生器 ROM（Character Generate ROM，CGROM），显示容量为 16×2 个字符。

（2）具有 80 B 的数据显示存储器。

（3）芯片工作电压 4.5～5.5 V。

（4）工作电流 2.0 mA（5.0 V）。

2. 引脚说明

LCD1602 通常有 14 脚（无背光）或 16 脚（带背光）两种规格。在实际应用中多数采用的是 16 引脚封装。16 引脚的 LCD1602 引脚分布如图 3.24 所示。

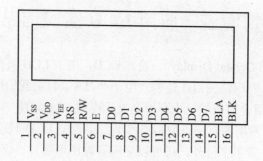

图 3.24　LCD1602 模块引脚分布图

LCD1602 的引脚功能见表 3.6。

表 3.6　LCD1602 引脚功能

引脚	名称	引脚功能	引脚	名称	引脚功能
1	V_{SS}	电源地	9	D2	数据
2	V_{DD}	电源正极	10	D3	数据
3	V_{EE}	液晶显示偏压	11	D4	数据
4	RS	数据/命令选择	12	D5	数据
5	R/W	读/写选择	13	D6	数据
6	E	使能信号	14	D7	数据
7	D0	数据	15	BLA	背光源正极
8	D1	数据	16	BLK	背光源负极

3. LCD1602 命令字

对字符型 LCD1602 的初始化、读、写、光标设置、数据指针设置等，都是通过命令字来实现的。LCD1602 的命令字见表 3.7。

表 3.7　LCD1602 命令字

编号	指令	RS	R/W	D7	D6	D5	D4	D3	D2	D1	D0
1	清屏	0	0	0	0	0	0	0	0	0	1
2	光标返回	0	0	0	0	0	0	0	0	1	×
3	输入方式设置	0	0	0	0	0	0	0	1	I/D	S
4	显示开/关及光标设置	0	0	0	0	0	0	1	D	C	B
5	光标或字符移位	0	0	0	0	0	1	S/C	R/L	×	×
6	功能设置	0	0	0	0	1	DL	N	F	×	×
7	CGRAM 地址设置	0	0	0	1	字符发生存储器地址					
8	DDRAM 地址设置	0	0	1	显示数据存储器地址						
9	读忙标志或地址	0	0	BF	计数器地址						
10	写数据	0	0	要写的数据							
11	读数据	0	1	读出的数据							

命令字说明：

命令 1：清屏，光标返回到地址 0x00 位置（显示屏的左上方）。

命令 2：光标返回到地址 0x00 位置（显示屏的左上方）。

命令 3：光标和显示模式设置。I/D —增量/减量选择控制位，I/D=1 当读或写一个字符后地址指针加 1，I/D=0 当读或写一个字符后地址指针减 1；S—屏幕上所有字符移动方向是否有效控制位，S=0 当写入一个字符时，整屏显示不移动，S=1 当写一个字符时，整屏显示左移（I/D=1）或右移（I/D=0）。

命令 4：显示开/关及光标设置。D—控制屏幕整体显示控制位，D=0 关显示，D=1 开显示；C—光标有无控制位，C=0 无光标，C=1 有光标；B—光标闪烁控制位，B=0 不闪烁，B=1 闪烁。

命令 5：光标或字符移位。S/C —光标或字符移位选择控制位，S/C=1 移动显示的字符，S/C=0 移动光标；R/L—移位方向选择控制位，R/L=0 左移，R/L=1 右移。

命令 6：功能设置命令。DL—传输数据的有效长度选择控制位，DL=1 为 8 位数据线接口，DL=0 为 4 位数据线接口；N—显示器行数选择控制位，N=0 单行显示，N=1 双行显示；F—显示字符的点阵选择控制位，F=0 显示 5×7 点阵字符，F=1 显示 5×10 点阵字符。

命令 7：CGRAM 地址设置。

命令 8：DDRAM 地址设置。LCD 内部设有一个数据地址指针，用户可以通过它访问内部全部 80B 的 RAM。命令 8 的格式为：

0x80+地址码

其中，0x80 为指令码。

命令 9：读忙标志或地址。BF—忙标志，BF=1 表示 LCD 忙，此时 LCD 不能接收命令或数据，BF=0 表示不忙。

命令 10：写数据。

命令 11：读数据。

4. LCD1602 的点阵字符集

LCD1602 模块的字符发生器 CGROM 存储的点阵字符包括阿拉伯数字、英文字母（大小写）、常用的符号和日文假名等，每一个字符都有一个固定的编码，通过内部电路转换即可实现在 LCD 显示，LCD1602 模块 CGROM 存储的点阵字符见表 3.8。观察表 3.8 可以发现，LCD 显示的数字和字母与 ASCII 码表中的数字和字母相同，所以在需要显示数字和字母时，只需给 LCD 模块送入 ASCII 码即可。

表3.8 CGROM 点阵字符集

高4位 低4位		0000	0001	0010	0011	0100	0101	0110	0111	1000	1001	1010	1011	1100	1101	1110	1111
××××0000	CG RAM (1)				0	@	P	`	p				ー	タ	ミ	α	p
××××0001	(2)			!	1	A	Q	a	q			。	ア	チ	ム	ä	q
××××0010	(3)			"	2	B	R	b	r			「	イ	ツ	メ	β	θ
××××0011	(4)			#	3	C	S	c	s			」	ウ	テ	モ	ε	∞
××××0100	(5)			$	4	D	T	d	t			、	エ	ト	ヤ	μ	Ω
××××0101	(6)			%	5	E	U	e	u			·	オ	ナ	ユ	ひ	ü
××××0110	(7)			&	6	F	V	f	v			ヲ	カ	ニ	ヨ	ρ	Σ
××××0111	(8)			'	7	G	W	g	w			ア	キ	ヌ	ラ	g	π
××××1000	(1)			(	8	H	X	h	x			イ	ク	ネ	リ	√	x
××××1001	(2)			)	9	I	Y	i	y			ゥ	ケ	ノ	ル	⁻¹	y
××××1010	(3)			*	:	J	Z	j	z			エ	コ	ハ	レ	j	千
××××1011	(4)			+	;	K	[	k	{			オ	サ	ヒ	ロ	×	万
××××1100	(5)			,	<	L	¥	l	|			ヤ	シ	フ	ワ	¢	円
××××1101	(6)			-	=	M	]	m	}			ュ	ス	ヘ	ン	£	÷
××××1110	(7)			.	>	N	^	n	→			ョ	セ	ホ	゛	ñ	
××××1111	(8)			/	?	O	_	o	←			ッ	ソ	マ	゜	ö	■

5. RAM 地址映射

LCD 内部有 80 B 的 RAM 缓冲区，LCD 的显示数据存储器 DDRAM 与显示屏上的字符显示位置是一一对应的，图 3.25 给出了 LCD1602 的 DDRAM 地址与字符显示位置的对应关系。

当向 DDRAM 的 0x00～0x0F、0x40～0x4F 地址中的任意一处写入数据时，LCD 将立即显示出来，该区域也称为可显示区域；而当写入到 0x10～0x27 或 0x50～0x67 地址处时，字符是不会显示出来的，该区域也称为隐藏区域。如要显示写入到隐藏区域的字符，需通过字符移位命令（命令字 5）将它们移入到可显示区域方可正常显示。

需要说明一点，在向 DDRAM 写入字符时，首先要设置 DDRAM 地址（也称定位数据指针），这项操作可通过命令字 8 来完成。例如，要写入字符到 DDRAM 的 0x40 处，则命令字 8 的格式为：0x80+0x40=0xc0，其中 0x80 为命令码，0x40 是要写入字符处的地址。

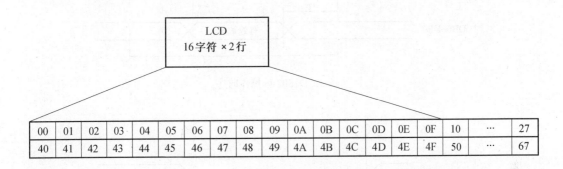

图 3.25　LCD 内部 RAM 地址映射图

6. LCD 操作时序

在对 LCD1602 进行读写操作时，要遵循其操作时序。LCD1602 操作时序如图 3.26 所示。

在读操作时，使能信号 E 为高电平有效，所以在软件设置顺序上，先设置 RS 和 R/W 状态，然后再使 E 为高电平，接着从数据口读取 LCD1602 状态数据，再将 E 置为低电平，最后复位 RS 和 R/W 状态。

在写操作时，使能信号 E 的下降沿有效，在软件设置顺序上，先设置 RS 和 R/W 状态，再使 E 为高电平，然后再给 LCD1602 送数据（命令码、显示的字符、地址），再将 E 置为低电平，最后复位 RS 和 R/W 状态。当 RS 为高电平"1"时，写入的是数据；当 RS 为低电平时"0"，写入的是命令。

LCD1602 的基本操作时序见表 3.9。

表 3.9　LCD1602 的基本操作时序

读状态	输入	RS=L，R/W=H，E=H	输出	D0～D7=状态字
写指令	输入	RS=L，R/W=L，D0～D7=命令码，E=高脉冲	输出	无
读数据	输入	RS=H，R/W=H，E=H	输出	D0～D7=数据字
写数据	输入	RS=H，R/W=L，D0～D7=数据，E=高脉冲	输出	无

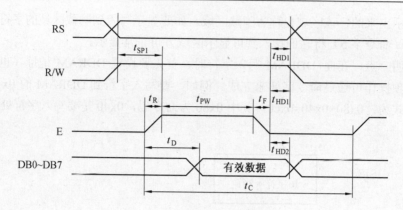

（a）LCD1602 读操作时序

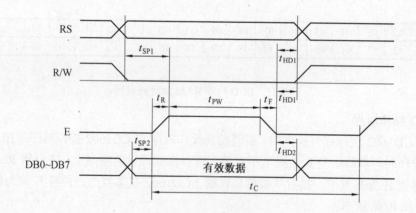

（b）LCD1602 写操作时序

图 3.26　LCD1602 操作时序

7. LCD 的复位及初始化过程

LCD 上电后复位的状态为：

① 清除屏幕显示；

② 功能设定为 8 位数据长度，单行显示，5×7 点阵字符；

③ 显示屏、光标、闪烁功能均关闭；

④ 输入方式设置为整屏显示不移动，I/D=1。

LCD 一般初始化设置为：

① 写指令 0x38　显示模式设置（16×2 显示，5×7 点阵，8 位数据接口）；

② 写指令 0x08　显示关闭；

③ 写指令 0x01　显示清屏，数据指针清 0；

④ 写指令 0x06　写一个字符后地址指针加 1；

⑤ 写指令 0x0C　设置开显示，不显示光标。

【注意】　原则上每次对 LCD1602 进行读/写操作时，通常都要检测 BF 标志位，如果为 1，则要等待；如果为 0，则可执行下一步操作。实际上，由于单片机的操作速度慢于 LCD1602 控制器的反应速度，因此可以不进行读/写检测，或只进行短暂延时即可。

任务实施

1. 制订方案

LCD1602 的数据线 D0～D7 与单片机的 P2 口连接，LCD1602 的 3 条控制线 RS、R/W、E 分别与 P3.5、P3.6、P3.7 引脚连接。建立 2 个字符数组存放字符信息，将数据指针定位在 LCD1602 的非显示区域，通过设置字符移位命令，实现信息从右侧移入，左侧移出。

2. 电路设计

在 Proteus ISIS 中没有 LCD1602，可使用 LM016L 元件替代。LCD1602 的对比度调节可通过一个 10 kΩ 的电位器进行调整，接正电源时，对比度最低，接地时对比度最高。电路所需元器件见表 3.10。

表 3.10　LCD1602 电子广告牌电路元器件列表

元器件名称	参数	元器件名称	参数
单片机 AT89C51		电阻 RES	10 kΩ
晶体振荡器 CRYSTAL	12 MHz	电位器 POT-HG	10 kΩ
电解电容 CAP-ELEC	10 μF	液晶显示模块	ML016L
瓷片电容 CAP	30 pF		

启动 Proteus ISIS，在 Proteus ISIS 环境中选择 "File" → "New Design" 命令，在弹出的对话框中选择适当的 A4 图纸，保存文件名为 "LCD1602.DSN"。

在器件选择按钮中单击 "P" 按钮，添加表 3.10 所示的元器件。

在 Proteus ISIS 原理图编辑窗口中放置元件。单击工具箱中的 "元件终端" 按钮，放置电源、地。放置好元件后，布线。设置相应元件参数，完成电路设计，如图 3.27 所示。

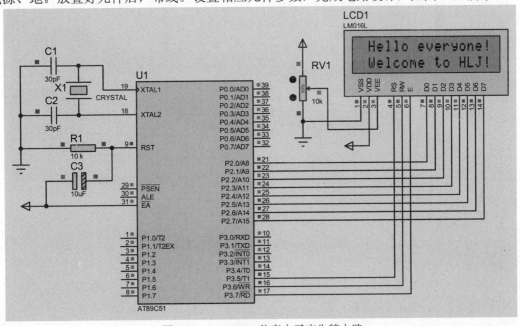

图 3.27　LCD1602 仿真电子广告牌电路

3. 创建 LCD1602 仿真电子广告牌项目

首先对 LCD1602 进行初始化设置：显示模式为 16×2 显示、5×7 点阵、8 位数据接口；开显示，不显示光标；写一个字符后地址指针加 1；清屏。

然后将数据指针定位在 DDRAM 的非显示区域 0x10 处，写入第一行字符信息 Hello everyone!再将数据指针定位在 DDRAM 的非显示区域 0x50 处，写入第二行字符信息 Welcome to HLJ！定位数据指针操作通过命令字 8 来完成。

最后，字符移位命令（即命令 5）设置为 0x1c，通过反复执行字符移位命令，就可实现信息从右侧移入，左侧移出。

在编写 LCD1602 写数据、命令函数时，要遵循其写操作时序（具体可参见图 3.26 和表3.9）。

LCD1602 仿真电子广告牌控制程序如下：

```c
#include<reg51.h>                    //
unsigned char code lcd1602a[]="Hello everyone!";   //
unsigned char code lcd1602b[]="Welcome to HLJ!"; //
sbit lcden=P3^7;        ///液晶使能端
sbit lcdrw=P3^6;        //液晶读写选择端
sbit lcdrs=P3^5;        //液晶命令数据选择端
unsigned char num;
void delay(unsigned int ms) //延时函数
{
    unsigned int x,y;
    for(x=0;x<ms;x++)
        for(y=0;y<124;y++);
}
void write_com(unsigned char com) //写命令函数
{
    lcdrs=0;    //写命令
    P2=com;    //输出命令字
    delay(5);    //延时
    lcden=1;   //使能端置 1，产生正脉冲
    delay(5);    //延时
    lcden=0;   //使能端置 0，正脉冲结束
}
void write_data(unsigned char date) //写数据函数
{
    lcdrs=1;        //写数据
    P2=date;        //输出字符信息
    delay(5);        //延时
```

```
    lcden=1;        //使能端置 1，产生正脉冲
    delay(5);       //延时
    lcden=0;        //使能端置 0，正脉冲结束
}
void init()         //LCD1602 初始化函数
{
    lcdrw=0;        //写选择有效
    lcden=0;        //使能端置 0
    write_com(0x38);    //设置 16×2 显示，5×7 点阵，8 位数据接口
    write_com(0x0c);    //设置开显示，不显示光标
    write_com(0x06);    //写一个字符后，地址指针加 1
    write_com(0x01);    //清屏
}
void main()
{
    init();     //LCD1602 初始化
    write_com(0x80+0x10);       //将数据指针定位在第一行非显示区 0x10
     for(num=0;num<16;num++)
    {
        write_data(lcd1602a[num]);  //写入第一行字符信息，共 16 个字符
        delay(5);
    }
    write_com(0x80+0x50);       //将数据指针定位在第二行非显示区 0x50
    for(num=0;num<16;num++)
    {
        write_data(lcd1602b[num]);  //写入第二行字符信息，共 16 个字符
        delay(5);
    }
    while(1)
    {
        for(num=0;num<24;num++)
        {
            write_com(0x1c);        //字符移位
            delay(100);
        }
    }
}
```

LCD1602 写数据函数 write_data(unsigned char date) 与写命令函数 write_com(unsigned char com) 的不同之处在于 RS 引脚的状态，当 RS 为 1 时，写入到 LCD1602 的是数据；当 RS 为低电平时"0"，写入到 LCD1602 的是命令。

启动 Keil μVision3，单击"Project"→"New Project"选项，创建"LCD1602"项目，并选择单片机型号为 AT89C51。

在 Keil μVision3 菜单中单击"File"→"New"命令创建文件，输入源程序代码，保存为"LCD1602.c"。单击项目窗口中"Target 1"前面的"+"号，然后在"Source Group 1"选项上单击右键，选择"Add File to Group 'Source Group 1'"命令，将源程序 LCD1602.c 添加到项目中。

在 Keil μVision3 菜单中单击"Project"→"Option for Target 'Target 1'"选项，在弹出的"Option for Target 'Target 1'"对话框中选择"Output"标签，选中"Create HEX File"。

在 Keil μVision3 菜单中单击"Project"→"Build Target"，编译源程序代码。如果编译成功，则在"Output Window"窗口中显示没有错误，并创建了一个"LCD1602.HEX"文件。

 调试与仿真

在 Keil μVision3 菜单中单击"Project"→"Option for Target 'Target 1'"选项，在弹出的"Option for Target 'Target 1'"对话框中选择"Debug"标签，选中"Use: Proteus VSM Simulator"。

在 Proteus ISIS 工作界面，单击"Debug（调试）"→"Use Remote Debug Monitor（使用远程调试监控）"选项，使 Proteus 与 Keil C51 建立连接，进行联合调试。

在 Keil μVision3 集成开发环境中，单击"Debug"→"Start/Stop Debug Session"命令进入程序调试环境。同时，Proteus ISIS 也进入仿真状态。

在 Keil μVision3 的文本编辑窗口中设置断点，设置好断点后，在 Keil μVision3 菜单中单击"Debug"→"Run"命令，运行程序。LCD1602 仿真电子广告牌电路运行效果如图 3.27 所示。

任务 6　用 LCD12864 仿真信息发布屏

 任务描述

使用 SMG12864 显示汉字，第一行显示"富强民主文明和谐"，第二行显示"自由平等公正法治"，第三行显示"爱国敬业诚信友善"，第四行显示"好好学习天天向上"。

要求：

（1）在 Proteus ISIS 中完成 LCD12864 仿真信息发布屏电路设计。

（2）在 Keil μVision3 中创建 LCD12864 仿真信息发布屏项目，编写、编译 LCD12864 仿真信息发布屏控制程序。

（3）用 Proteus 和 Keil C51 仿真与调试 LCD12864 仿真信息发布屏。

知识链接

图形液晶显示模块 LCD12864

1. 图形液晶显示模块 LCD12864 简介

LCD12864 是一种图形点阵液晶显示模块，它主要由行/列驱动器及 128×64 全点阵液晶显示器组成。LCD12864 可显示图形，也可以显示汉字。LCD12864 模块型号很多，主要是内置的控制器型号不同，常见的有 KS0108、HD61202、T6963C、ST7920 和 S6B0724 等。用户在选择 LCD12864 时一定要查阅其控制器的相关资料，否则容易出错。本书介绍的是不带字库的标准图形点阵液晶显示模块 SMG12864。

2. SMG12864 的主要特性

（1）SMG12864 是一种图形点阵液晶显示器，可以完成图形显示（128×64 点阵），也可以显示 8×4 个（16×16 点阵）汉字，内置 KS0108B 接口型液晶显示控制器，可与单片机直接连接。

（2）工作电压为 4.8～5.2 V。

（3）工作电流为 5.1 mA（5.0 V）。

（4）接口方式为并行接口。

3. SMG12864 引脚功能

LCD12864 图形点阵液晶显示模块 SMG12864 引脚分布如图 3.28 所示，其引脚功能见表 3.11。

表 3.11　SMG12864 的引脚功能

引脚	名称	引脚功能	引脚	名称	引脚功能
1	V_{SS}	电源地	15	CS1	CS1=0，芯片选择左半屏
2	V_{DD}	电源+5 V	16	CS2	CS2=0，芯片选择右半屏
3	V0	液晶显示驱动电源 0～5 V	17	RST	复位，低电平复位
4	RS	命令数据选择 H—数据；L—命令	18	V_{EE}	LCD 驱动负电源-5 V
5	R/W	读/写选择 H—读；L—写	19	BLA	背光源正极
6	E	使能信号，由 H 到 L 完成使能	20	BLK	背光源负极
7～14	D0～D7	数据	注意	有些型号模块 19、20 脚为空脚	

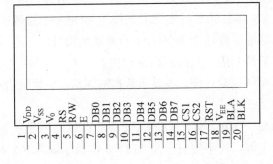

图 3.28　SMG12864 模块引脚分布图

4. SMG12864 的内部结构

SMG12864 的内部结构如图 3.29 所示,它主要由行驱动器/列驱动器及 128×64 全点阵液晶显示器组成。在图 3.29 中,IC3 为行驱动器,IC1、IC2 为列驱动器。IC1、IC2、IC3 含有以下主要功能器件:

（1）指令寄存器（IR）：IR 用于寄存指令码。当 RS=0 时,在 E 信号下降沿的作用下,指令码写入 IR。

（2）数据寄存器（DR）：DR 用于寄存数据。当 RS=1 时,在下降沿的作用下,图形数据写入 DR,或在 E 信号高电平作用下由 DR 读到 DB7~DB0 数据总线。DR 和 DDRAM 之间的数据传输是模块内部自动执行的。

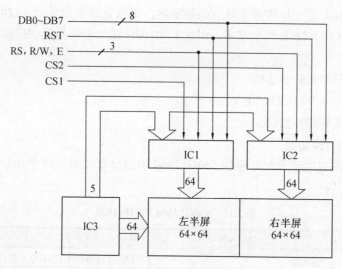

图 3.29　SMG12864 的内部结构框图

（3）忙标志（BF）：BF 提供内部工作情况。BF=1 表示模块在内部操作,此时模块不能接收外部指令和数据;BF=0 时,模块为准备状态,随时可接收外部指令和数据。

（4）显示控制触发器（DFF）：此触发器用于模块屏幕显示开和关的控制。DFF=1 为开显示,DDRAM 的内容显示在屏幕上;DFF=0 为关显示。

（5）XY 地址计数器：XY 地址计数器是一个 9 位计数器,高 3 位是 X 地址计数器,低 6 位是 Y 地址计数器。XY 地址计数器实际上是作为 DDRAM 的地址指针,X 地址计数器为 DDRAM 的页指针,Y 地址计数器为 DDRAM 的列地址指针。

X 地址计数器没有记数功能,只能用指令设置。

Y 地址计数器具有循环记数功能,各显示数据写入后,Y 地址自动加 1,Y 地址指针从 0 到 63。

（6）显示数据 RAM（DDRAM）：DDRAM 用于存储图形显示数据。SMG12864 的液晶显示屏分为左半屏和右半屏,每半屏有一个 512×8 位显示数据 RAM,左、右半屏驱动电路及存储器分别由片选信号 CS1 和 CS2 选择。

（7）Z 地址计数器：Z 地址计数器是一个 6 位计数器，具备循环记数功能，用于显示行扫描同步。完成一行扫描后，Z 地址计数器自动加 1，指向下一行扫描数据。模块复位后，Z 地址计数器清 0。

Z 地址计数器可以用指令 DISPLAY START LINE 预置。因此，显示屏的起始行就由该指令控制，即 DDRAM 的数据从哪一行开始在屏幕的第一行。模块的 DDRAM 共 64 行，屏幕可以循环滚动显示 64 行。

5. SMG12864 显示位与 DDRAM 存储器

DDRAM 是 SMG12864 的显示数据存储器，屏上显示内容与存储器单元建立一一对应关系，模块内部自带扫描与驱动，用户只要将显示内容写入到 DDRAM 对应的存储单元中，就可显示相应的信息。

SMG12864 的 DDRAM 为 64×128 位，按字节为单位划分，共分为 8 页，每页 8 行，每行 128 位（128 列）。DDRAM 中每个字节的数据对应屏幕上显示点的排列方式为：纵向排列，低位在前。

SMG12864 的液晶显示屏横向有 128 个点，纵向有 64 个点，显示屏分为左半屏（64×64）和右半屏（64×64）。用户要点亮 LCD 屏上的某一点，首先需要确定该点的坐标，即行地址、列地址，然后对 DDRAM 区中的相应位进行置"1"操作。SMG12864 的 DDRAM 地址与显示屏的显示位置对应关系见表 3.12。

表 3.12 SMG12864DDRAM 地址与显示位置关系

	CS1CS2=01（左半屏）					CS1CS2=10（右半屏）					
Y=	0	1	···	62	63	0	1	···	62	63	行号
	DB0	DB0	DB0	DB0	DB0	DB0	DB0	DB0	DB0	DB0	0
	⋮	⋮	⋮	⋮	⋮	⋮	⋮	⋮	⋮	⋮	
	DB7	DB7	DB7	DB7	DB7	DB7	DB7	DB7	DB7	DB7	7
X=0	DB0	DB0	DB0	DB0	DB0	DB0	DB0	DB0	DB0	DB0	8
⋮	⋮	⋮	⋮	⋮	⋮	⋮	⋮	⋮	⋮	⋮	
X=7	DB7	DB7	DB7	DB7	DB7	DB7	DB7	DB7	DB7	DB7	55
	DB0	DB0	DB0	DB0	DB0	DB0	DB0	DB0	DB0	DB0	56
	⋮	⋮	⋮	⋮	⋮	⋮	⋮	⋮	⋮	⋮	
	DB7	DB7	DB7	DB7	DB7	DB7	DB7	DB7	DB7	DB7	63

6. SMG12864 的指令

SMG12864 的指令包括显示开关控制、设置显示起始行、设置 X 地址、设置 Y 地址、读状态、写显示数据、读显示数据等操作，见表 3.13。

表 3.13　SMG12864 指令

指令	指令码										功能
	R/W	D/I	D7	D6	D5	D4	D3	D2	D1	D0	
显示 ON/OFF	0	0	0	0	1	1	1	1	1	1/0	控制显示器的开关，不影响 DDRAM 中的数据和内部状态
设置显示 起始行	0	0	1	1	显示起始行（0~63）						指定显示屏从 DDRAM 中哪一行开始显示数据
设置 X 地址	0	0	1	0	1	1	1	X: 0~7			设置 DDRAM 中的页地址（X 地址）
设置 Y 地址	0	0	0	1	Y 地址（0~63）						设置地址（Y 地址）
读状态	1	0	BUSY	0	ON/ OFF	RST	0	0	0	0	读取状态 RST=1：复位；RST=0：正常 ON/OFF=1：显示开；ON/OFF=0：显示关 BUSY=0：准备；BUSY=1：操作
写显示数据	0	1	显示数据								将数据线上的数据 DB7~DB0 写入 DDRAM
读显示数据	0	1	显示数据								将 DDRAM 上的数据读入数据线 DB7~DB0

SMG12864 指令的使用方法如下：

（1）显示开关控制（DISPLAY ON/OFF）：

代码	R/W	RS	BD7	DB6	DB5	DB4	DB3	DB3	DB2	DB0
形式	0	0	0	0	1	1	1	1	1	D

D=1：开显示（DISPLAY ON）表示显示器可以进行各种显示操作。

D=0：开显示（DISPLAY OFF）表示不能对显示器进行各种显示操作。

（2）设置显示起始行（SET DISPLAY START）：

代码	R/W	RS	BD7	DB6	DB5	DB4	DB3	DB3	DB2	DB0
形式	0	0	1	1	A5	A4	A3	A2	A1	A0

显示起始行是由 Z 地址计数器控制的，A5~A0 的 6 位地址自动送入 Z 地址计数器，起始行的地址可以是 0~63 的任意一行。

（3）设置 X 地址（页地址，SET PAGE ADDRESS）：

代码	R/W	RS	BD7	DB6	DB5	DB4	DB3	DB3	DB2	DB0
形式	0	0	1	0	1	1	1	A2	A1	A0

页地址是 DDRAM 的行地址，8 行为一页，模块共 64 行（即 8 页），A2~A0 表示 0~7 页。读/写数据对地址没有影响，页地址由本指令或 RST 信号改变，复位后页地址为 0。页地址与 DDRAM 的对应关系见表 3.12。

（4）设置 Y 地址（SET Y ADDRESS）：

代码	R/W	RS	BD7	DB6	DB5	DB4	DB3	DB3	DB2	DB0
形式	0	0	0	1	A5	A4	A3	A2	A1	A0

该指令的作用是将 A5~A0 送入 Y 地址计数器，作为 DDRAM 的 Y 地址指针。在对 DDRAM 进行读/写操作后，Y 地址指针自动加 1，指向下一个 DDRAM 单元。

（5）读状态（STATUS READ）：

代码	R/W	RS	BD7	DB6	DB5	DB4	DB3	DB3	DB2	DB0
形式	0	1	BUYS	0	ON/OFF	RET	0	0	0	0

当 R/W=1、RS=0 时，在 E 信号为 "H" 的作用下，状态分别输出到数据总线 DB7~DB0 的相应位。RST=1 表示内部正在初始化，此时组件不接收任何指令和数据。

（6）写显示数据（WRITE DISPLAY DATE）：

代码	R/W	RS	BD7	DB6	DB5	DB4	DB3	DB3	DB2	DB0
形式	0	1	D7	D6	D5	D4	D3	D2	D1	D0

D7~D0 为显示数据，此指令把 D7~D0 写入相应的 DDRAM 对应，Y 地址指针自动加 1。

（7）读显示数据（READ DISPLAY DATE）：

代码	R/W	RS	BD7	DB6	DB5	DB4	DB3	DB3	DB2	DB0
形式	1	1	D7	D6	D5	D4	D3	D2	D1	D0

此指令把 DDRAM 的内容 D7~D0 读到数据总线 DB7~DB0，Y 地址指针自动加 1。

7. SMG12864 的操作时序

SMG12864 的基本操作时序见表 3.14。

表 3.14　SMG12864 的基本操作时序

读状态	输入	RS=L，R/W=H，CS1 或 CS2=H，E=H	输出	DB0~DB7=状态字
写指令	输入	RS=L，R/W=L，DB0~DB7=命令码，CS1 或 CS2=H，E=高脉冲	输出	无
读数据	输入	RS=H，R/W=H，CS1 或 CS2=H，E=H	输出	DB0~DB7=数据字
写数据	输入	RS=H，R/W=L，DB0~DB7=数据，CS1 或 CS2=H，E=高脉冲	输出	无

SMG12864 的读、写操作时序如图 3.30 所示。

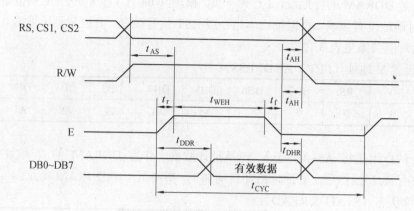

（a）SMG12864 读操作时序

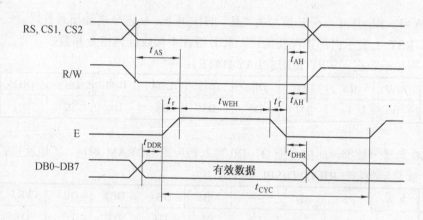

（b）SMG12864 写操作时序

图 3.30　SMG12864 读/写操作时序

8. 用 SMG12864 显示汉字的方法

在 SMG12864 上显示汉字的方法概括如下：

（1）用字模软件对要显示的汉字取模，取模方式为：纵向排列，低位在前。

（2）初始化 SMG12864。

（3）确定显示位置，包括选择左半屏或右半屏、页地址、列地址。

（4）在指定位置上写入显示的汉字编码。

下面通过具体的案例介绍在 SMG12864 上显示汉字的方法。假设在 SMG12864 的左半屏 0～15 行、0～15 列上显示 16×16 点阵汉字"仿"，具体方法如下：

（1）用字模软件对要显示的 16×16 点阵汉字"仿"取模，取模方式为：纵向取模下高位，数据排列为从上到下、从左到右。

16×16 点阵"仿"字在液晶屏上的点阵排列如图 3.31 所示，"仿"字的编码为：

"仿" 0x80, 0x00, 0x40, 0x00, 0x20, 0x00, 0xF8, 0xFF,

0x07, 0x00, 0x10, 0x80, 0x10, 0x40, 0x10, 0x30,

0xF1, 0x0F, 0x96, 0x40, 0x90, 0x80, 0x90, 0x40,

0xD0, 0x3F, 0x98, 0x00, 0x10, 0x00, 0x00, 0x00

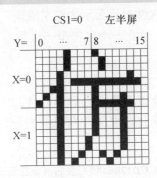

图 3.31   16×16 点阵 "仿" 显示原理图

（2）初始化 SMG12864：关显示、清屏。

（3）选择左半屏，选择 0 页、0 列，送编码数据 0x80，再选择 1 页、0 列，送编码数据 0x00；然后选择 0 页、1 列，送编码数据 0x40，再选择 1 页、1 列，送编码数据 0x00……最后选择 0 页、15 列，送编码数据 0x00，再选择 1 页、15 列，送编码数据 0x00。经过上述操作后，16×16 点阵汉字 "仿" 就会在 SMG12864 的左半屏 0~15 行、0~15 列上显示出来，如图 3.32 所示。

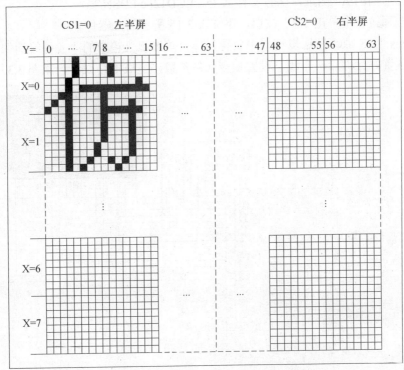

图 3.32   SMG12864 显示汉字原理图

任务实施

1. 制订方案

在 Proteus ISIS 元件库中没有 SMG12864，可用 AMPIRE128×64 元件替代。显示的汉字采用 16×16 点阵宋体，用字模软件对要显示的汉字取模，取模方式为"纵向取模下高位，数据排列为从上到下从左到右"。建立一个字符型一维数组，用来存放通过字模软件得到的汉字图形编码。

2. 电路设计

显示器件 AMPIRE128×64 连接单片机的 P0 口，P2.0~P2.4 作为 AMPIRE128×64 的使能控制、数据/命令选择、读/写选择、左/右半屏选择控制信号，LCD12864 信息发布屏见表3.15。

表 3.15　LCD12864 信息发布屏电路元器件列表

元器件名称	参数	元器件名称	参数
单片机 AT89C51		电阻 RES	10 kΩ
晶体振荡器 CRYSTAL	12 MHz	电阻排 RESPACK	10 kΩ
电解电容 CAP-ELEC	10 μF	液晶显示模块	AMPIRE128×64
瓷片电容 CAP	30 pF		

启动 Proteus ISIS，在 Proteus ISIS 环境中选择"File"→"New Design"命令，在弹出的对话框中选择适当的 A4 图纸，保存文件名为"LCD12864.DSN"。

在器件选择按钮中单击"P"按钮，添加表 3.15 所示的元器件。

在 Proteus ISIS 原理图编辑窗口中放置元件。单击工具箱中的"元件终端"按钮，放置电源、地。放置好元件后，布线。设置相应元件参数，完成电路设计，如图 3.33 所示。

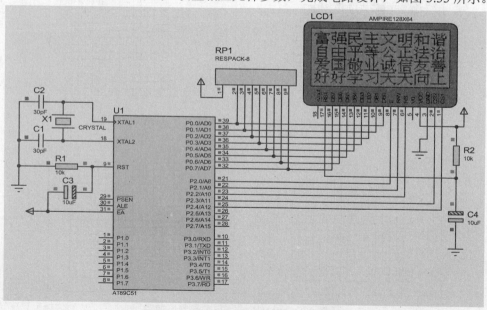

图 3.33　LCD12864 仿真信息发布屏电路

3. 创建 LCD12864 仿真信息发布屏项目

首先对 SMG12864 进行初始化设置：开显示、清屏。

然后选择左半屏，在 0 页、1 页上写入第一行前 4 个汉字的图形编码；再选择右半屏，在 0 页、1 页上写入第一行后 4 个汉字的图形编码。重复上述操作，依次在 2 页、3 页上写入第二行汉字，4 页、5 页上写入第三行汉字，6 页、7 页上写入第四行汉字。

在编写 SMG12864 写数据、命令函数时，要遵循其写操作时序（具体可参见图 3.30 和表 3.14）。

LCD12864 仿真信息发布屏控制程序如下：

```
#include<reg51.h>
#include<absacc.h>
#include<intrins.h>
#define uchar unsigned char
#define uint unsigned int
#define PORT P0
sbit CS1=P2^4;        //左半屏选择端
sbit CS2=P2^3;        //右半屏选择端
sbit RS=P2^2;         //命令数据选择端
sbit RW=P2^1;         //读写选择端
sbit E=P2^0;          //使能端
sbit bflag=P0^7;      //12864 状态标志
uchar t;
/*****************************************************************/
/*    汉字字模表                                            */
/*    汉字库：宋体 纵向取模下高位，数据排列：从上到下从左到右    */
/*****************************************************************/
uchar code Num[]={
    0x10,0x00,0x0C,0x00,0x04,0xFC,0xD4,0x55,
    0x54,0x55,0x54,0x55,0x55,0x55,0x56,0x7D,
    0x54,0x55,0x54,0x55,0x5C,0x55,0xD4,0x55,
    0x04,0xFE,0x14,0x04,0x0C,0x00,0x00,0x00,   /* 富 */
    0x02,0x20,0xE2,0x43,0x22,0x82,0x22,0x42,
    0x7F,0x3E,0x02,0x00,0x80,0x4F,0xBE,0x44,
    0x92,0x44,0x92,0x44,0xF2,0x7F,0x92,0x44,
    0x92,0x44,0xBF,0x64,0x82,0xCF,0x00,0x00,   /* 强 */
    0x00,0x00,0xFE,0xFF,0x22,0x41,0x22,0x21,
    0x22,0x11,0x22,0x01,0xE2,0x03,0x22,0x0D,
    0x22,0x11,0x22,0x21,0x22,0x41,0x3F,0x41,
    0x82,0x81,0x00,0x81,0x00,0xE0,0x00,0x00,   /* 民 */
```

```
0x00,0x40,0x08,0x40,0x08,0x41,0x08,0x41,
0x08,0x41,0x08,0x41,0x09,0x41,0xFE,0x7F,
0x08,0x41,0x08,0x41,0x08,0x41,0x88,0x41,
0x0C,0x41,0x08,0x60,0x00,0x40,0x00,0x00,   /* 主 */
0x08,0x80,0x08,0x80,0x08,0x40,0x18,0x40,
0x68,0x20,0x88,0x11,0x09,0x0A,0x0E,0x04,
0x08,0x0A,0x08,0x11,0xC8,0x10,0x38,0x20,
0x08,0x40,0x0C,0xC0,0x08,0x40,0x00,0x00,  /* 文 */
0x00,0x00,0xFC,0x0F,0x44,0x04,0x44,0x04,
0x44,0x04,0xFE,0x8F,0x04,0x40,0x00,0x30,
0xFE,0x0F,0x22,0x02,0x22,0x02,0x22,0x42,
0x22,0x82,0xFF,0x7F,0x02,0x00,0x00,0x00,   /* 明 */
0x20,0x10,0x24,0x08,0x24,0x06,0xA4,0x01,
0xFC,0xFF,0x22,0x01,0x33,0x06,0x22,0x00,
0xF0,0x3F,0x10,0x10,0x10,0x10,0x10,0x10,
0x10,0x10,0xF8,0x3F,0x10,0x00,0x00,0x00,   /* 和 */
0x40,0x00,0x40,0x00,0x42,0x00,0xCC,0x7F,
0x00,0x20,0x7F,0x10,0x44,0xFF,0x24,0x49,
0xA4,0x49,0x40,0x49,0x3F,0x49,0x48,0x49,
0xC4,0xFF,0x42,0x01,0x70,0x00,0x00,0x00,   /* 谐 */
0x00,0x00,0x00,0x00,0x00,0x00,0xF8,0xFF,
0x48,0x44,0x4C,0x44,0x4A,0x44,0x49,0x44,
0x48,0x44,0x48,0x44,0x48,0x44,0xFC,0xFF,
0x08,0x00,0x00,0x00,0x00,0x00,0x00,0x00,   /* 自 */
0x00,0x00,0xF0,0xFF,0x10,0x42,0x10,0x42,
0x10,0x42,0x10,0x42,0x10,0x42,0xFF,0x7F,
0x10,0x42,0x10,0x42,0x10,0x42,0x10,0x42,
0x10,0x42,0xF8,0xFF,0x10,0x00,0x00,0x00,   /* 由 */
0x00,0x01,0x02,0x01,0x02,0x01,0x1A,0x01,
0x62,0x01,0x02,0x01,0x02,0x01,0xFE,0xFF,
0x02,0x01,0x02,0x01,0x62,0x01,0x1A,0x01,
0x03,0x01,0x82,0x01,0x00,0x01,0x00,0x00,   /* 平 */
0x00,0x01,0x08,0x01,0x44,0x09,0x47,0x09,
0x4C,0x19,0x56,0x29,0x44,0x09,0xF8,0x49,
0x44,0x89,0x47,0x7F,0x4C,0x09,0x54,0x0D,
0x46,0x09,0x04,0x01,0x00,0x01,0x00,0x00,   /* 等 */
0x00,0x01,0x00,0x01,0x80,0x00,0x40,0x30,
0x30,0x28,0x0C,0x24,0x00,0x23,0xC0,0x20,
```

```
0x06,0x20,0x18,0x28,0x20,0x30,0x40,0x60,
0x80,0x00,0x80,0x01,0x80,0x00,0x00,0x00,    /* 公 */
0x00,0x40,0x02,0x40,0x02,0x40,0xC2,0x7F,
0x02,0x40,0x02,0x40,0x02,0x40,0xFE,0x7F,
0x82,0x40,0x82,0x40,0x82,0x40,0xC2,0x40,
0x83,0x40,0x02,0x60,0x00,0x40,0x00,0x00,    /* 正 */
0x10,0x04,0x22,0x04,0x64,0xFE,0x0C,0x01,
0x80,0x00,0x10,0x41,0x10,0x61,0x10,0x51,
0x10,0x49,0xFF,0x47,0x10,0x41,0x10,0x51,
0x18,0x61,0x90,0xC1,0x00,0x01,0x00,0x00,    /* 法 */
0x10,0x04,0x22,0x04,0x64,0xFE,0x0C,0x01,
0x80,0x00,0x20,0x00,0x30,0xFF,0x2C,0x41,
0x23,0x41,0x20,0x41,0x20,0x41,0x28,0x41,
0xB0,0xFF,0x20,0x01,0x00,0x00,0x00,0x00,    /* 治 */
0x40,0x00,0xB0,0x00,0x92,0x40,0x96,0x30,
0x9A,0x8C,0x92,0x83,0xF2,0x46,0x9E,0x2A,
0x92,0x12,0x91,0x2A,0x99,0x26,0x95,0x42,
0x91,0xC0,0x50,0x40,0x30,0x00,0x00,0x00,    /* 爱 */
0x00,0x00,0xFE,0xFF,0x02,0x40,0x0A,0x50,
0x8A,0x50,0x8A,0x50,0x8A,0x50,0xFA,0x5F,
0x8A,0x50,0xCA,0x52,0x8E,0x54,0x0A,0x50,
0x02,0x40,0xFF,0xFF,0x02,0x00,0x00,0x00,    /* 国 */
0x84,0x00,0x44,0x00,0xB4,0x3F,0xAF,0x10,
0xA4,0x10,0xA4,0x5F,0x2F,0x80,0xE4,0x7F,
0x24,0x80,0xD0,0x41,0x1F,0x36,0x10,0x08,
0x10,0x37,0xF8,0xC0,0x10,0x40,0x00,0x00,    /* 敬 */
0x00,0x40,0x10,0x40,0x60,0x40,0x80,0x47,
0x00,0x40,0xFF,0x7F,0x00,0x40,0x00,0x40,
0x00,0x40,0xFF,0x7F,0x00,0x44,0x00,0x43,
0xC0,0x40,0x30,0x60,0x00,0x40,0x00,0x00,    /* 业 */
0x40,0x00,0x42,0x00,0xCC,0x3F,0x00,0x90,
0x00,0x48,0xF8,0x3F,0x88,0x08,0x88,0x10,
0x88,0x4F,0x08,0x20,0xFF,0x13,0x08,0x1C,
0x0A,0x63,0xCC,0x80,0x08,0xE0,0x00,0x00,    /* 诚 */
0x80,0x00,0x40,0x00,0x20,0x00,0xF8,0xFF,
0x07,0x00,0x24,0x01,0x24,0xFD,0x24,0x45,
0x25,0x45,0x26,0x45,0x24,0x45,0x24,0x45,
0xB4,0xFD,0x26,0x01,0x04,0x00,0x00,0x00,    /* 信 */
```

```
0x08,0x10,0x08,0x88,0x08,0x84,0x08,0x43,
0xC8,0x40,0x7F,0x21,0x48,0x22,0x48,0x14,
0x48,0x08,0x48,0x14,0x48,0x23,0xC8,0x20,
0x08,0x40,0x0C,0xC0,0x08,0x40,0x00,0x00,   /* 友 */
0x00,0x02,0x44,0x02,0x54,0x02,0x54,0xFA,
0xD5,0x4A,0x56,0x4B,0x54,0x4A,0xFC,0x4B,
0x54,0x4A,0x56,0x4B,0xD5,0x4A,0x54,0xFE,
0x56,0x0A,0x44,0x03,0x00,0x02,0x00,0x00,   /* 善 */
0x10,0x40,0x10,0x22,0xF0,0x15,0x1F,0x08,
0x10,0x14,0xF0,0x63,0x80,0x00,0x82,0x00,
0x82,0x40,0x82,0x80,0xE2,0x7F,0x92,0x00,
0x8A,0x00,0xC6,0x00,0x80,0x00,0x00,0x00,   /* 好 */
0x10,0x40,0x10,0x22,0xF0,0x15,0x1F,0x08,
0x10,0x14,0xF0,0x63,0x80,0x00,0x82,0x00,
0x82,0x40,0x82,0x80,0xE2,0x7F,0x92,0x00,
0x8A,0x00,0xC6,0x00,0x80,0x00,0x00,0x00,   /* 好 */
0x40,0x04,0x30,0x04,0x11,0x04,0x96,0x04,
0x90,0x04,0x90,0x44,0x91,0x84,0x96,0x7E,
0x90,0x06,0x90,0x05,0x98,0x04,0x14,0x04,
0x13,0x04,0x50,0x06,0x30,0x04,0x00,0x00,   /* 学 */
0x04,0x00,0x04,0x00,0x04,0x08,0x04,0x18,
0x14,0x04,0x24,0x04,0xC4,0x02,0x04,0x02,
0x04,0x01,0x04,0x21,0x84,0x40,0x04,0x80,
0x04,0x40,0xFE,0x3F,0x04,0x00,0x00,0x00,   /* 习 */
0x40,0x80,0x42,0x80,0x42,0x40,0x42,0x20,
0x42,0x10,0x42,0x0C,0x42,0x03,0xFE,0x00,
0x42,0x03,0x42,0x0C,0x42,0x10,0x42,0x20,
0x43,0x40,0x62,0xC0,0x40,0x40,0x00,0x00,   /* 天 */
0x40,0x80,0x42,0x80,0x42,0x40,0x42,0x20,
0x42,0x10,0x42,0x0C,0x42,0x03,0xFE,0x00,
0x42,0x03,0x42,0x0C,0x42,0x10,0x42,0x20,
0x43,0x40,0x62,0xC0,0x40,0x40,0x00,0x00,   /* 天 */
0x00,0x00,0xF8,0xFF,0x08,0x00,0x08,0x00,
0xCC,0x1F,0x4A,0x08,0x49,0x08,0x48,0x08,
0x48,0x08,0x48,0x08,0xE8,0x1F,0x48,0x40,
0x08,0x80,0xFC,0x7F,0x08,0x00,0x00,0x00,   /* 向 */
0x00,0x40,0x00,0x40,0x00,0x40,0x00,0x40,
0x00,0x40,0x00,0x40,0x00,0x40,0xFF,0x7F,
```

```
        0x20,0x40,0x20,0x40,0x20,0x40,0x30,0x40,
        0x20,0x40,0x00,0x60,0x00,0x40,0x00,0x00,   /* 上 */
};
void delay()//延时函数
{
   uchar i;
   for(i=0;i<5;i++);
}
void Left()//选择左半屏
{
   CS1=0;
   CS2=1;
}
void Right()//选择右半屏
{
   CS1=1;
   CS2=0;
}
void Busy_12864() //检测 LCD12864 状态
{
   do{
       E=0;
       RS=0;
       RW=1;
       PORT=0xff;
       E=1;
       delay();
       E=0;
      }while(bflag);
}
void Write_com(uchar c)//写命令函数
{
   Busy_12864();
   RS=0;
   RW=0;
   PORT=c;
   E=1;
   delay();
```

```
        E=0;
    }
    void Write_data(uchar c)//写数据函数
    {
        Busy_12864();
        RS=1;
        RW=0;
        PORT=c;
        E=1;
        delay();
        E=0;
    }
    void Pagefirst(uchar c)//
    {
        uchar i;
        i=c;
        c=i|0xb8;
        Busy_12864();
        Write_com(c);
    }
    void Linefirst(uchar c) //
    {
        uchar i;
        i=c;
        c=i|0x40;
        Busy_12864();
        Write_com(c);
    }
    void init_12864()      //LCD12864 初始化
    {
        uint i,j;
        Left();              //
        Write_com(0x3f); //
        Right();             //
        Write_com(0x3f); //
        Left();
        for(i=0;i<8;i++)    //
        {
```

```
    Pagefirst(i);
    Linefirst(0x00);
    for(j=0;j<64;j++)
    {
        Write_data(0x00);
    }
    }
    Right();
    for(i=0;i<8;i++) //
    {
        Pagefirst(i);
        Linefirst(0x00);
        for(j=0;j<64;j++)
        {
            Write_data(0x00);
        }
    }
}
/****************************************************************/
/* 入口参数：*s：地址指针，page：页码，line：列码            */
/* com：所写字的列数                                         */
/* 出口参数：无                                              */
/****************************************************************/
void Display(uchar *s,uchar page,uchar line,uchar com)
{
    uchar i;
    for(i=0;i<com;i++)
    {
        Pagefirst(page);
        Linefirst(line+i);
        Write_data(*s);
        s++;
        Pagefirst(page+1);
        Linefirst(line+i);
        Write_data(*s);
        s++;
    }
}
```

```
main()
{
  init_12864( );    //LCD12864 初始化
   for(t=0;t<4;t++)
  {

        Left( ); //选择左半屏
        Display(Num+t*256+0,2*t,0,16);     //
        Display(Num+t*256+32,2*t,16,16); //
        Display(Num+t*256+64,2*t,32,16); //
        Display(Num+t*256+96,2*t,48,16); //
        Right( ); //选择右半屏
        Display(Num+t*256+128,2*t,0,16);     //
        Display(Num+t*256+160,2*t,16,16); //
        Display(Num+t*256+192,2*t,32,16); //
        Display(Num+t*256+224,2*t,48,16); //
  }
    while(1);
}
```

启动 Keil μVision3，单击"Project"→"New Project"选项，创建"LCD12864"项目，并选择单片机型号为 AT89C51。

在 Keil μVision3 菜单中单击"File"→"New"命令创建文件，输入源程序代码，保存为"LCD12864.c"。单击项目窗口中"Target 1"前面的"+"号，然后在"Source Group 1"选项上单击右键，选择"Add File to Group 'Source Group 1'"命令，将源程序 LCD12864.c 添加到项目中。

在 Keil μVision3 菜单中单击"Project"→"Option for Target 'Target 1'"选项，在弹出的"Option for Target 'Target 1'"对话框中选择"Output"标签，选中"Create HEX File"。

在 Keil μVision3 菜单中单击"Project"→"Build Target"，编译源程序代码。如果编译成功，则在"Output Window"窗口中显示没有错误，并创建了一个"LCD12864.HEX"文件。

 调试与仿真

在 Keil μVision3 菜单中单击"Project"→"Option for Target 'Target 1'"选项，在弹出的"Option for Target 'Target 1'"对话框中选择"Debug"标签，选中"Use: Proteus VSM Simulator"。

在 Proteus ISIS 工作界面，单击"Debug（调试）"→"Use Remote Debug Monitor（使用远程调试监控）"选项，使 Proteus 与 Keil C51 建立连接，进行联合调试。

在 Keil μVision3 集成开发环境中，单击"Debug"→"Start/Stop Debug Session"命令进入程序调试环境。同时，Proteus ISIS 也进入仿真状态。

在 Keil μVision3 的文本编辑窗口中设置断点，设置好断点后，在 Keil μVision3 菜单中单击"Debug"→"Run"命令，运行程序。LCD12864 仿真信息发布屏运行效果如图 3.33 所示。

学习情境六　键盘检测及接口技术

键盘是由若干个按键组成的，它是单片机常用的输入设备。操作人员通过键盘向应用系统输入数据或命令，实现人机对话。

任务 7　设计一个键盘指示器

 任务描述

设计一个 4×4 的行列式键盘，当按下某一个按键时，在 LED 数码管上显示该按键的序号。

要求：

（1）在 Proteus ISIS 中完成键盘指示器电路设计。

（2）在 Keil μVision3 中创建键盘指示器项目，编写、编译键盘指示器控制程序。

（3）用 Proteus 和 Keil C51 仿真与调试键盘指示器。

 知识链接

一、按键及去抖动措施

键盘通常使用机械触点式开关组成，当按键按下时，相当于开关闭合；当按键松开时，相当于开关断开。当按键闭合或断开时，由于机械弹性作用的影响，触点会存在抖动现象（抖动的时间一般为 5～10 ms），抖动现象如图 3.34 所示。

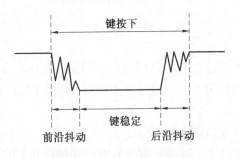

图 3.34　按键的抖动现象

在按键抖动期间检测按键闭合或断开，将导致判断出错，即按键一次闭合或释放会被错误地认为有多次操作。为了克服按键的触点机械抖动所致的检测错误，必须采取去抖动措施。当按键数较少时，可采用硬件去抖动；而当按键数较多时，采用软件消除抖动。

采用软件去抖动的方法是：在检测到有键按下时，执行一个 10 ms 的延时后再确认该键电平是否仍保持闭合状态电平，如保持闭合状态电平则确认为该键按下（闭合），从而消除了抖动的影响。

二、独立式按键

独立式按键是指每个按键单独占有一根 I/O 口线，每根 I/O 口线上按键的工作状态不会影响其他 I/O 口线的工作状态。独立式按键电路如图 3.35 所示。

独立式按键电路配置灵活，软件结构简单，但每个按键必须占用一根 I/O 口线，在按键数量较多时，占用 I/O 口线太多。所以，当按键数量不多时，常采用独立式按键电路。

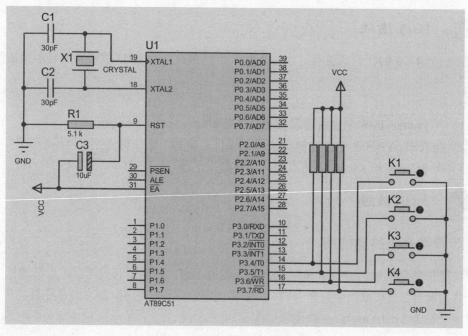

图 3.35　独立式按键电路图

三、行列式键盘

行列式键盘又称矩阵式键盘，采用 I/O 口线组成行、列结构，按键设置在行列的交点上。在应用系统按键数量较多的情况下，采用行列式键盘可以节省 I/O 口线。

1. 键盘工作原理

行列式键盘示例电路原理如图 3.36 所示。

按键设置在行、列的交点上，行线、列线分别接到按键开关的两端，行线接至单片机的输入口线，列线接至单片机的输出口线。行线、列线通过电阻接+5 V，当键盘上没有键闭合时，行线均呈现高电平。

当键盘上某一键闭合时，该键所对应的行线与列线短接，此时该行线的电平将由被短接的列线电平所决定。判断键盘有无键按下以及按下的是哪一个键的方法如下：

（1）判断有无键按下。将所有列线置为低电平，然后读所有行线的状态。若行线均为高电平，则没有键按下；若读出的行线状态不全为高电平，则可以判定有键按下。

（2）判断哪一个键按下。若有键按下，则列线依次置低电平，然后读行线状态，如果全为"1"，则按下的键不在此列；如果不全为"1"，则所按键一定在此列，而且是在与"0"电平行线相交的交叉点上的那个键。

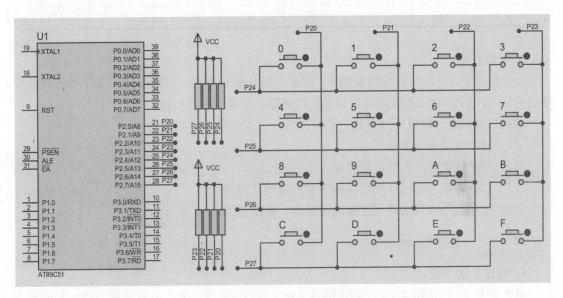

图3.36 行列式键盘电路原理图

2. 按键识别及按键编码

不论是独立式按键，还是行列式键盘，每个按键都有一个编码（键值），以便于单片机系统识别、处理。

对于独立式按键键盘，因按键数量少，其按键的编码可根据按键的位置采用二进制或十六进制数的组合表示。

对于行列式键盘，按键的位置由行号和列号唯一确定。这里介绍一种简捷的按键识别与按键编码方法，即线反转法。采用线反转法的操作步骤如下：

（1）首先将行线设置为输入，列线设置为输出，列线输出低电平，读行，则行线中电平由高电平变为低电平的行线为按键所在行。

（2）再将列线设置为输入，行线设置为输出，行线输出低电平，读列线，则列线中电平由高电平变为低电平的列线为按键所在列。

综合上述两个步骤的结果，可确定按键所在行和列，从而识别出按下的键。

下面以图3.36为例介绍线反转法识别按键及按键编码方法。在图3.36所示的行列式键盘电路原理图中，假设"3"键被按下。第一步P2口输出0xf0，读取P2口后得到0xe0；第二步P2口输出0x0f，读取P2口后得到0x07。将两次读取的数据0xe0和0x07相"或"合并为一个字节数据，得到的结果0xe7就是按键"3"的编码。按照上述的方法，按键0~F的编码见表3.16。

表 3.16　行列式键盘键值编码

键值	编码	键值	编码	键值	编码	键值	编码
0	0xee	4	0xde	8	0xbe	C	0x7e
1	0xed	5	0xdd	9	0xbd	D	0x7d
2	0xeb	6	0xdb	A	0xbb	E	0x7b
3	0xe7	7	0xd7	B	0xb7	F	0x77

3. 键盘扫描

一般情况下，在单片机应用系统中，键盘扫描只是 CPU 工作的一部分。为了能及时响应键盘的输入，CPU 必须不断地调用键盘扫描函数，对键盘进行扫描。

键盘扫描函数一般包括以下几个部分：

（1）判断键盘有无键按下。

（2）消除按键时产生的机械抖动。

（3）扫描键盘，通过计算获得按下键的编码（键值）。

（4）键闭合一次只进行一次键功能操作，然后返回。

 任务实施

1. 制订方案

单片机的 P1 口连接 4×4 行列式键盘，P0 口接 LED 数码管。软件主要完成判断键盘有无键按下、扫描键盘、确定按键号、显示键号任务。

2. 电路设计

4×4 行列式键盘的行线连接到单片机 P1 口的 P1.7～P1.4 引脚、列线连接到单片机 P1 口的 P1.3～P1.0 引脚。由于按键的序号只有 0～F，故用 1 位 LED 数码管并且采用静态显示方式显示按键序号。键盘指示器所需元器件见表 3.17。

启动 Proteus ISIS，在 Proteus ISIS 环境中选择"File"→"New Design"命令，在弹出的对话框中选择适当的 A4 图纸，保存文件名为"KEYLED.DSN"。

在器件选择按钮中单击"P"按钮，添加表 3.17 所示的元器件。

在 Proteus ISIS 原理图编辑窗口中放置元件。单击工具箱中的"元件终端"按钮，放置电源、地。放置好元件后，布线。设置相应元件参数，完成电路设计，如图 3.37 所示。

表 3.17　键盘指示器电路元器件列表

元器件名称	参数	元器件名称	参数
单片机 AT89C51		电阻 RES	10 kΩ
晶体振荡器 CRYSTAL	12 MHz	电阻排 RESPACK	10 kΩ
电解电容 CAP-ELEC	10 μF	LED 数码管	7SEG-COM-CATHODE
瓷片电容 CAP	30 pF	按钮	BUTTON

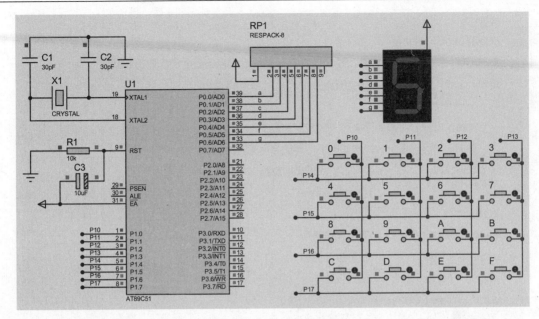

图 3.37 键盘指示器电路

3. 创建键盘指示器项目

首先对 4×4 的行列式键盘进行扫描，当检测到键盘有键按下时，先用软件延时的办法消除抖动，再次确认有键按下后，通过线反转法获得按键的编码并计算按键序号；然后将按键的信号显示在 LED 数码管上。

键盘指示器控制程序如下：

```
#include<reg51.h>
#include<intrins.h>
#include<absacc.h>
#define uchar unsigned char
#define uint unsigned int
uchar seg[]={0xc0,0xf9,0xa4,0xb0,0x99,0x92,0x82,0xf8,
             0x80,0x90,0x88,0x83,0xc6,0xa1,0x86,0x8e}; //共阳极 LED 数码管 0~F 字形编码
uchar com1,com2;
void delay(uint ms)
{
    uint i,j;
    for(i=0;i<ms;i++)
        for(j=0;j<124;j++);
}
uchar key_scan() //键盘扫描函数
{
    uchar temp;
```

```
        uchar com;
        delay(10);              // 延时消抖
        P1=0xf0;                // 再次检测键盘有无键按下，行送高电平，列送低电平
        if(P1!=0xf0)            // 确定有键按下
        {
            com1=P1;           //读取第一次采集的数据
            P1=0x0f;           //行送低电平，列送高电平
            com2=P1;           //读取第二次采集的数据
        }
        P1=0xf0;
        while(P1!=0xf0);        // 等待按键松开
        temp=com1|com2;        // 获得按键编码
        if(temp==0xee)com=0;   // 得到按键序号
        else if(temp==0xed)com=1;
        else if(temp==0xeb)com=2;
        else if(temp==0xe7)com=3;
        else if(temp==0xde)com=4;
        else if(temp==0xdd)com=5;
        else if(temp==0xdb)com=6;
        else if(temp==0xd7)com=7;
        else if(temp==0xbe)com=8;
        else if(temp==0xbd)com=9;
        else if(temp==0xbb)com=10;
        else if(temp==0xb7)com=11;
        else if(temp==0x7e)com=12;
        else if(temp==0x7d)com=13;
        else if(temp==0x7b)com=14;
        else if(temp==0x77)com=15;
        return(com);   //返回按键序号
}
void main()
{
    uchar dat;
    while(1)
    {
        P1=0xf0;            //检测键盘有无键按下，行送高电平，列送低电平
        while(P1!=0xf0)    //
        {
```

```
        dat=key_scan();    // 调用键盘扫描函数，获取按键序号
        P0=seg[dat];        //显示按键序号
    }
  }
}
```

启动 Keil μVision3，单击"Project"→"New Project"选项，创建"KEYLED"项目，并选择单片机型号为 AT89C51。

在 Keil μVision3 菜单中单击"File"→"New"命令创建文件，输入源程序代码，保存为"KEYLED.c"。单击项目窗口中"Target 1"前面的"+"号，然后在"Source Group 1"选项上单击右键，选择"Add File to Group 'Source Group 1'"命令，将源程序 KEYLED.c 添加到项目中。

在 Keil μVision3 菜单中单击"Project"→"Option for Target 'Target 1'"选项，在弹出的"Option for Target 'Target 1'"对话框中选择"Output"标签，选中"Create HEX File"。

在 Keil μVision3 菜单中单击"Project"→"Build Target "，编译源程序代码。如果编译成功，则在"Output Window"窗口中显示没有错误，并创建了一个"KEYLED.HEX"文件。

调试与仿真

在 Keil μVision3 菜单中单击"Project"→"Option for Target 'Target 1'"选项，在弹出的"Option for Target 'Target 1'"对话框中选择"Debug"标签，选中"Use: Proteus VSM Simulator"。

在 Proteus ISIS 工作界面，单击"Debug（调试）"→"Use Remote Debug Monitor（使用远程调试监控）"选项，使 Proteus 与 Keil C51 建立连接，进行联合调试。

在 Keil μVision3 集成开发环境中，单击"Debug"→"Start/Stop Debug Session"命令进入程序调试环境。同时，Proteus ISIS 也进入仿真状态。

在 Keil μVision3 的文本编辑窗口中设置断点，设置好断点后，在 Keil μVision3 菜单中单击"Debug"→"Run"命令，运行程序。键盘指示器运行效果如图 3.37 所示。

习　题

1. 简述发光二极管与单片机连接的正确方法。

2. 简述如何用 C51 实现 I/O 端口数据输入/输出操作。

3. 用发光二极管制作一个 32 路流水灯。

4. 制作一个 0～99 数秒器，用两位一体数码管显示计数值。

5. 8×8LED 点阵模块显示心和圣诞树图形。

6. 用单片机控制字符型 LCD1602 显示字符信息"Hello everyone！"和"Welcome to HLJ"，字符信息"Hello everyone！""Welcome to HLJ"分别从 LCD1602 左侧侧第一行、第二行滚动移入，然后再从右侧滚动移出，循环显示。

7. 设计一个 4×4 的矩阵式键盘和 4×4 的二极管显示电路，按键与二极管是一一对应关系。要求按下某个按键时，相应的二极管点亮显示。

项目四　定时/计数功能与中断技术

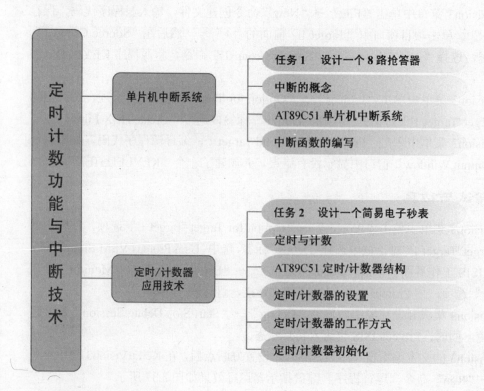

- ❖ 理解中断的概念
- ❖ 熟知 AT89C51 单片机中断系统
- ❖ 掌握特殊功能寄存器 TCON、SCON、IE、IP 的作用及设置
- ❖ 掌握中断函数的编写
- ❖ 掌握定时与计数的概念
- ❖ 掌握特殊功能寄存器 TMOD、TCON 的作用及设置
- ❖ 掌握定时/计数器的工作方式

❖ 能够根据任务要求编写中断函数

❖ 能够根据任务要求正确运用单片机中断技术

❖ 能够根据任务要求选择定时/计数器工作方式并进行设置

❖ 能够使用定时/计数器、中断系统，设计出具有定时/计数功能的单片机应用系统

定时/计数器、中断系统是单片机内部的两个重要资源，本项目将对这两个资源的应用技术进行详细介绍。

学习情境一　单片机中断系统

任务 1　设计一个 8 路抢答器

任务描述

抢答器同时供 8 名选手（或 8 个代表队）比赛，编号分别是 1～8，各用一个抢答按钮；设置一个系统抢答控制开关 REST，该开关由主持人控制；抢答器具有数据锁存和显示功能，抢答开始以后，若有选手按下抢答按钮，第一个按下抢答按钮的选手编号被立即锁存，并在 LED 数码管上显示出选手的编号，同时禁止其他选手抢答。优先抢答的选手编号一直保持到主持人将系统清零时为止。

要求：

（1）在 Proteus ISIS 中完成 8 路抢答器电路设计。

（2）在 Keil µVision3 中创建 8 路抢答器项目，编写、编译 8 路抢答器控制程序。

（3）用 Proteus 和 Keil C51 仿真与调试 8 路抢答器。

知识链接

一、中断的概念

什么是中断？在回答这个问题之前，我们先看一下日常生活中的事例：假如你正在读书，这时候电话铃响了，你把书放下，然后和对方通话，通话完毕，你继续读书。这就是生活中的"中断"现象，表现为正常的工作过程（读书）被突发事件（电话铃声）打断了。

中断是指 CPU 在处理某一事件 A 时，发生了另一事件 B，请求 CPU 迅速去处理（中断发生）；CPU 暂时停止当前的工作（中断响应），转去处理事件 B（中断服务）；待 CPU 将事件 B 处理完毕后，再回到原来事件 A 被中断的地方继续处理事件 A（中断返回），这一过程称为中断，其流程如图 4.1 所示。

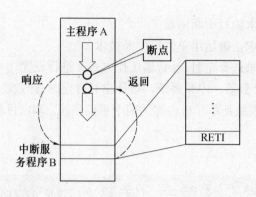

图 4.1　中断过程示意图

引起中断的事件，称为中断源。中断源向 CPU 提出的处理请求，称为中断请求或中断申请。CPU 暂时中断原来的事物 A，转去处理事件 B 的过程，称为 CPU 的中断响应过程。对事件 D 的整个处理过程，称为中断服务（或中断处理）。处理完毕后，再回到原来被中断的地方（断点），称为中断返回。实现上述中断功能的部件称为中断系统（中断机构）。

计算机具有实时处理能力，能对内部或外界发生的事件进行及时处理，是通过中断系统实现的。

计算机采用中断技术的意义如下：

（1）实现分时操作。采用中断技术后，CPU 和外设可以同时工作。CPU 在启动外设工作后，就继续执行主程序，同时外设也在工作。当外设需要和 CPU 交换数据时，向 CPU 发出中断申请，CPU 响应中断，暂停主程序的执行，和外设交换数据，当 CPU 处理完后，恢复执行主程序，外设也继续工作。这样就大大提高了 CPU 的效率。

（2）实现实时处理。当计算机用于实时控制时，中断是一个十分重要的功能。在实时控制过程中，要求计算机能对现场的各个参数做出快速响应。采用中断技术，计算机可实现实时处理。

（3）故障处理。计算机在运行过程中，往往会出现一些异常情况或故障，如电源突然掉电、运算溢出等，采用中断技术，计算机就可以利用中断系统自行处理，从而提高系统的可靠性。

二、AT89C51 单片机中断系统

1. AT89C51 单片机中断系统结构

AT89C51 单片机中断系统结构如图 4.2 所示。

AT89C51 单片机有个 5 中断源，提供 2 个中断优先级，每个中断源都可以设置为高优先级或低优先级。与中断系统有关的特殊功能寄存器有：中断允许寄存器 IE、中断优先级寄存器 IP 和中断标志寄存器 TCON、SCON。

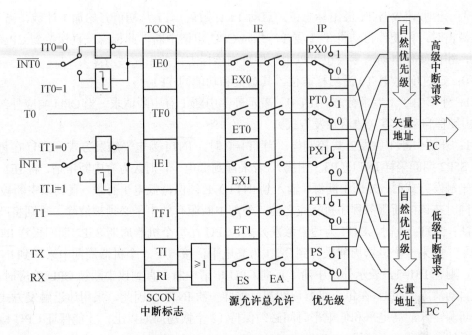

图 4.2 AT89C51 单片机中断系统结构

2. 中断源

AT89C51 单片机的 5 个中断源为：

（1）$\overline{INT0}$：外部中断 0 请求信号，由 P3.2 引脚输入，下降沿或低电平有效。

（2）$\overline{INT1}$：外部中断 1 请求信号，由 P3.3 引脚输入，下降沿或低电平有效。

I/O 设备中断请求信号、异常事件中断请求信号都可以作为外部中断连接到 P3.2 或 P3.3 引脚上。

（3）T0：定时/计数器 T0 溢出中断。

（4）T1：定时/计数器 T1 溢出中断。

定时/计数器 T0 或 T1 计数溢出后都可向 CPU 发出中断请求。

（5）串行口中断：串行口发送或接收一帧信息后，向 CPU 发出中断请求。

3. 中断标志

AT89C51 单片机的每个中断源都有一个中断标志位，当中断源有中断请求发生时，由系统硬件将这些中断请求锁存在特殊功能寄存器 TCON 和 SCON 中。

（1）定时/计数器控制寄存器 TCON。

TCON 为定时/计数器 T0、T1 的控制寄存器，同时锁存 T0、T1 的溢出标志和外部中断 $\overline{INT0}$ 和 $\overline{INT1}$ 的中断标志。TCON 的格式及和中断有关的各位见表 4.1。

表 4.1 定时/计数器控制寄存器 TCON

TCON	D7	D6	D5	D4	D3	D2	D1	D0
0x88	TF1	TR1	TF0	TR0	IE1	IT1	IE0	IT0

TF1：定时/计数器 T1 溢出标志位。启动 T1 计数后，T1 从初值开始加 1 计数，当 T1 计数产生溢出时，由硬件自动将 TF1 置 1，并向 CPU 申请中断，此标志一直保持到 CPU 响应中断时，才由硬件自动清零（也可以由软件查询该标志，并由软件清零）。

TF0：定时/计数器 T0 溢出标志位。其意义和功能同 TF1。

IE1：外部中断 1 请求标志。IE1=1，表示外部中断 1 有中断请求。当 CPU 响应外部中断 1 时，由硬件自动清零（边沿触发方式）。

IT1：外部中断 1 触发方式控制位。当 IT1=0 时，$\overline{INT1}$ 为电平触发方式，CPU 在每个机器周期 S5P2 期间采样 $\overline{INT1}$（P3.3 引脚），若采样到低电平，则认为有中断申请，将 IE1 置 1。采用电平触发方式时，外部中断源（输入到 $\overline{INT1}$）必须保持低电平有效，直到该中断被 CPU 响应，同时在该中断服务程序执行完之前，外部中断源有效电平必须被清除，否则将产生另一次中断；当 IT1=1 时，$\overline{INT1}$ 为边沿触发方式，CPU 在每个机器周期 S5P2 期间采样 $\overline{INT1}$ 的输入电平，如果一个机器周期采样到 $\overline{INT1}$ 为高电平，接着下一个机器周期中采样到 $\overline{INT1}$ 为低电平，则置 IE1=1，表示外部中断 1 正向 CPU 申请中断，直到该中断被 CPU 响应时，IE1 由硬件自动清零。CPU 在每个机器周期都要采样一次 $\overline{INT1}$，因此，采用边沿触发方式时，外部中断源输入的高电平和低电平时间必须保持 12 个振荡周期以上，才能保证 CPU 检测到由高到低的负跳变（下降沿）。

IE0：外部中断 0 请求标志。其意义和功能同 IE1。

IT0：外部中断 0 触发方式控制位。其意义和功能同 IT1。

（2）串行口控制寄存器 SCON。

SCON 为串行口控制寄存器，其低两位锁存串行口的发送和接收标志 TI 和 RI。串行口的接收中断 RI 和发送中断 TI 逻辑"或"以后作为一个串行口中断源。SCON 中和串行口中断有关的各位见表 4.2。

表 4.2　串行口控制寄存器 SCON

SCON	D7	D6	D5	D4	D3	D2	D1	D0
0x98							TI	RI

TI：串行口发送中断标志。CPU 将一个字符数据写入发送缓冲器 SBUF 后，就启动发送。当串行口发送完一帧信息后，由内部硬件置位发送中断标志 TI。

RI：串行口接收中断标志。在串行口允许接收时，每接收完一帧信息后，由内部硬件置位接收中断标志 RI。

注意　CPU 响应串行中断时，并不清除中断标志 TI 和 RI，必须由软件清除。

AT89C51 单片机复位后，TCON 和 SCON 的各位均为 0，在应用时要注意各位的状态。

4. 中断控制

（1）中断的允许和禁止。

AT89C51 单片机中断系统对中断源的开放或禁止（屏蔽）、每一个中断源是否被允许，是由中断允许寄存器 IE 控制的。IE 的状态可通过软件设定，格式见表 4.3，各位定义如下：

表4.3 中断允许控制寄存器 IE

IE	D7	D6	D5	D4	D3	D2	D1	D0
0xa8	EA	×	×	ES	ET1	EX1	ET0	EX0

EA：CPU 的中断总允许控制位。EA=1，CPU 允许中断；EA=0，CPU 屏蔽所有的中断请求。

ES：串行中断允许位。ES=1，允许串行口中断；ES=0，禁止串行口中断。

ET1：定时/计数器 T1 的溢出中断允许位。ET1=1，允许 T1 中断；ET1=0，禁止 T1 中断。

EX1：外部中断 1（$\overline{INT1}$）的中断允许位。EX1=1，允许外部中断 1 中断；EX1=0，禁止外部中断 1 中断。

ET0：定时/计数器 T0 的溢出中断允许位。ET0=1，允许 T0 中断；ET0=0，禁止 T0 中断。

EX0：外部中断 0（$\overline{INT0}$）的中断允许位。EX0=1，允许外部中断 0 中断；EX0=0，禁止外部中断 0 中断。

（2）中断的优先级设定。

AT89C51 单片机有两个中断优先级：高优先级和低优先级。每一个中断源都可通过对中断优先级寄存器 IP 的设置，确定为高优先级或低优先级。中断优先级寄存器 IP 的格式见表4.4，各位定义如下：

表4.4 中断优先级寄存器 IP

IP	D7	D6	D5	D4	D3	D2	D1	D0
0xb8	×	×	×	PS	PT1	PX1	PT0	PX0

PS：串行口中断优先级控制位。PS=1，设定串行口为高优先级中断；PS=0，设定串行口为低优先级中断。

PT1：定时/计数器 T1 中断优先级控制位。PT1=1，设定 T1 为高优先级中断；PT1=0，设定 T1 为低优先级中断。

PX1：外部中断 1（$\overline{INT1}$）中断优先级控制位。PX1=1，设定外部中断 1 为高优先级中断；PX1=0，设定外部中断 1 为低优先级中断。

PT0：定时/计数器 T0 中断优先级控制位。PT0=1，设定 T0 为高优先级中断；PT0=0，设定 T0 为低优先级中断。

PX0：外部中断 0（$\overline{INT0}$）中断优先级控制位。PX0=1，设定外部中断 0 为高优先级中断；PX0=0，设定外部中断 0 为低优先级中断。

AT89C51 单片机复位后，IP 全部清零，所有中断源均设定为低优先级。

用户可通过中断优先级寄存器 IP 把各个中断源的优先级分为高低两级。当多个中断源同时向 CPU 申请中断时，中断系统遵循以下三条基本原则：

（1）CPU 同时接收到几个中断时，首先响应优先级别高的中断请求；

（2）低优先级中断可被高优先级所中断，反之则不能；

（3）正在进行的中断过程不能被新的同级或低优先级的中断请求所中断。

在 51 系列单片机中，高优先级中断能够打断低优先级中断以形成中断嵌套。若几个同级中断同时向 CPU 请求中断响应，在没有设置中断优先级情况下，按照自然优先级响应中断，在设置中断优先级后，则按设置顺序确定响应的先后顺序。这样，可使中断的使用更加方便、灵活。

AT89C51 单片机 5 个中断源的自然优先级如下：

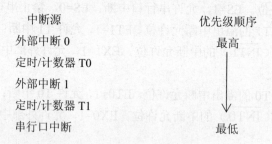

同一优先级的中断优先权排队，由中断系统硬件确定。

三、中断函数的编写

单片机的中断系统十分重要，可以用 C51 来声明中断和编写中断函数（服务程序）。中断过程通过使用 interrupt 关键字和中断编号 0～31 来实现。

C51 的中断函数格式如下：

```
viod  函数名（ ）interrupt n [using m]
{
        中断服务程序内容
}
```

说明

①中断函数不能返回任何值，所以最前面用 void，后面紧跟函数名。

②中断函数不带任何参数，所以函数名后面的小括号为空。

③interrupt 和 using——C51 的关键字。

④n——中断号，是指单片机中几个中断源的序号，这个序号是编译器识别不同中断的唯一符号，因此在写中断服务程序时务必要写正确。n 的取值范围为 0～31。

⑤m——是指这个中断函数使用单片机内存中 4 组工作寄存器中的哪一组，C51 编译器在编译程序时会自动分配工作组，也可以由用户通过 using m 来指定。m 的取值范围为 0、1、2、3，对应 4 组工作寄存器。

AT89C51 单片机的中断源及中断编号见表 4.5。

表 4.5　中断源对应的中断编号

中断源	中断编号	入口地址
外部中断 0	0	0x0003
定时/计数器 T0	1	0x000b
外部中断 1	2	0x0013
定时/计数器 T1	3	0x001b
串行口	4	0x0023

 任务实施

1. 制订方案

本设计的关键是当有选手按动抢答按钮时，抢答电路能将第一个按下抢答按钮的选手编号立即锁存，然后一方面去封锁抢答电路，禁止其他选手抢答，另一方面采用外部中断的方式通知单片机给予及时处理。需要注意的是，抢答是在主持人按下允许抢答按钮 REST 后，选手抢答才有效。抢答选手的编号用 LED 数码管显示。

2. 电路设计

8 个抢答器按键连接 74LS373 锁存器的输入端，锁存器的输出端接 1 个 8 输入端与非门 74LS30，同时锁存器的输出端接 AT89C51 的 P1 口，74LS30 的输出一方面经反相器 74LS04 连接到 AT89C51 的外部中断源 INT0，作为中断请求信号，另一方面和主持人的复位按钮 REST 经与非门 74LS00 作为 74LS373 的锁存信号。数码管显示抢答选手编号，由 P0 口输出。

启动 Proteus ISIS，在 Proteus ISIS 环境中选择"File"→"New Design"命令，在弹出的对话框中选择适当的 A3 图纸，保存文件名为"RESPONDER.DSN"。

在器件选择按钮中单击"P"按钮，添加表 4.6 所示的元器件。

在 Proteus ISIS 原理图编辑窗口中放置元件。单击工具箱中的"元件终端"按钮，放置电源、地。放置好元件后，布线。设置相应元件参数，完成电路设计，如图 4.3 所示。

表 4.6　8 路抢答器电路元器件列表

元器件名称	参数	元器件名称	参数
单片机 AT89C51		发光二极管	LED-YELLOW
晶体振荡器 CRYSTAL	12 MHz	按钮	BUTTON
瓷片电容 CAP	30 pF	LED 数码管	7SEG-MPX1-CA
电解电容 CAP-ELEC	10 μF	8 输入与非门	74LS30
电阻 RES	330 Ω	2 输入与非门	74LS00
电阻 RES	660 Ω	8D 锁存器	74LS373
电阻 RES	10 kΩ	反相器	74LS04
电阻排 RESPACK	10 kΩ		

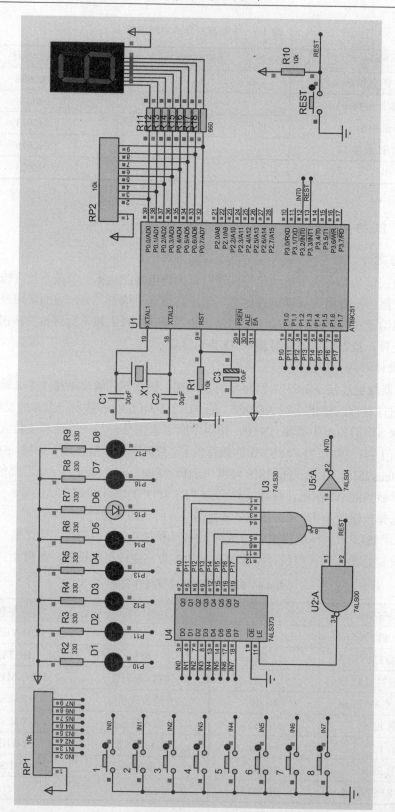

图 4.3 8 路抢答器电路原理图

8 路抢答器电路的工作原理如下：

主持人按下 REST 按钮时，REST 端为低电平"0"，此时与非门 74LS00 输出为高电平"1"，锁存器 74LS373 的锁存允许端 LE 为高电平"1"，允许选手开始抢答，然后主持人释放 REST 按钮后，REST 端为高电平"1"。假设选手 3 先按下抢答按钮，则 IN3 为低电平"0"，由于 74LS373 的三态允许控制端 OE 接地为低电平"0"，Q2 也为低电平"0"，与非门 74LS30 的输出为高电平"1"，反相器 74LS04 输出为低电平"0"，向单片机申请中断；同时，74LS00 的输出 LE 为低电平"0"，74LS373 的锁存允许端 LE 为低电平"0"，选手 3 被锁存器 74LS373 锁存，即 Q2 为低电平"0"，指示灯发光二极管 D3 也被点亮，而此时若有其他选手即使按下抢答按钮，由于 LE 为低电平"0"，锁存器 74LS373 也不能接收新的数据，禁止了其他选手抢答。单片机响应中断请求后，查询 P1 口的状态，然后将选手的编号显示在数码管上，直到主持人再次按下复位按钮 REST，进入新的一轮抢答。

3. 创建 8 路抢答器项目

主程序的主要任务是中断初始化和显示选手编号，中断初始化包括 CPU 中断允许、允许外部中断 0 中断、设置外部中断 0 为电平触发方式；显示选手编号是将抢答选手的编号送 LED 数码管显示。当选手按下抢答按钮时，产生外部中断请求，中断函数采用查询的方式得到抢答选手的编号。

8 路抢答器控制程序如下：

```
#include<reg51.h>
#define uint unsigned int
#define uchar unsigned char
sbit P10=P1^0;   //
sbit P11=P1^1;
sbit P12=P1^2;
sbit P13=P1^3;
sbit P14=P1^4;
sbit P15=P1^5;
sbit P16=P1^6;
sbit P17=P1^7;
uchar num=0x0a;//选手编号
uchar code    seg[]={0xc0,0xf9,0xa4,0xb0,0x99,0x92,0x82,0xf8,0x80,0x90,0xff}; //
void delay(uchar ms) //延时函数
{
        uchar i,j;
        for(i=ms;i>0;i--)
            for(j=20;j>0;j--);
}
void main()
{
```

```
    EA=1;      //CPU 允许中断
    EX0=1;     //允许外部中断 0 中断
    IT0=0;     //电平触发方式
    while(1)
    {
        P0=seg[num];   //显示选手编号
        delay(100);    //
    }
}
void int_0( ) interrupt 0     //
{
    EA=0;                //关中断
    if(P10==0)num=0x01;
    else if(P11==0)num=0x02;
    else if(P12==0)num=0x03;
    else if(P13==0)num=0x04;
    else if(P14==0)num=0x05;
    else if(P15==0)num=0x06;
    else if(P16==0)num=0x07;
    else if(P17==0)num=0x08;
    else num=0x0a;
    EA=1;                //开中断
}
```

启动 Keil μVision3，单击"Project"→"New Project"选项，创建"RESPONDER"项目，并选择单片机型号为 AT89C51。

在 Keil μVision3 菜单中单击"File"→"New"命令创建文件，输入源程序代码，保存为"RESPONDER.c"。单击项目窗口中"Target 1"前面的"+"号，然后在"Source Group 1"选项上单击右键，选择"Add File to Group 'Source Group 1'"命令，将源程序 RESPONDER.c 添加到项目中。

在 Keil μVision3 菜单中单击"Project"→"Option for Target 'Target 1'"选项，在弹出的"Option for Target 'Target 1'"对话框中选择"Output"标签，选中"Create HEX File"。

在 Keil μVision3 菜单中单击"Project"→"Build Target"，编译源程序代码。如果编译成功，则在"Output Window"窗口中显示没有错误，并创建了一个"RESPONDER.HEX"文件。

调试与仿真

在 Keil μVision3 菜单中单击"Project"→"Option for Target 'Target 1'"选项，在弹出的"Option for Target 'Target 1'"对话框中选择"Debug"标签，选中"Use: Proteus VSM Simulator"。

在 Proteus ISIS 工作界面，单击"Debug（调试）"→"Use Remote Debug Monitor（使用远程调试监控）"选项，使 Proteus 与 Keil C51 建立连接，进行联合调试。

在 Keil μVision3 集成开发环境中，单击"Debug"→"Start/Stop Debug Session"命令进入程序调试环境。同时，Proteus ISIS 也进入仿真状态。

在 Keil μVision3 的文本编辑窗口中设置断点，设置好断点后，在 Keil μVision3 菜单中单击"Debug"→"Run"命令，运行程序。8 路抢答器运行效果如图 4.3 所示。

学习情境二　定时/计数器应用技术

在单片机应用系统中，常常会有定时控制和计数控制的需求，如定时输出、定时检测、对外部事件进行计数等，这就要求应用系统中要有能实现定时、计数的功能部件。AT89C51 单片机内部就有两个 16 位的定时/计数器，既可以用来实现定时，也可以用来进行计数。

本学习情境将对 AT89C51 单片机内部的定时/计数器从工作原理、使用方法方面进行详细介绍。

任务 2　设计一个简易电子秒表

 任务描述

设计一个简易电子秒表，计时范围 0.1～9.9 s。当第 1 次按下计时功能键时，秒表开始计时，并显示时间；第 2 次按下计时功能键时，停止计时，计算两次按下计时功能键的时间并显示；第 3 次按下计时功能键时，秒表归 0，等待下一次按键。

要求：

（1）在 Proteus ISIS 中完成简易电子秒表电路设计。

（2）在 Keil μVision3 中创建简易电子秒表项目，编写、编译简易电子秒表程序。

（3）用 Proteus 和 Keil C51 仿真与调试简易电子秒表电路。

 知识链接

一、定时与计数

在认识单片机的定时/计数器之前，让我们先看一个脉冲计数器的例子。

有一个脉冲计数器，其计数范围为 0～999，量程为 1 000（模数为 1 000），我们分别给这个脉冲计数器送入频率固定和频率不固定的脉冲串，且送入的脉冲个数相同、脉冲计数器的初始值也相同（都是 500），如图 4.4 所示。

1. 脉冲频率固定

假设加入到计数器的脉冲频率为 100 Hz,计数器从初值 500 开始对送入的脉冲进行计数,每来 1 个脉冲,计数器加 1,当计数器从初值 500 累加到 999,再来 1 个脉冲时,此时计数器的值为 0、有进位产生,这种情况,称为溢出(也称计数器回零)。从初值 500 开始计数,到发生溢出,这期间所经历的时间为 5 s,所统计的脉冲个数为 500。由此可见,计数器不仅能计数,也具有定时功能。

2. 脉冲频率不固定

假设加入到计数器的脉冲间隔不固定,计数器也是从初值 500 开始对送入的脉冲进行计数,每来 1 个脉冲,计数器加 1,当计数器从初值 500 累加到 999,再来 1 个脉冲时,此时计数器的值为 0、有进位产生。从初值 500 开始计数,到发生溢出,这期间所统计的脉冲个数为 1 000-500=500,但所经历的时间不确定,确定的是统计的脉冲个数。

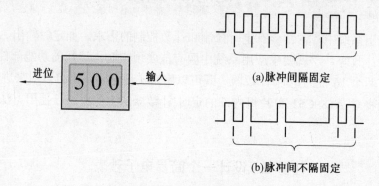

图 4.4　脉冲计数器

由此可见,计数器除了计数功能外,也可以具有定时器功能,但前提条件是:计数脉冲的间隔必须是固定的。

如果我们给计数器预置的初值不同,从开始计数到发生溢出所用的时间也就不同。因此,通过软件设置不同的初值,就可以实现不同的定时时间。

进一步,计数器的量程越大,定时时间就越长;量程越小,定时时间就越短。

二、AT89C51 定时/计数器结构

通过上面的讨论,我们对定时、计数的概念有了一定的认识,那么单片机中的定时/计数器又是怎样的?

AT89C51 单片机内部有两个 16 位可编程的定时/计数器 T0 和 T1,它们都是 16 位的加 1 计数器,既有定时功能又有计数功能,其逻辑结构如图 4.5 所示。

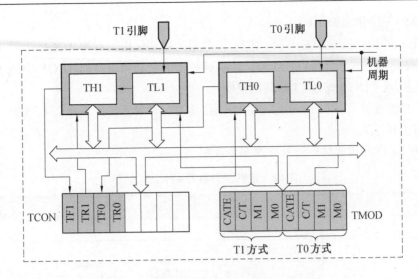

图 4.5 AT89C51 单片机定时/计数器结构图

T0 由两个 8 位特殊功能寄存器 TH0 和 TL0 组成，T1 由两个 8 位特殊功能寄存器 TH1 和 TL1 组成。通过对特殊功能寄存器 TMOD 的设置，T0、T1 都可以作定时器或计数器使用。

定时/计数器 T0、T1 的实质是加 1 计数器，其计数脉冲有两个来源，一个是系统的时钟源（频率为系统时钟的 1/12），另一个是 T0 或 T1 引脚输入的外部脉冲。

用于定时器方式时，加 1 计数器对机器周期计数，当计数器从某一初值开始计数到发生溢出时，则表明定时时间到。

用于计数器方式时，计数器对外部事件进行计数。当检测到 T0 或 T1 引脚发生一个负跳变时，计数器加 1，当计数器从某一初值开始计数到发生溢出时，则表明计数已满。由于单片机内部电路检测从 1 到 0 的跳变，至少需要两个机器周期（24 个振荡周期），所以最高计数频率是振荡频率的 1/24。

需要说明的是，当启动定时/计数器 T0 或 T1 工作时，T0 或 T1 都会按设定的工作方式独立运行，不占用 CPU 的时间，只有在溢出时，才向 CPU 发出中断请求信号。

三、定时/计数器的设置

在使用 AT89C51 单片机的定时/计数器 T0、T1 时，需要对两个特殊功能寄存器 TMOD 和 TCON 进行设置。

1. 定时/计数器工作方式寄存器 TMOD

工作方式寄存器 TMOD 用于设置定时/计数器的工作方式，其格式见表 4.7。TMOD 的低 4 位 D3～D0 位用于设置定时器 T0，高 4 位 D7～D4 位用于设置定时器 T1，它们的含义完全相同。

表 4.7 定时/计数器工作方式寄存器 TMOD

TMOD	D7	D6	D5	D4	D3	D2	D1	D0
0x89	GATE	C/$\overline{T}$	M1	M0	GATE	C/$\overline{T}$	M1	M0

TMOD 的各位含义如下：

GATE：门控位。当 GATE=0 时，定时/计数器的启动仅由寄存器 TCON 中的 TR0 或 TR1 控制，即软件启动方式；当 GATE=1 时，定时/计数器的启动由寄存器 TCON 中的 TR0 或 TR1 和外部中断引脚（$\overline{\text{INT0}}$ 或 $\overline{\text{INT1}}$）共同控制。

$C/\overline{T}$：功能选择位。$C/\overline{T}$=0 时，定时/计数器为定时器工作方式；$C/\overline{T}$=1 时，定时/计数器为计数器工作方式。

M1M0：工作方式选择位。其含义见表 4.8。

表 4.8　定时/计数器的 4 种工作方式

M1M0	工作方式	说　　明
0　0	方式 0	13 位定时/计数器
0　1	方式 1	16 位定时/计数器
1　0	方式 2	初值自动重装的 8 位定时/计数器
1　1	方式 3	仅适用于 T0。T0 分成两个 8 位计数器，T1 停止计数

2. 定时/计数器控制寄存器 TCON

定时/计数器控制寄存器 TCON 的作用是控制定时/计数器的启动和停止、锁存定时/计数器的溢出标志、外部中断触发方式的控制位。这里只说明控制定时/计数器启动和停止的 TR1 和 TR0，TCON 的其他各位含义在后面介绍。

TR1：定时/计数器 T1 运行控制位。当 GATE=0 时，TR1=1，启动 T1 工作，TR1=0，停止 T1 工作。当 GATE=1，且 $\overline{\text{INT1}}$ 为高电平时，TR1 置 1 启动 T1 工作，其他情况 T1 都停止计数。

TR0：定时/计数器 T0 运行控制位，同 TR1。

四、定时/计数器的工作方式

AT89C51 单片机的定时/计数器 T0、T1 都具有定时和计数两种功能，每种功能包括了四种工作方式。在实际使用过程中，可根据应用系统的需要选择其中的一种。下面将对定时/计数器的四种工作方式逐一进行讨论。为便于说明，以下以定时/计数器 T0 为例进行介绍。

1. 方式 0

当 M1M0=00 时，定时/计数器工作在方式 0。定时/计数器工作在方式 0 时的逻辑结构如图 4.6 所示。

T0 工作在方式 0 时，是一个 13 位的定时/计数器。在方式 0 下，16 位加 1 计数器（TH0 和 TL0）只用了 13 位，其中，TH0 为高 8 位，TL0 为低 5 位（高 3 位未用），量程为 2^{13}=8 192。当 TL0 低 5 位溢出时自动向 TH0 进位，而 TH0 溢出时，置位 TCON 中的 TF0 标志，向 CPU 发出中断请求。

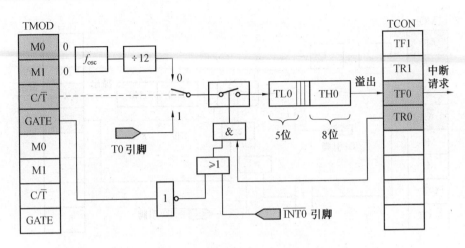

图 4.6　定时/计数器方式 0 逻辑结构图

当设置 $C/\overline{T}$ 为 0 时，T0 为 13 位定时器，对机器周期计数；若设置 $C/\overline{T}$ 为 1 时，T0 为 13 位计数器，对引脚 T0 输入的脉冲计数。

由于定时/计数器是加 1 计数器，所以不论是用于定时，还是用于计数，都需要设置初值，加 1 计数器在初值的基础上进行加 1 计数，直到计数器溢出，表明定时时间到或计数次数到。下面分别讨论定时方式和计数方式的初值计算、初值装入。

（1）计数方式 0 的初值计算。

设需要统计的脉冲个数为 X，初值为 Y。计数器在初值 Y 的基础上进行加 1 计数，当计入 X 个脉冲后，计数器发生溢出，即 $X+Y=2^{13}$，所以初值 $Y=2^{13}-X$。

（2）定时方式 0 的初值计算。

由于定时/计数器工作在定时方式时，加 1 计数器对机器周期计数，因此，当初值设为 X，定时时间设为 T 时，则有 $T=(2^{13}-X)\times$ 机器周期。

（3）方式 0 下的初值装入。

不论是定时还是计数，当计算出初值后，需要将初值送入 TH0 和 TL0 中。由于方式 0 下的初值为 13 位二进制数，所以需将初值的高 8 位装入 TH0、低 5 位装入 TL0。

（4）初值重新装入。

在方式 0 下，当计数器发生溢出时，计数器的值自动复位为 0，若要进行新的一轮计数，则必须重置计数初值。所以在编写应用程序时，一定要格外重视，否则出错。

（5）最大计数次数及定时时间。

在方式 0 下，最大的计数次数为 8 192，最大的定时时间为 8 192×机器周期（假设晶振频率为 12 MHz，则 1 个机器周期为 1 μs，那么最大的定时时间为 8.192 ms）。

2. 方式 1

当 M1M0=01 时，定时/计数器工作在方式 1。定时/计数器工作在方式 1 时的逻辑结构如图 4.7 所示。

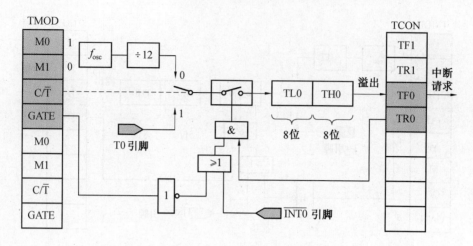

图 4.7　定时/计数器方式 1 逻辑结构图

　　T0 工作在方式 1 时，是一个 16 位的定时/计数器，最大计数值为 65 536，最大定时时间为 65. 536 ms（晶振频率为 12 MHz）。由于 T0 工作在方式 1 时的结构和操作与方式 0 完全相同，不同之处就是二者计数位数不同，故不再赘述。

3. 方式 2

　　当 M1M0=10 时，定时/计数器工作在方式 2。定时/计数器工作在方式 2 时的逻辑结构如图 4.8 所示。

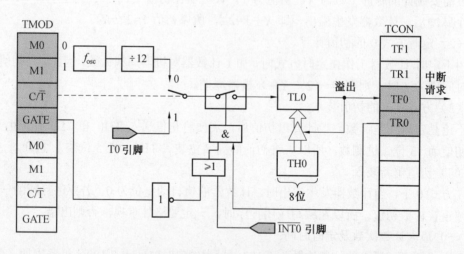

图 4.8　定时/计数器方式 2 逻辑结构图

　　在方式 0 和方式 1 中，当计数溢出时，计数器复位为 0，因此要进行新一轮计数或定时操作时，必须重置计数初值，这既影响到定时精度，又导致编程麻烦。

　　方式 2 也被称为 8 位初值自动重装的 8 位定时/计数器，TH0 保存初值，TL0 为 8 位计数器。当 TL0 计数发生溢出时，在溢出标志 TF0 置 1 的同时，TH0 中保存的初值将自动装入 TL0，使 TL0 从初值开始重新计数。这样，就避免了人为软件重装初值所带来的时间误差，从而提高了定时的精度。

由于方式2为8位定时/计数器，无论在定时时间上，还是计数次数上，都比方式0和方式1要短或少。方式2下最大计数次数为256，最大定时时间为0.256 ms（晶振频率为12 MHz）。

4. 方式3

当M1M0=11时，定时/计数器工作在方式3。定时/计数器工作在方式3时的逻辑结构如图4.9所示。

方式3只适用于定时/计数器T0，若将T1设置为方式3时，T1不工作。

在方式3时，T0被分成两个独立的计数器TL0和TH0。TL0占用T0的TR0、TF0、$C/\overline{T}$、GATE、T0引脚（P3.4）以及$\overline{INT0}$（P3.2）引脚。在这种情况下，TL0为8位的定时/计数器，其功能及操作与方式1完全相同。TH0占用T1的TF1、TR1，此时，TH0只能用作定时器使用。

在方式3下，T1仍可以设置为方式0、方式1和方式2。但由于TR1、TF1已被T0占用，因此，T1仅由控制位$C/\overline{T}$切换定时与计数功能，当计数发生溢出时，只能将输出送至串行口。当T0设置为方式3时，T1通常用作串行口的波特率发生器。

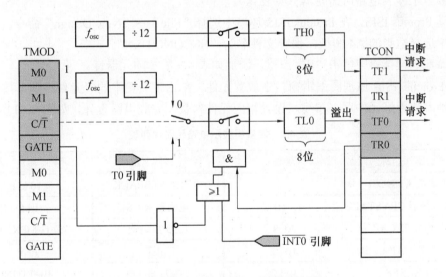

图4.9 定时/计数器方式3逻辑结构图

五、定时/计数器初始化

AT89C51单片机的定时/计数器是一个十分重要的功能部件，几乎所有的单片机应用系统都会用到定时/计数器——实现定时控制和计数控制。

由于AT89C51单片机的定时/计数器是可编程的，因此在定时或计数之前要通过软件进行设置，即初始化。初始化步骤如下：

（1）确定工作方式后，对工作方式寄存器TMOD进行设置。

（2）计算初值，将初值送入TH0、TL0或TH1、TL1中。

（3）根据需要对中断允许寄存器IE、中断优先寄存器IP进行设置，即开放中断、设置优先级。

（4）启动定时/计数器 T0 或 T1 工作。

当定时/计数器发生溢出时，如何确认溢出状态，是采用中断方式处理，还是采用查询方式，也需要选择其中的一种方式。同时，初值是否需要重新装入也需要考虑。

 任务实施

1. 制订方案

电子秒表的计时范围 0.1～9.9 s，可用两位一体数码管显示时间。定时/计数器 T0 设置为定时方式 1，以 50 ms 为基本定时单位，在定时器中断函数中，通过软件计数器对 50 ms 进行计数，每到 100 ms 软件计数器加 1，将计时时间显示在数码管上。计时功能键接单片机的 P3.7 引脚，采用软件查询的方式检测其状态，为秒表的工作状况提供依据，如定时器的启动、停止等。

2. 电路设计

P0 口接两位一体共阳极数码管，P2.0、P2.1 作为数码管的位选，计时功能键接 P3.7 引脚。简易电子秒表电路所需元器件见表 4.9。

启动 Proteus ISIS，在 Proteus ISIS 环境中选择"File"→"New Design"命令，在弹出的对话框中选择适当的 A4 图纸，保存文件名为"SECOND.DSN"。

在器件选择按钮中单击"P"按钮，添加如表 4.9 所示的元器件。

在 Proteus ISIS 原理图编辑窗口中放置元件。单击工具箱中的"元件终端"按钮，放置电源、地。放置好元件后，布线。设置相应元件参数，完成电路设计，如图 4.10 所示。

表 4.9 四量程显示电路元器件列表

元器件名称	参数	元器件名称	参数
单片机 AT89C51		电阻排 RESPACK	10 kΩ
晶体振荡器 CRYSTAL	12 MHz	电阻排 R×8	1 kΩ×8
瓷片电容 CAP	30 pF	LED 数码管	7SEG-MPX2-CA
电解电容 CAP-ELEC	10 μF	三极管	PNP
电阻 RES	10 kΩ	按钮	BUTTON
电阻 RES	1 kΩ		

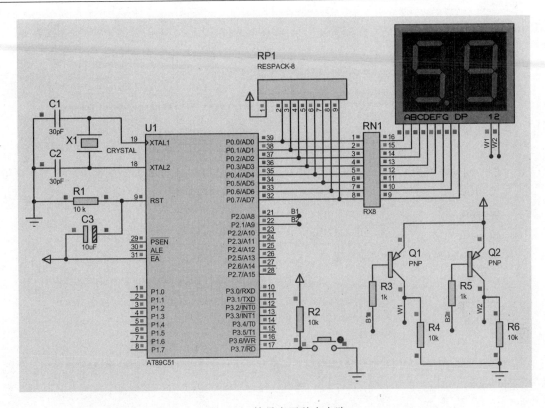

图 4.10 简易电子秒表电路

3. 创建简易电子秒表项目

简易电子秒表程序设计主要分为主函数、显示函数、定时器中断函数三个部分。

主函数的任务是对 T0 进行初始化、检测计时功能键的状态。对 T0 进行初始化包括设置 T0 的工作方式、装载计数初值、开放中断；电子秒表的工作状态是由计时功能键决定的，所以程序设计的主要工作就是不断地检测计时功能键的状态，从而控制定时器开始计时或停止计时。

显示函数的任务是将秒表的计时时间显示在 LED 数码管上，采用动态显示方式。

当启动定时器后，定时器开始定时，每当定时时间到 50 ms 时，定时器 T0 产生定时器中断，定时器中断函数的任务是重装计数初值、软件计数器对 50 ms 进行计数。

简易电子秒表控制程序如下：

```
#include<reg51.h>
#define uchar unsigned char
sbit    key=P3^7;
uchar   time=0,count=0;
uchar seg[] ={0xc0,0xf9,0xa4,0xb0,0x99,0x92,0x82,0xf8,0x80,0x90};
//*******************************延时函数*******************************//
void delay(uchar ms)
{
```

```
    uchar i,j;
    for(i=0;i<ms;i++)
        for(j=0;j<124;j++);
}
```
//*******************************显示函数*******************************//
```
void display(void)
{
    P0=seg[time/10]&0x7f;  //显示秒个位和小数点
    P2=0xfe;
    delay(3);
    P2=0xff;
    P0=seg[time%10];        //显示小数
    P2=0xfd;
    delay(3);
    P2=0xff;
}
```
//*******************************主函数*******************************//
```
void main()
{
    TMOD=0x01;              //设置 T0 为定时方式 1
    TH0=0x3c;              //50 ms 初值
    TL0=0xb0;
    EA=1;                  //CPU 允许中断
    ET0=1;                 //允许 T0 中断
    while(1)
    {
        while(key==1)      //判断计时功能键是否按下
        display();         //没按下调用显示函数
        TR0=1;             //第一次按下计时功能键，启动定时器 T0
        while(key==0)      //等待按键松开
        display();         //
        while(key==1)      //判断是否第二次按下计时功能键
        display();         //
        TR0=0;             //第二次按下计时功能键，T0 停止定时
        while(key==0)      //
        display();
        while(key==1)      //判断是否第三次按下计时功能键
        display();         //
```

```
        time=0;                 //第三次按下计时功能键
        while(key==0)
        display();
      }
}
//*******************************T0 中断函数*******************************//
void T0_time() interrupt 1
{
    TH0=0x3c;                  //重装 50ms 定时初值
    TL0=0xb0;
    count++;                   //对 50ms 计数
    if(count==2)               //是否到 100ms
    {
        time++;                //100 ms，则加 1
        count=0;               //
        if(time==100)time=0;   // 加到 100 时清零
    }
}
```

启动 Keil μVision3，单击"Project"→"New Project"选项，创建"SECOND"项目，并选择单片机型号为 AT89C51。

在 Keil μVision3 菜单中单击"File"→"New"命令创建文件，输入源程序代码，保存为"SECOND.c"。单击项目窗口中"Target 1"前面的"+"号，然后在"Source Group 1"选项上单击右键，选择"Add File to Group 'Source Group 1'"命令，将源程序 SECOND.c 添加到项目中。

在 Keil μVision3 菜单中单击"Project"→"Option for Target 'Target 1'"选项，在弹出的"Option for Target 'Target 1'"对话框中选择"Output"标签，选中"Create HEX File"。

在 Keil μVision3 菜单中单击"Project"→"Build Target"，编译源程序代码。如果编译成功，则在"Output Window"窗口中显示没有错误，并创建了一个"SECOND.HEX"文件。

 调试与仿真

在 Keil μVision3 菜单中单击"Project"→"Option for Target 'Target 1'"选项，在弹出的"Option for Target 'Target 1'"对话框中选择"Debug"标签，选中"Use: Proteus VSM Simulator"。

在 Proteus ISIS 工作界面，单击"Debug（调试）"→"Use Remote Debug Monitor（使用远程调试监控）"选项，使 Proteus 与 Keil C51 建立连接，进行联合调试。

在 Keil μVision3 集成开发环境中，单击"Debug"→"Start/Stop Debug Session"命令进入程序调试环境。同时，Proteus ISIS 也进入仿真状态。

在 Keil μVision3 的文本编辑窗口中设置断点，设置好断点后，在 Keil μVision3 菜单中单击"Debug"→"Run"命令，运行程序。电子秒表运行效果如图 4.10 所示。

习　题

1. 什么是中断？中断有什么特点？

2. AT89C51 有几个中断源？如何设定它们的优先级？

3. 简述外部中断的两种触发方式。

4. 简述特殊功能寄存器 TCON、SCON、IE、IP 的作用及设置。

5. 简述定时与计数功能的区别。

6. 简述特殊功能寄存器 TOMD、TCON 的作用及设置。

7. 简述定时/计数器的四种工作方式。

8. 设系统的晶振频率为 12 MHz，定时/计数器在四种工作方式下的最大定时时间各是多少？如何获取更长的定时时间？

9. 设计一个罐装饮料生产线自动装箱控制器。

任务描述：某罐装饮料生产线，每生产 24 罐饮料就要执行装箱操作，装箱操作由直流电动机实现。

要求：

（1）在 Keil IDE 中完成应用程序设计，并编译。

（2）在 ISIS 7 Professional 中完成电路设计、调试与仿真。

10. 设计一个显示"时、分、秒"的数字钟，显示器件采用 8 位一体 LED 数码管。

要求：

（1）在 Keil IDE 中完成应用程序设计，并编译。

（2）在 ISIS 7 Professional 中完成电路设计、调试与仿真。

项目五　串行通信技术

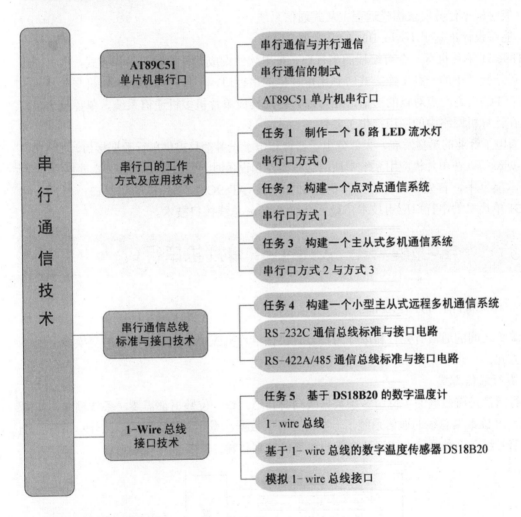

- AT89C51 单片机串行口
  - 串行通信与并行通信
  - 串行通信的制式
  - AT89C51 单片机串行口

- 串行口的工作方式及应用技术
  - 任务 1　制作一个 16 路 LED 流水灯
  - 串行口方式 0
  - 任务 2　构建一个点对点通信系统
  - 串行口方式 1
  - 任务 3　构建一个主从式多机通信系统
  - 串行口方式 2 与方式 3

- 串行通信总线标准与接口技术
  - 任务 4　构建一个小型主从式远程多机通信系统
  - RS-232C 通信总线标准与接口电路
  - RS-422A/485 通信总线标准与接口电路

- 1-Wire 总线接口技术
  - 任务 5　基于 DS18B20 的数字温度计
  - 1-wire 总线
  - 基于 1-wire 总线的数字温度传感器 DS18B20
  - 模拟 1-wire 总线接口

串行通信技术

- ❖ 熟知串行通信基本知识
- ❖ 了解串行口结构
- ❖ 掌握特殊功能寄存器 SCON、PCON 的作用及设置
- ❖ 掌握 AT89C51 单片机串行口的四种工作方式

❖ 了解 RS-232C 通信总线标准与接口电路
❖ 了解 RS-485 通信总线标准与接口电路
❖ 掌握 1-wire 总线接口技术

❖ 能够应用单片机的串行口扩展并行 I/O 口
❖ 能够根据任务要求设置 AT89C51 单片机串行口的工作方式、设计接口电路和编写通信程序，实现单片机之间的通信
❖ 能够根据任务要求构建远程主从式通信系统
❖ 能够设计出基于 1-wire Bus 的温度测量系统

AT89C51 单片机有一个可编程的串行口，可用软件设成四种不同的工作方式，根据应用需要，可选择其中的一种工作方式。利用单片机的串行口，不仅可以实现单片机与单片机、单片机与 PC 机之间点对点的通信，还可以方便地构成单片机多机通信系统。单片机的串行口为其在计算机网络中的应用提供了条件。

随着电子行业的迅猛发展，大部分电子器件和电子设备都只提供串行数据接口，如 SPI、I2C、1-wire 等，在单片机应用系统中使用这些器件和设备时，数据传输具有十分重要的地位。

在本项目中，首先介绍串行通信的基础知识及 AT89C51 单片机的串行口，然后介绍 AT89C51 单片机的串行口应用技术，最后介绍 1-Wire 总线接口技术。

学习情境一　AT89C51 单片机串行口

一、串行通信与并行通信

计算机之间的通信有并行和串行两种方式。在单片机应用系统中，信息的交换多采用串行通信方式。

1. 并行通信方式

并行通信是将数据的各位用多条数据线同时传送，每一位数据都需要一条传输线，如图 5.1 所示。8 位数据总线的通信系统，一次传送 8 位数据，需要 8 条数据线，此外，还需要若干控制信号线。这种通信方式仅适合于短距离的数据传输。

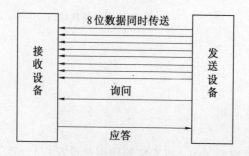

图 5.1 并行通信方式

并行通信的特点是控制简单、传输速度快，但由于传输线较多，长距离传送成本高，而且通信双方的各位同时接收和发送存在困难。

2. 串行通信方式

串行通信是将数据分成一位一位的形式在一条传输线上依次传送，这种传送方式只需要一条数据线、一条公共信号线和若干条控制信号线。因为一次只能传送一位，所以对于一个字节的数据，至少要传送 8 次才能完成一个字节数据的传送，如图 5.2 所示。

串行通信的必要过程是：发送时，需把并行数据转换成串行数据发送到传输线上，接收时，要把串行数据再转换成并行数据，这样计算机才能处理，因为计算机内部的数据总线是并行的。

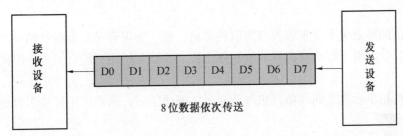

图 5.2　串行通信方式

串行通信的特点是传输线少，长距离传送成本低，但数据的传送控制比并行通信复杂。串行通信分为异步通信和同步通信两种方式。

3. 异步通信方式

异步通信是指通信的发送与接收设备使用各自的时钟控制数据的发送和接收过程。

在异步通信方式中，数据是以字符（构成的帧）为单位进行传输的，字符与字符之间的间隙（时间间隙）是任意的，但每个字符中的各位是以固定的时间传送的，即字符之间不一定有"位间隙"的整数倍关系，但同一字符内的各位之间的距离均为"位间隔"的整数倍。

异步通信方式中，一帧信息由四部分组成：起始位、数据位、校验位和停止位，如图 5.3 所示。

在异步通信方式中，首先发送起始位，起始位用"0"表示数据传送的开始；然后再发送数据，从低位到高位逐位传送；发送完数据后，再发送校验位（也可以省略）；最后发送停止位"1"，表示一帧信息发送完毕。

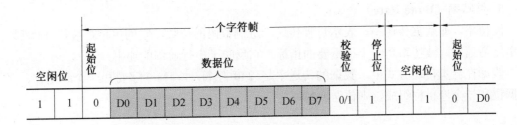

图 5.3　异步通信字符帧格式

起始位占用一位，用来通知接收设备一个字符将要发送，准备接收。线路上不传送数据时，应保持为"1"。接收设备不断检测线路的状态，若在连续收到"1"以后，又收到一个"0"，就准备接收数据。

数据位根据情况可取 5 位、6 位、7 位或 8 位，但通常情况下为 8 位，发送时低位在前，高位在后。

校验位（通常是奇偶校验）占用一位，在数据传送中也可不用，由用户自己决定。

停止位用于向接收设备表示一帧字符信息发送完毕。停止位通常可取 1 位、1.5 位或 2 位。

在异步通信方式中，两相邻字符帧之间可以没有空闲位，也可以有若干空闲位，由用户决定。

异步通信的特点是不要求收发双方时钟严格一致，实现容易，设备开销小，但每个字符要附加 2~3 位，用于起始位、校验位和停止位，各帧之间还可能有间隙，因此传输效率不高。

在单片机与单片机之间，单片机与计算机之间通信时，通常采用异步串行通信。

4. 同步通信

同步通信时要建立发送方时钟对接收方时钟的直接控制，使双方达到完全同步。

在同步通信中，数据开始传送前先用同步字符使收发双方取得同步，然后传送数据。同步传送时，字符与字符之间没有间隙，也不用起始位和停止位，仅在数据块开始时用同步字符 SYN（ASCII 码为 0x16）指示，CRC 是校验码。同步通信数据帧格式如图 5.4 所示。

图 5.4　同步通信数据帧格式

在同步传送时，要求用时钟来实现发送端和接收端之间的同步，为了保证接收正确，发送方除了传送数据外，同时还要传送时钟信号。同步传送的优点是传送速率高，但硬件比较复杂。

异步通信方式由于不传送同步时钟，所以实现起来比较简单。但因每个字符都要建立一次同步，传输速度较低，适合于低速的串行通信。

5. 波特率（Band Rate）

波特率，即数据传送率，表示每秒传送二进制数码的位数，它的单位是波特（位/秒）。在串行通信中，波特率是一个很重要的指标，它反映了串行通信的速率。

假如在异步传送方式中，数据的传送率是 240 字符/秒，每个字符由一个起始位、八个数据位和一个停止位组成，则传送波特率为：

$$10 \times 240 = 2\,400 \text{ 位/秒} = 2\,400 \text{ 波特}$$

一般异步通信的波特率在 50～9 600 波特之间，同步通信可达 56 K 波特或更高。

二、串行通信的制式

在串行通信中，按照数据传送方向，串行通信有单工、半双工和全双工三种制式。

1. 单工制式

在单工制式下，通信线的一端接发送器，一端接接收器，只允许一个方向传输数据，不能实现反向传输，如图 5.5 所示。

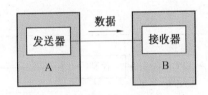

图 5.5　单工制式

2. 半双工制式

在半双工制式下，系统的每个通信设备都由一个发送器和一个接收器组成，使用一条（或一对）传输线，如图 5.6 所示。半双工制式允许两个方向传输数据，但不能同时传输，需要分时进行，如当 S1 闭合时，数据从 A 到 B；当 S2 闭合时，数据从 B 到 A。

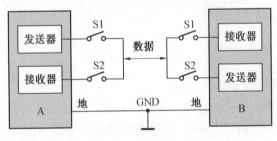

图 5.6　半双工制式

3. 全双工制式

全双工制式通信系统的每端都有发送器和接收器，使用两条（或两对）传输线，允许两个方向同时进行数据传输，如图 5.7 所示。

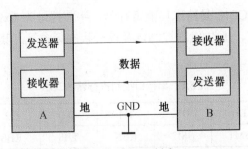

图 5.7　全双工制式

三、AT89C51 单片机串行口

AT89C51 单片机的串行口是一个可编程全双工的串行通信接口，具有 UART（通用异步收发器）的全部功能，既可以同时进行数据的接收和发送，也可以作为同步移位寄存器使用。串行口有 4 种工作方式，通过编程设置，使其处于任一种工作方式，以满足不同的应用场合。

1. 串行口结构

AT89C51 单片机的串行口主要由两个独立的 SBUF（一个发送缓冲器、一个接收缓冲器）、发送控制器、接收控制器、输入移位寄存器及若干控制门电路组成，串行口的结构如图 5.8 所示。

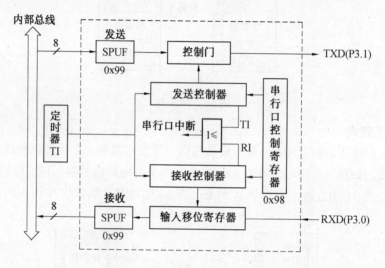

图 5.8　串行口结构

（1）串行口数据缓冲器 SBUF。

SBUF 是两个在物理上独立的接收、发送寄存器，一个用于存放接收到的数据，另一个用于存放待发送的数据，它们可以同时发送和接收数据。两个 SBUF 共用一个地址 0x99，通过对 SBUF 的读、写操作来区别访问哪一个。当 CPU 执行写 SBUF 操作时，访问的是发送缓冲器；当 CPU 执行读 SBUF 操作时，访问的是接收缓冲器。

串行口接收或发送数据，是通过引脚 RXD（P3.0）和引脚 TXD（P3.1）与外界进行通信，因此，串行口可构成全双工的通信制式。

（2）串行口控制寄存器 SCON。

串行口控制寄存器 SCON 是特殊功能寄存器，字节地址为 0x98，可位寻址。SCON 用来设定串行口的工作方式、接收/发送控制以及设置状态标志等，其格式见表 5.1。

表 5.1　串行口控制寄存器 SCON

SCON	D7	D6	D5	D4	D3	D2	D1	D0
0x98	SM0	SM1	SM2	REN	TB8	RB8	TI	RI

SM0、SM1：串行口工作方式选择位。

串行口有 4 种工作方式，它们由 SM0、SM1 设定，具体见表 5.2。

表 5.2　串行口工作方式

SM0	SM1	方式	功能	波特率
0	0	方式 0	8 位同步移位寄存器方式	$f_{osc}/12$
0	1	方式 1	10 位 UART	可变
1	0	方式 2	11 位 UART	$f_{osc}/64$ 或 $f_{osc}/32$
1	1	方式 3	11 位 UART	可变

SM2：多机通信控制位，主要用于方式 2 和方式 3。在方式 2 和方式 3 处于接收方式时，若 SM2=1 且接收到的第 9 位数据 RB8 为 0 时，不激活 RI；若 SM2=1 且 RB8=1，则置 RI=1。在方式 2 和方式 3 处于发送方式时，若 SM2=0，则不论接收到的第 9 位数据 RB8 是 0 还是 1，TI、RI 都以正常方式被激活。在方式 1 下，当 SM2=0 时，RB8 是接收到的停止位；若 SM2=1，则只有收到有效的停止位，才会激活 RI。在方式 0 下，SM2 应为 0。

REN：允许串行接收位，由软件允许/禁止。REN=1 允许串行接收；REN=0，禁止串行接收。

TB8：在方式 2 和方式 3 下，TB8 是发送的第 9 位数据，可用软件置 1 和置 0。

RB8：在方式 2 和方式 3 下，RB8 是接收到的第 9 位数据；在方式 1 时，如 SM2=0，RB8 是接收到的停止位；在方式 0 时，不使用 RB8。

TI：发送中断标志。由硬件在方式 0 串行发送第 8 位结束时置位，或在其他方式串行发送停止位的开始时置位。TI 必须由软件清 0。

RI：接收中断标志。由硬件在方式 0 接收到第 8 位结束时置位，或在其他方式接收到停止位时置位，必须由软件清 0。

（3）电源及波特率选择寄存器 PCON

PCON 主要是为 CHMOS 型单片机的电源控制而设置的专用寄存器，字节地址为 0x87。在 HMOS 的 AT89C51 单片机中，PCON 除了最高位以外，其他位都是虚设的。PCON 的格式见表 5.3。

表 5.3　电源及波特率选择寄存器 PCON

PCON	D7	D6	D5	D4	D3	D2	D1	D0
0x87	SMOD	×	×	×	GF1	GF0	PD	IDL

SMOD：波特率选择位。串行口工作在方式 1、2 和 3 时，串行通信的波特率与 SMOD 有关。当 SMOD=1 时，串行通信波特率乘 2，当 SMOD=0 时，串行通信波特率不变。

由于 PCON 的其他各位用于电源管理，在此不再赘述。

2. 关于串行口的波特率

在方式 0 中，波特率为时钟频率的 1/12，即 $f_{osc}/12$，固定不变。

在方式 2 中，波特率为（$2^{SMOD}/64$）$\times f_{osc}$。当 SMOD=0 时，波特率为 $f_{osc}/64$；当 SMOD=1 时，波特率为 $f_{osc}/32$。

方式 1 和方式 3 的波特率与 T1 的溢出率（溢出率是指定时器 1 秒钟内的溢出次数）有关，而 T1 的溢出率又与其工作方式、计数初值、晶振频率有关，下面介绍串行口方式 1 和方式 3 的波特率设计方法。

波特率与定时器 T1 的溢出率之间有如下关系

$$波特率 = （2^{SMOD}/32）\times 定时器\ T1\ 溢出率$$

$$定时器\ T1\ 溢出率 = \frac{f_{osc}}{12}\left(\frac{1}{2^{K}-初值}\right)$$

式中，K 为定时器 T1 的位数；定时器方式 0，$K=13$；定时器方式 1，$K=16$；定时器方式 2 和方式 3，$K=8$。

结合以上两式，串行口方式 1 和方式 3 的波特率为

$$波特率 = \frac{2^{SMOD}}{32}\times\frac{f_{osc}}{12}\times\left(\frac{1}{2^{K}-初值}\right)$$

由于定时器方式 2 为 8 位自动重装计数初值方式，可以避免人为软件重装计数初值带来的定时误差，因而在串行通信中 T1 通常设定为定时器方式 2。

在计算机通信中，波特率通常都是一些固定的值，如 1 200、2 400、4 800、9 600 等，所以人们都是根据所要使用的波特率来求定时器初值，而不是依据定时器初值求波特率的。

在使用单片机串行口进行通信时，单片机晶振的选择是一个非常关键的要素，一般选择晶振的频率为 11.059 2 MHz，而不是我们在前面常常采用的 12 MHz 或 6 MHz。其原因是：若晶振采用 12 MHz 或 6 MHz，计算出的 T1 初值不是一个整数，这样，在通信时会产生累积误差，进而产生波特率误差，影响串行通信的同步性能。解决的方法是调整单片机的时钟频率 f_{osc}，采用 11.059 2 MHz 晶振，这样就能非常准确地计算出 T1 初值，保证了串行通信的同步性能。

系统晶振为 12 MHz 和 11.059 2 MHz 两种情况下，串行通信时常用的波特率所对应定时器 T1 工作在定时方式 2 的初值以及所产生的误差见表 5.4。用户可根据表 5.4 所列出的波特率，直接得到 T1 的初值，而不必自己计算。

表 5.4 串行通信常用波特率所对应的定时初值表

波特率 /bps	晶振 /MHz	初值		误差 /%	晶振 /MHz	初值		误差/%	
		SMOD=0	SMOD=1			SMOD=0	SMOD=1	SMOD=0	SMOD=1
300	11.059 2	0xA0	0x40	0	12	0x98	0x30	0.16	0.16
600	11.059 2	0xD0	0xA0	0	12	0xCC	0x98	0.16	0.16
1 200	11.059 2	0xE8	0xD0	0	12	0xE6	0xCC	0.16	0.16
1 800	11.059 2	0xF0	0xE0	0	12	0xEF	0xDD	2.12	−0.79
2 400	11.059 2	0xF4	0xE8	0	12	0xF3	0xE6	0.16	0.16
3 600	11.059 2	0xF8	0xF0	0	12	0xF7	0xEF	−3.55	2.12
4 800	11.059 2	0xFA	0xF4	0	12	0xF9	0xF3	−6.99	0.16
7 200	11.059 2	0xFC	0xF8	0	12	0xFC	0xF7	8.51	−3.55
9 600	11.059 2	0xFD	0xFA	0	12	0xFD	0xF9	8.51	−6.99
14 400	11.059 2	0xFE	0xFC	0	12	0xFE	0xFC	8.51	8.51
19 200	11.059 2	−	0xFD	0	12	−	0xFD	−	8.51
28 800	11.059 2	0xFF	0xFE	0	12	0xFF	0xFE	8.51	8.51

学习情境二 串行口的工作方式及应用技术

任务 1 制作一个 16 路 LED 流水灯

任务描述

用 AT89C51 的串行口控制 16 个 LED 发光二极管闪烁，其中的 8 个 LED 依次闪烁、另外的 8 个 LED 交替闪烁。

要求：

（1）在 Proteus ISIS 中完成 16 路流水灯电路设计。

（2）在 Keil μVision3 中创建 16 路流水灯项目、编写、编译 16 路流水灯控制程序。

（3）用 Proteus 和 Keil C51 仿真与调试 16 路流水灯。

知识链接 串行口方式 0

在方式 0 下，串行口作为同步移位寄存器使用，数据从 RXD（P3.0）引脚串行输入或输出，TXD（P3.1）引脚输出移位时钟脉冲，波特率为振荡频率的 1/12，即每一个机器周期输出或输入一位。这种方式通常用于扩展 I/O 口。

（1）方式 0 输出。

在 TI=0 的情况下，当一个数据写入串行口发送缓冲器时，串行口就把 SBUF 中的 8 位

数据以 f_{osc}/12 的波特率从 RXD 引脚串行输出，TXD 引脚输出同步信号，发送完毕置中断标志 TI=1。若中断是开放的，就可以申请串行口发送中断；若中断没有开放，则可用查询的方式查询 TI 是否为 1，以确定是否发送 8 位数据。当 TI=1 时，可用软件使 TI 清 0，然后再发送下一个数据。

（2）方式 0 输入。

在 RI=0 的情况下，用软件置位 REN 后，就启动串行口开始接收数据，此时 RXD 引脚为数据接收端，TXD 引脚输出同步信号，波特率也是 f_{osc}/12。当串行口收到 8 位数据时，将中断标志 RI 置 1。若中断是开放的，同样可以发出串行口接收中断申请；若中断没有开放，则可用查询的方式查询 RI 是否为 1，以确定是否接收完 8 位数据。RI=1 表示接收的数据已装入 SBUF，CPU 可以从 SBUF 中读取数据。RI 必须由软件清 0，以准备接收下一个数据。

 任务实施

1. 制订方案

单片机的串行口设定为方式 0，用 2 片 74HC164（串入/并出移位寄存器）采用级联的方式扩展 2 个 8 位并行接口电路，连接 16 个发光二极管。建立 2 个字符型一维数组，一个存放控制 8 个 LED 依次闪烁的数据，另一个存放控制 8 个 LED 交替闪烁的数据，将数组中的数据通过串行口输出，控制 16 个 LED 发光二极管按要求点亮。

2. 电路设计

单片机的 P3.0（RXD）引脚与 74HC164 的串行数据输入端相连、P3.1（TXD）引脚与 74HC164 的时钟脉冲输入端相连，P1.0 引脚与 74HC164 的清除信号输入端相连（清除并行端口的数据），2 片 74HC164 的并行数据输出端口分别接 16 个发光二极管。16 路 LED 流水灯电路所需元器件见表 5.5。

【注意】 串行口采用的是异步通信方式，数据是从低位到高位逐位传送；后一个 74LS164 的数据输入端接前一个 74LS164 的 13 引脚(Q7)。

表 5.5 16 路 LED 流水灯电路元器件列表

元器件名称	参数	元器件名称	参数
单片机 AT89C51		发光二极管	LED-RED
晶体振荡器 CRYSTAL	12 MHz	发光二极管	LED-BLUE
瓷片电容 CAP	30 pF	发光二极管	LED-GREEN
电解电容 CAP-ELEC	10 μF	发光二极管	LED-YELLOW
电阻 RES	10 kΩ	串入/并出移位寄存器	74HC164
电阻 RES	330 Ω		

启动 Proteus ISIS，在 Proteus ISIS 环境中选择 "File" → "New Design" 命令，在弹出的对话框中选择适当的 A3 图纸，保存文件名为 "SERIAL.DSN"。

在器件选择按钮中单击 "P" 按钮，添加表 5.5 所示的元器件。

在 Proteus ISIS 原理图编辑窗口中放置元件。单击工具箱中的 "元件终端" 按钮，放置电源、地。放置好元件后，布线。设置相应元件参数，完成电路设计，如图 5.9 所示。

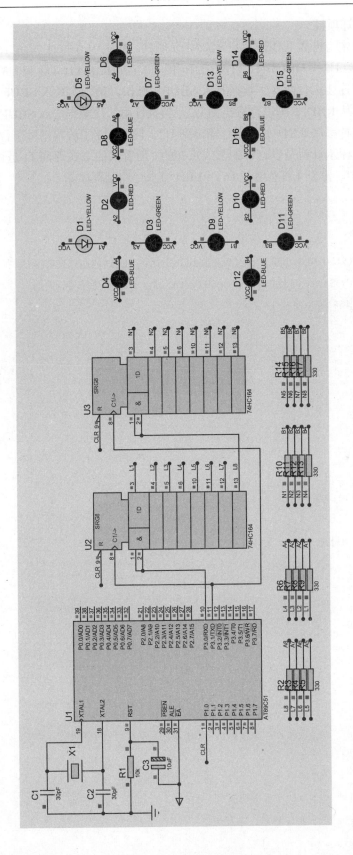

图 5.9　16 路流水灯电路原理图

3. 创建 16 路流水灯项目

单片机的串行口设定为方式 0。用软件方式产生负脉冲，通过 P1.0 脚对 74HC164 清 "0"。在图 5.9 中，D1～D8 接 U2（74HC164）、D9～D16 接 U3（74HC164），U2 和 U3 采用的是级联的方式，所以需要连续执行两次 "数据写入 SBUF" 操作。第一次写入 SBUF 的数据由串口以 $f_{osc}/12$ 的波特率从 RXD 引脚串行输出到 U2，当执行第二次数据写入 SBUF 操作时，串口同样以 $f_{osc}/12$ 的波特率从 RXD 引脚串行输出到 U2，同时 U2 中的数据以串行移位的方式进入 U3，16 路 LED 流水灯就是以这样的方式点亮的。用查询的方式查询 TI 是否为 1，当 TI=1 时，用软件复位 TI，重复上述操作。16 路 LED 流水灯控制程序如下：

```c
#include<reg51.h>
#include <intrins.h>
unsigned char seg1[]={0xfe,0xfd,0xfb,0xf7,0xef,0xdf,0xbf,0x7f};     //LED 依次点亮数据
unsigned char seg2[]={0x33,0xcc,0x55,0xaa,0xf0,0x0f,0x3c,0xc3};     //LED 交替闪烁数据
sbit clr=P1^0;    //74HC164 清 "0"
void delay( )
{
   unsigned int i,j;
   for(i=0;i<500;i++)
      for(j=0;j<124;j++);
}
void main( )
{
    SCON=0x00; //设置串口为方式 0
    unsigned char i;
    clr=0;        //产生负脉冲
    _nop_( );
    _nop_( );
    _nop_( );
    clr=1;
    while(1)
    {
      for(i=0;i<8;i++)
      {
          SBUF=seg1[i];    //LED 依次点亮数据写入 SBUF，启动串口发送数据
          while(TI==0){;}  //查询 TI 标志，未发送完，等待
          TI=0;            //清除 TI 标志，为下一次发送数据做准备
          SBUF=seg2[i];    //LED 依次点亮数据写入 SBUF，启动串口发送数据
          while(TI==0){;}  //查询 TI 标志，未发送完，等待
```

```
        TI=0;                  //清除 TI 标志，为下一次发送数据做准备
        delay();               //软件延时，控制 LED 闪烁节奏
    }
  }
}
```

启动 Keil μVision3，单击"Project"→"New Project"选项，创建"SERIAL"项目，并选择单片机型号为 AT89C51。

在 Keil μVision3 菜单中单击"File"→"New"命令创建文件，输入源程序代码，保存为"SERIAL.c"。单击项目窗口中"Target 1"前面的"+"号，然后在"Source Group 1"选项上单击右键，选择"Add File to Group 'Source Group 1'"命令，将源程序 SERIAL.c 添加到项目中。

在 Keil μVision3 菜单中单击"Project"→"Option for Target 'Target 1'"选项，在弹出的"Option for Target 'Target 1'"对话框中选择"Output"标签，选中"Create HEX File"。

在 Keil μVision3 菜单中单击"Project"→"Build Target "，编译源程序代码。如果编译成功，则在"Output Window"窗口中显示没有错误，并创建了一个"SERIAL.HEX"文件。

 调试与仿真

在 Keil μVision3 菜单中单击"Project"→"Option for Target 'Target 1'"选项，在弹出的"Option for Target 'Target 1'"对话框中选择"Debug"标签，选中"Use: Proteus VSM Simulator"。

在 Proteus ISIS 工作界面，单击"Debug（调试）"→"Use Remote Debug Monitor（使用远程调试监控）"选项，使 Proteus 与 Keil C51 建立连接，进行联合调试。

在 Keil μVision3 集成开发环境中，单击"Debug"→"Start/Stop Debug Session"命令进入程序调试环境。同时，Proteus ISIS 也进入仿真状态。

在 Keil μVision3 的文本编辑窗口中设置断点，设置好断点后，在 Keil μVision3 菜单中单击"Debug"→"Run"命令，运行程序。16 路 LED 流水灯运行效果如图 5.9 所示。

任务 2　构建一个点对点通信系统

 任务描述

有甲和乙两个 AT89C51 单片机，甲单片机读入其 P1 口的开关状态后通过串行口发送到乙单片机，乙单片机将接收到的数据送其 P1 口，通过发光二极管显示。

要求：

（1）在 Proteus ISIS 中完成点对点通信系统设计。

（2）在 Keil μVision3 中创建点对点通信项目，编写、编译点对点通信系统控制程序。

（3）用 Proteus 和 Keil C51 仿真与调试点对点通信系统。

知识链接　串行口方式 1

在方式 1 下，串行口为 10 位异步通信接口，其中，起始位 1 位（0），8 个数据位，1 个停止位（1），波特率可变（由 SMOD 位和定时器 T1 的溢出率决定）。RXD 引脚为数据发送端，TXD 引脚为数据接收端。方式 1 的帧格式如图 5.10 所示。

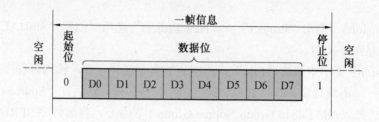

图 5.10　串行口方式 1 帧格式

1. 方式 1 发送

串行口以方式 1 发送时，数据由 TXD 引脚输出。在发送中断标志 TI=0 时，任何一次"写入 SBUF"的操作，都可启动一次发送，串行口自动在数据前插入一个起始位（0）向 TXD 引脚输出，然后在移位脉冲作用下，数据依次由 TXD 引脚发出，在数据全部发送完毕后，置 TXD=1（作为停止位）、置 TI=1（用以通知 CPU 数据已发送完毕）。

2. 方式 1 接收

串行口以方式 1 接收时，数据从 RXD 引脚输入。在允许接收的条件下（REN=1），当检测到 RXD 端出现由"1"到"0"的跳变时，即启动一次接收。当 8 位数据接收完，并满足下列条件：

① RI=0

② SM2=0 或接收到的停止位为 1

则将接收到的 8 位数据装入 SBUF、停止位装入 RB8，并置位 RI。如果不满足上述两个条件，就会丢失已接收到的一帧信息。

当串行口工作在方式 1 时，需要进行一些设置，主要是设置产生波特率的定时器 T1、串行口控制和中断控制。具体操作的步骤如下：

① 确定 T1 的工作方式（设置 TMOD 寄存器）；

② 计算 T1 的初值，送入 TH1、TL1；

③ 启动 T1 计时（置 TR1=1）；

④ 设置串行口为工作方式 1（设置 SCON 寄存器）；

⑤ 串行口工作采用中断方式时，要进行中断设置（IE、IP 寄存器）。

 任务实施

1. 制订方案

单片机甲、乙的串行口都设定为方式 1，单片机甲设置为只发送，不接收；单片机乙设置为只接收，不发送。单片机甲、乙的晶振都选择为 11.059 2 MHz，波特率设置为 9 600 bps。

2. 电路设计

单片机甲、乙的串行口引脚 RXD（P3.0）和 TXD（P3.1）相互交叉相连。单片机甲的
P1 口接 8 个开关、单片机乙的 P1 口接 8 个发光二极管。点对点通信系统所需元器件见表 5.6。

启动 Proteus ISIS，在 Proteus ISIS 环境中选择"File"→"New Design"命令，在弹出的
对话框中选择适当的 A3 图纸，保存文件名为"POINT.DSN"。

在器件选择按钮中单击"P"按钮，添加如表 5.6 所示的元器件。

表 5.6　点对点通信系统元器件列表

元器件名称	参数	元器件名称	参数
单片机 AT89C51		发光二极管	LED-RED
晶体振荡器 CRYSTAL	12 MHz	发光二极管	LED-BLUE
瓷片电容 CAP	30 pF	发光二极管	LED-GREEN
电解电容 CAP-ELEC	10 μF	发光二极管	LED-YELLOW
电阻 RES	10 kΩ	开关	DIPSW_8
电阻 RES	330 Ω		

在 Proteus ISIS 原理图编辑窗口中放置元件。单击工具箱中的"元件终端"按钮，放置
电源、地。放置好元件后，布线。设置相应元件参数，完成电路设计，如图 5.11 所示。

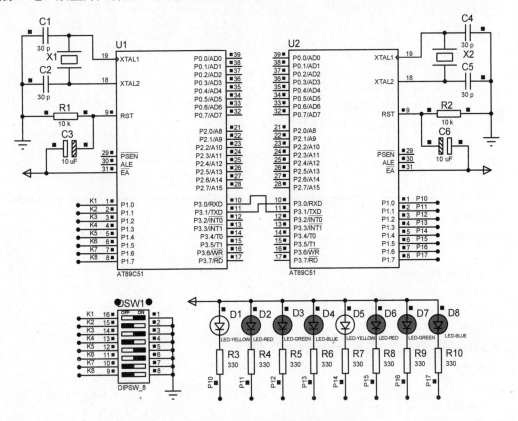

图 5.11　点对点通信系统电路图

3. 创建点对点通信项目

单片机甲的串口设置为方式 1,用软件复位 TI,设置定时器 T1 为定时方式 2,通过查表的方式得到波特率为 9 600 bps 对应 T1 的初值为 0xfd,并将初值装载到 TH1 和 TL1 中,启动定时器 T1。读取 P1 口的状态后写入到 SBUF,启动一次发送。用查询的方式查询 TI 是否为 1,当 TI=1 时,用软件复位 TI,重复"读取 P1 口的状态通过串口发送"操作。

单片机乙的串口也设置为方式 1,用软件置位 REN,允许串口接收数据,用软件复位 RI,启动串行口开始接收数据。用查询的方式查询 RI 是否为 1,当 RI=1 时,读取 SBUF 数据送到 P1 口,同时用软件清除 RI 标志,准备下一次接收。

点对点通信系统控制程序如下:

```
/******************************单片机甲通信程序******************************/
#include <reg51.h>
void main()
{
    unsigned char i=0;
    TMOD=0x20;        //设置 T1 为定时方式 2
    TH1=0xfd;         //波特率 9 600 bps
    TL1=0xfd;
    SCON=0x40;        //设置串口为方式 1  不允许接收
    PCON=0x00;
    TR1=1;            //启动 T1
    P1=0xff;
    while(1)
    {
    i=P1;             //读取 P1 的开关状态
    SBUF=i;           //发送数据
    while(TI==0);     //查询串口是否发送完数据
    TI=0;             //清除 TI 标志
    }
}
/******************************单片机乙通信程序******************************/
#include <reg51.h>
void main()
{
    unsigned char i=0;
    TMOD=0x20;        //设置 T1 为定时方式 2
    TH1=0xfd;         //波特率 9 600 bp
    TL1=0xfd;
    SCON=0x50;        //设置串口为方式 1  允许接收
    PCON=0x00;
    TR1=1;            //启动 T1
    while(1)
    {
```

```
        while(RI==0);//查询串口是否接收到数据
        RI=0;        //清除 RI 标志
        i=SBUF;      //读取串口接收到的数据
        P1=i;        //输出数据到 P1 口
    }
}
```

由于点对点通信系统有甲乙两个单片机，需要各自建立一个项目。首先建立单片机甲项目。

启动 Keil μVision3，单击"Project"→"New Project"选项，创建"POINTA"项目，并选择单片机型号为 AT89C51。

在 Keil μVision3 菜单中单击"File"→"New"命令创建文件，输入源程序代码，保存为"POINTA.c"。单击项目窗口中"Target 1"前面的"+"号，然后在"Source Group 1"选项上单击右键，选择"Add File to Group 'Source Group 1'"命令，将源程序 POINTA.c 添加到项目中。

在 Keil μVision3 菜单中单击"Project"→"Option for Target 'Target 1'"选项，在弹出的"Option for Target 'Target 1'"对话框中选择"Output"标签，选中"Create HEX File"。

在 Keil μVision3 菜单中单击"Project"→"Build Target"，编译源程序代码。如果编译成功，则在"Output Window"窗口中显示没有错误，并创建了一个"POINTA.HEX"文件。

按照上述的同样方法，再建立一个单片机乙项目，项目名为 POINTB、源程序代码为 POINTB.c、创建一个 POINTB.HEX 文件。

 调试与仿真

在 Proteus ISIS 工作界面中，将"POINTA.HEX"文件和"POINTB.HEX"文件分别加载到 AT89C51 单片机甲、乙中，在 Proteus ISIS 工作界面单击运行按钮，点对点通信系统运行效果如图 5.11 所示。

任务 3   构建一个主从式多机通信系统

 任务描述

主从式多机通信系统有一个主机和两个从机，其中 1#从机的地址设为 01H、2#从机的地址设为 02H。主机根据控制开关的状态，发送要访问的从机地址，地址相符的从机则点亮发光二极管以示和主机进行通信，然后主机向从机发送数据，从机将接收到的数据进行显示。

要求：

（1）在 Proteus ISIS 中完成多机通信系统设计。

（2）在 Keil μVision3 中创建多机通信项目，编写、编译多机通信系统控制程序。

（3）用 Proteus 和 Keil C51 仿真与调试多机通信系统。

知识链接　串行口方式 2 与方式 3

在方式 2 和方式 3 下，串行口为 11 位异步通信接口，一帧信息为 11 位，其中，起始位 1 位（0），8 个数据位（第 1 位为最低位），1 位附加的可程控为 1 或 0 的第 9 位数据，1 个停止位（1）。方式 2 和方式 3 的唯一区别是波特率不同。TXD 引脚为数据发送端，RXD 引脚为数据接收端。方式 2 和方式 3 的帧格式如图 5.12 所示。

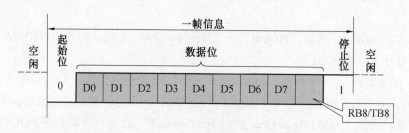

图 5.12　串行口方式 2 或方式 3 帧格式

1. 方式 2 或方式 3 发送

方式 2 或方式 3 发送时，数据由 TXD 端输出，发送一帧信息为 11 位，附加的第 9 位数据是 SCON 中的 TB8，因而必须在启动发送之前把要发送的第 9 位数据值装入 SCON 中的 TB8 位。第 9 位数据起什么作用，串行口不作规定，完全由用户来安排，因此，它可以是奇偶校验位，也可以是其他控制位，可以用软件使该位置 1 或清 0。

在发送中断标志 TI=0 时，任何一条"写入 SUBF"的操作，都可启动一次发送，串行口自动把 TB8 取出并装入到第 9 位数据的位置。发送完一帧信息，将 TI 置 1。

2. 方式 2 或方式 3 接收

串行口以方式 2 或方式 3 接收时，数据从 RXD 端输入。在允许接收的条件下（REN=1），当检测到 RXD 端出现由"1"到"0"的跳变时，即启动一次接收。当接收完一帧信息后，并满足下列条件：

① RI=0

② SM2=0 或 SM2=1 且接收到的第 9 个数据位是 1

则将接收到的 8 位数据装入 SBUF，第 9 位数据装入 RB8，并置位 RI。如果不满足上述两个条件，就会丢失已接收到的一帧信息。

方式 2 或方式 3 有一个专门的应用领域，即多机通信。

3. 单片机多机通信原理

单片机串行口的工作方式 2 或方式 3，提供了单片机多机通信的功能。其原理是利用了方式 2 或方式 3 中的第 9 个数据位。为什么第 9 个数据位可用于多机通信呢？其关键技术在于利用 SM2 和接收到的第 9 个附加数据位的配合。当串行口以方式 2 或方式 3 工作时，若 SM2=1，此时仅当串行口接收到的第 9 位数据 RB8 为"1"时，才对中断标志 RI 置"1"，若收到的 RB8 为"0"，则不产生中断标志，收到的信息被丢失，即用接收到的第 9 位数据作为多机通信中的地址/数据标志位。应用这个特点，就可实现多机通信。

4. 单片机多机通信协议

单片机构成的多机系统常采用总线型主从式结构。所谓主从式，即由多个单片机组成的系统，只有一个是主机，其余的都是从机，从机要服从主机的调动、支配。

多机通信时，通信协议要遵守以下原则：

（1）主机向从机发送地址信息，其第 9 个数据位必须为 1；主机向从机发送数据信息（包括从机下达的命令），其第 9 位规定为 0。

（2）从机在建立与主机通信之前，随时处于对通信线路监听的状态。在监听状态下，必须令 SM2=1，因此只能收到主机发布的地址信息（第 9 位为 1），非地址信息被丢失。

（3）从机收到地址后应进行识别，是否主机呼叫本机，如果地址符合，确认呼叫本机，从机应解除监听状态，令 SM2=0，同时把本机地址发回主机作为应答，只有这样才能收到主机发送的有效数据。其他从机由于地址不符，仍处于监听状态，继续保持 SM2=1，所以无法接收主机的数据。

（4）主机收到从机的应答信号，比较收与发的地址是否相符，如果地址相符，则清除 TB8，正式开始发布数据和命令；如果不符，则发出复位信号（发送任一数据，但 TB8=1）。

（5）从机收到复位命令后再次回到监听状态，再置 SM2=1，否则正式开始接收数据和命令。

 任务实施

1. 制订方案

主机和从机的串行口都设置为方式 3，波特率为 9 600 bps。主机发送地址时，TB8 为 1，主机发送数据时，TB8 为 0。从机在监听状态时 SM2 设置为 1，接收到的地址若和本机地址相符，点亮发光二极管以示和主机联络成功，并置 SM2 为 0，准备接收数据，否则 SM2 仍然维持为 1 不变，不接收数据。从机接收完数据后，将接收到的数据送显示，然后从机将 SM2 设置为 1，返回到监听状态。主机根据按钮开关的状态，和相应的从机进行通信。

2. 电路设计

主机的 RXD 和从机的 TXD 相连、TXD 和从机的 RXD 相连，主机的 P1 口接 2 个按钮开关，一个代表 1#从机，另一个代表 2#从机；从机 P1 口接 LED 数码管，用来显示接收到的数据，P2.0 脚接发光二极管指示和主机的通信状态。多机通信系统所需元器件见表 5.7。

启动 Proteus ISIS，在 Proteus ISIS 环境中选择"File"→"New Design"命令，在弹出的对话框中选择适当的 A3 图纸，保存文件名为"MANYPOINT.DSN"。

在器件选择按钮中单击"P"按钮，添加如表 5.7 所示的元器件。

表 5.7　多机通信系统元器件列表

元器件名称	参数	元器件名称	参数
单片机 AT89C51		电阻 RES	10 kΩ
晶体振荡器 CRYSTAL	12 MHz	发光二极管	LED-YELLOW
瓷片电容 CAP	30 pF	按钮	BUTTON
电解电容 CAP-ELEC	10 μF	LED 数码管	7SEG-COM-CATHODE
电阻 RES	330 Ω		

在 Proteus ISIS 原理图编辑窗口中放置元件。单击工具箱中的"元件终端"按钮，放置电源、地。放置好元件后，布线。设置相应元件参数，完成电路设计，如图 5.13 所示。

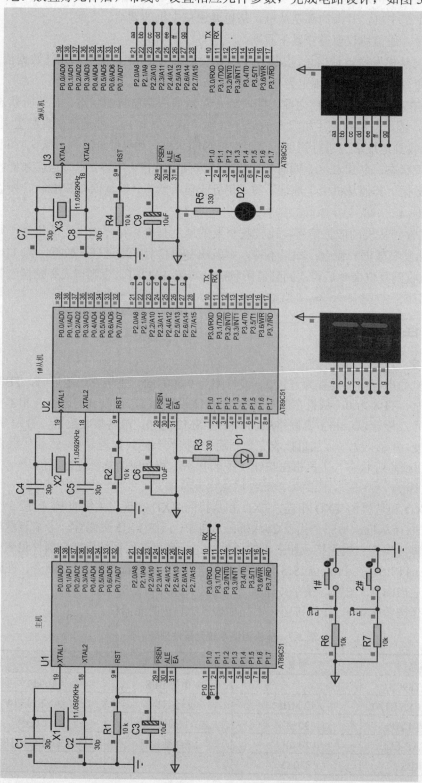

图 5.13 多机通信系统电路图

3. 创建多机通信项目

多机通信系统中主机、从机的串口都设置为方式 3、允许接收、波特率为 9 600 bps，设置定时器 T1 为定时方式 2，通过查表的方式得到波特率为 9 600 bps 对应 T1 的初值为 0xfd，并将初值装载到 TH1 和 TL1 中，启动定时器 T1。串口发送和接收数据都采用软件查询的方式。多机通信系统控制程序如下：

```
/*******************************主机通信程序*******************************/
#include <reg51.h>
#define ADDR1 0x01    //定义 1#从机地址
#define ADDR2 0x02    //定义 2#从机地址
sbit P1_0=P1^0;        // 1#从机通信控制按钮
sbit P1_1=P1^1;        // 2#从机通信控制按钮
delay( )
{
   unsigned int i,j;
   for(i=0;i<1000;i++)
   for(j=0;j<124;j++);
}
void main()
{
   unsigned char i=0;
   TMOD=0X20;         //设置 T1 定时方式 2
   TH1=0xfd;          //波特率 9 600 bps
   TL1=0xfd;
   SCON=0xd8;         //设置串口为方式 3、允许接收、TB8=1
   PCON=0X00;
   TR1=1;             //启动定时器 T1
   while(1)
   {
     if( (P1_0|P1_1)==0){continue;} //如果 2 个按钮同时按下，则继续检测
     if(P1_0==0)         //1#按钮按下处理
     {
        TB8=1;            //地址信息标志
        SBUF=ADDR1;       //发送 1#从机地址
        while(!TI);       //查询串口是否发送完信息
        TI=0;             //清除 TI 标志
        while(!RI);       //等待接收从机发送的信息
```

```
        RI=0;                //清除 RI 标志
        if(SBUF==ADDR1)      //1#从机
        {
            TB8=0;           //数据信息标志
            SBUF=0xf9;       //发送数字 1 的编码给 1#从机
            while(!TI);      //查询串口是否发送完信息
            TI=0;            //清除 TI 标志
            delay( );        //延时
        }
    }
    if(P1_1==0)              //2#按钮按下处理
    {
        TB8=1;              //地址信息标志
        SBUF=ADDR2;         //发送 2#从机地址
        while(!TI);         //查询串口是否发送完信息
        TI=0;               //清除 TI 标志
        while(!RI);         //等待接收从机发送的信息
        RI=0;               //清除 RI 标志
        if(SBUF==ADDR2)     //2#从机
        {
            TB8=0;          //数据信息标志
            SBUF=0xa4;      //发送数字 2 的编码给 2#从机
            while(!TI);     //查询串口是否发送完信息
            TI=0;           //清除 TI 标志
            delay( );       //延时
        }
    }
  }
}
/*******************************1#从机通信程序********************************/
#include <reg51.h>
#define ADDR1 0x01
sbit P1_7=P1^7;
delay( )
{
    unsigned int i,j;
    for(i=0;i<1000;i++)
        for(j=0;j<124;j++);
```

```
    }
void main()
{
    unsigned char i=0;
    TMOD=0X20;              //设置 T1 定时方式 2
    TH1=0XFD;               //波特率 9 600 bps
    TL1=0XFD;
    SCON=0xf0;              //设置串口为方式 3、允许接收、SM2=1
    PCON=0X00;
    TR1=1;                  //启动定时器 T1
    while(1)
    {
      while(!RI);           //查询串口是否接收到主机发送的地址信息
      RI=0;                 //清除 RI 标志
      if(SBUF==ADDR1)       //主机呼叫 1#机
      {
          P1_7=0;           //点亮 LED
          SM2=0;            //SM2=0，解除监听状态
          SBUF=ADDR1;       //发送本机的地址
          while(!TI);       //查询串口是否发送完信息
          TI=0;             //清除 TI 标志
          while(!RI);       //等待接收主机发送的数据信息
          RI=0;             //清除 RI 标志
          P2=SBUF;          //读取数据送 P2 口显示
          delay( );         //延时
          SM2=1;            //返回监听状态
          delay( );         //延时
          P1_7=1;           //熄灭 LED
          P2=0xff;          //关显示
      }
    }
}
/*************************2#从机通信程序*********************************/
#include <reg51.h>
#define ADDR2 0x02
sbit P1_7=P1^7;
delay( )
{
```

```
    unsigned int i,j;
    for(i=0;i<1000;i++)
        for(j=0;j<124;j++);
}
void main()
{
    unsigned char i=0;
    TMOD=0X20;              //设置 T1 定时方式 2
    TH1=0XFD;               //波特率 9 600 bps
    TL1=0XFD;
    SCON=0xf0;              //设置串口为方式 3、允许接收、SM2=1
    PCON=0X00;
    TR1=1;                  //启动定时器 T1
    while(1)
    {
      while(!RI);           //查询串口是否接收到主机发送的地址信息
      RI=0;                 //清除 RI 标志
      if(SBUF==ADDR2)       //主机呼叫 2#机
      {
          P1_7=0;           //点亮 LED
          SM2=0;            //SM2=0，解除监听状态
          SBUF=ADDR2;       //发送本机的地址
          while(!TI);       //查询串口是否发送完信息
          TI=0;             //清除 TI 标志
          while(!RI);       //等待接收主机发送的数据信息
          RI=0;             //清除 RI 标志
          P2=SBUF;          //读取数据送 P2 口显示
          delay( );         //延时
          SM2=1;            //返回监听状态
          delay( );         //延时
          P1_7=1;           //熄灭 LED
          P2=0xff;          //关显示
      }
    }
}
```

由于多机通信系统有一个主机、两个从机，需要各自建立一个项目。首先建立主机项目。

启动 Keil μVision3，单击"Project"→"New Project"选项，创建"MANYPOINT"项目，并选择单片机型号为 AT89C51。

在 Keil μVision3 菜单中单击"File"→"New"命令创建文件，输入源程序代码，保存为"MANYPOINT.c"。单击项目窗口中"Target 1"前面的"+"号，然后在"Source Group 1"选项上单击右键，选择"Add File to Group 'Source Group 1'"命令，将源程序 MANYPOINT.c 添加到项目中。

在 Keil μVision3 菜单中单击"Project"→"Option for Target 'Target 1'"选项，在弹出的"Option for Target 'Target 1'"对话框中选择"Output"标签，选中"Create HEX File"。

在 Keil μVision3 菜单中单击"Project"→"Build Target"，编译源程序代码。如果编译成功，则在"Output Window"窗口中显示没有错误，并创建了一个"MANYPOINT.HEX"文件。

按照上述的同样方法，分别建立 1#从机和 2#从机项目，项目名分别为 MANYPOINT1 和 MANYPOIN2，源程序代码分别为 MANYPOINT1.c 和 MANYPOINT2.c，创建 MANYPOINT1.HEX 和 MANYPOINT2.HEX 文件。

 调试与仿真

在 Proteus ISIS 工作界面中，将"MANYPOINT.HEX"文件、"MANYPOINT1.HEX"文件和"MANYPOINT2.HEX"文件分别加载到主机、1#从机和 2#从机中，在 Proteus ISIS 工作界面单击运行按钮，点对点通信系统运行效果如图 5.13 所示。

学习情境三　串行通信总线标准与接口技术

在单片机应用系统中，数据通信主要采用串行异步通信。在设计通信接口电路时，并不是简单地将单片机串行口引脚通过传输信号线连接起来就大功告成了，这样构成的通信电路在实际应用中是不可能正常工作的，其原因有多个方面，如信号在传输过程中混入了噪声和干扰如何解决？长距离通信时，由于单片机串行口的驱动能力不足导致通信质量差如何解决？单片机和 PC 机如何进行通信？这些问题在设计通信接口电路时都必须要考虑的。

串行异步通信常用的标准接口有 RS-232C、RS-422 和 RS-485 等。采用标准接口，能方便快捷地把各种计算机、外部设备、测量仪器等有机地连接起来，构成一个测控系统。

任务 4　构建一个小型主从式远程多机通信系统

 任务描述

构建一个小型主从式单片机远程通信系统，1 个主机、2 个从机，主机和从机采用 MAX485 芯片通过双绞线连接。主机通过 2 个按钮分别向 2 个从机发送信息，从机收到主机的呼叫后，使通过各自端口所连接的发光二极管闪烁，以示收到主机的信息。

要求：

（1）在 Proteus ISIS 中完成主从式远程多机通信系统设计。

（2）在 Keil μVision3 中创建主从式远程多机通信项目，编写、编译主从式远程多机通信系统控制程序。

（3）用 Proteus 和 Keil C51 仿真与调试主从式远程多机通信系统。

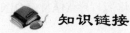 **知识链接**

一、RS-232C 通信总线标准与接口电路

1. RS-232C 通信总线标准

RS-232C 是目前最常用的串行通信总线接口标准，用来实现计算机与计算机之间、计算机与外设之间的数据通信。该标准包括了按位串行传输的电气和机械方面的规定，适用于数据终端设备（DTE）和数据通信设备（DCE）之间接口。

RS-232C 是美国电子工业协会（EIA）1962 年公布、1969 年最后修订而成的。其中 RS 表示 Recommended Standard，232 是该标准的标志号，C 表示最后一次修订。

（1）RS-232C 信号特性。

RS-232C 的电气标准采用的是负逻辑，规定+3～+15 V 之间的任意电压表示逻辑 "0"，-3～-15 V 之间的任意电压表示逻辑 "1"。数据采用串行传输，最高的数据速率为 19.2 kbps。RS-232C 标准的电缆长度最大为 15 m。

由于 RS-232C 采用负逻辑，因此，RS-232C 接口不能和 TTL/CMOS 电平接口直接相连，两者必须进行电平转换。

（2）RS-232C 信息格式标准。

RS-232C 规定：数据帧的开始为起始位 "0"，数据位数为 5～8 位，1 位奇偶检验位，数据帧的结束位为停止位 "1"。数据帧之间用 "1" 表示空闲位。

（3）RS-232C 接口信号规定。

一个完整的 RS-232C 接口有 22 根线，采用标准的 25 线 D 形连接器（DB25）（保留 3 个管脚）。目前广泛应用的是一种 9 芯的 RS-232C 接口（DB9），外观也是 D 形的。DB9 连接器各引脚的排列如图 5.14 所示，各引脚的定义见表 5.8。

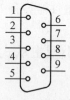

图 5.14　DB9 连接器

表 5.8　DB9 连接器引脚定义

引脚	信号名称	功能	信号方向
1	DCD	载波检测	DCE→DTE
2	RXD	接收数据（串行输入）	DCE→DTE
3	TXD	发送数据（串行输出）	DTE→DCE
4	DTR	DTE 就绪（数据终端准备好）	DTE→DCE
5	SG(GND)	信号地	
6	DSR	DCE 就绪（数据建立就绪）	DCE→DTE
7	RTS	请求发送	DTE→DCE
8	CTS	允许发送	DCE→DTE
9	RI	振铃指示	DCE→DTE

标准的 RS-232C 最初用于计算机远程通信时的调制解调器上，表 5.9 中的所有信号都要用到。现在我们用 RS-232C 标准进行两个单片机之间通信时，只需用到表中的三条线：RXD、TXD 和 GND。

2. RS-232C 接口芯片 MAX232

目前计算机都配置有 RS-232C 接口（DB9）。由于单片机信号为 TTL 电平，因此单片机和 PC 机通信时，必须要进行信号电平转换。

MAX232 芯片是 MAXIM 公司生产的、包含两路接收器和驱动器的 IC 芯片，它能将 TTL/COMS 电平和 RS-232C 电平进行相互转换，因此被广泛地应用在单片机与计算机通信接口电路中。MAX232 芯片的引脚定义如图 5.15 所示，MAX232 芯片内部功能及外围电路连接如图 5.16 所示。

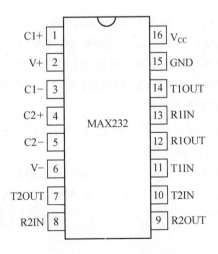

图 5.15　MAX232 引脚图

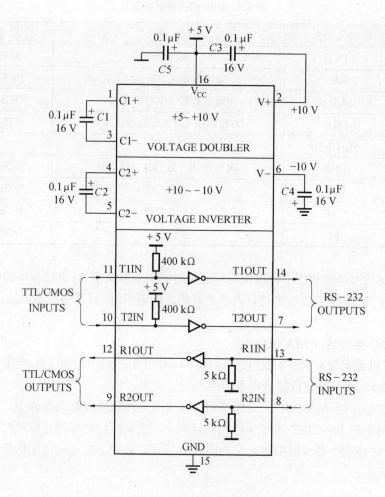

图 5.16　MAX232 内部功能图

在实际应用中，MAX232 芯片对电源噪声很敏感，因此，芯片必须接对地去耦电容 C5，其值可取 0.1 μF。另外，电容 C1～C4 也可以选用非极性瓷片电容代替电解电容，而且在设计具体电路时，电容 C1～C4 要尽量靠近 MAX232 芯片，以提高抗干扰能力。

3. 单片机与 PC 串行通信接口电路

单片机与 PC 串行通信接口电路如图 5.17 所示。MAX232 芯片中有两路发送、接收电路，在实际应用中，可选取其中任一路使用。

RS-232C 总线标准受电容允许值的约束，不适合长距离通信，使用时传输距离一般不要超过 15 m。当通信双方的距离较远时，可采用 RS-422/485 通信标准。

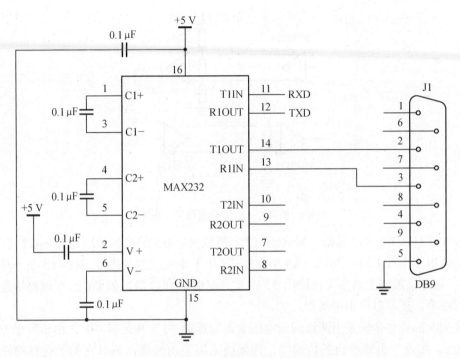

图 5.17　单片机与 PC 串行通信接口电路

二、RS-422A/485 通信总线标准与接口电路

RS-422 是采用差分传输方式提高通信距离和可靠性的一种通信标准。RS-422 标准全称是"平衡电压数字接口电路的电气特性",它定义了接口电路的特性。在 RS-422 串行通信标准中,数据信号采用差分传输方式,也称为平衡传输。在应用中,可采用平衡双绞线传输一对差分信号。

RS-422 对发送驱动器和接收器都做了规定:发送驱动器两个输出端之间的电压在+2～+6 V 是一个逻辑状态,-2～-6 V 是另一个逻辑状态。当接收器两个输入端之间的电压大于+200 mV 时,输出逻辑"1",小于-200 mV 时,输出逻辑"0"。接收器接收平衡线上的电压绝对值范围通常在 200 mV～6 V 之间。

RS-422 在发送端使用 2 根信号线传送同一信号(2 根线的极性相反),在接收端对差分信号进行处理得到有效的数据信号。由于是采用差分传输方式传送数据,所以这种方式可以有效地抑制共模干扰,提高通信距离,例如当传输速率为 100 kbps 时,通信距离可达 1 200 m。RS-422 的传输速率与传输线的长度成反比,在 100 kbps 速率以下才能达到最大传输距离。

RS-422 需要一终端电阻,其阻值约等于传输电缆的特性阻抗,终端电阻接在传输电缆的最远端。在短距离(300 m 以下)传输时,可以不接终端电阻。

采用 RS-422 实现两点之间远程全双工通信时,其连接方式如图 5.18 所示。在图 5.18 中,SN75174、SN75175 是平衡差分线驱动器、接收器,采用+5 V 的单电源供电,SN75174 和 SN75175 可通过双绞线传输信号。SN75175 可以区分 0.2 V 以上的电位差,因此,可有效地抑制共模干扰。

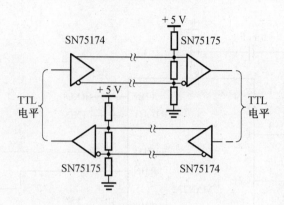

图 5.18　RS-422 双机通信接口电路

　　RS-485 是从 RS-422 基础上发展而来的，所以 RS-485 的电气标准与 RS-422 完全相同。RS-422 适用于全双工通信方式，而 RS-485 则适用于半双工方式通信。RS-485 是一种多发送器标准，在通信线路上最多可以使用 32 对差分驱动器/接收器。如果在一个网路中连接的设备超过 32 个，还可以使用中继器。

　　RS-485 的信号传输采用两线间的电压来表示逻辑"1"和逻辑"0"。由于发送方需要两条传输线，接收方也需要两条传输线，传输线采用差动信道，所以它的干扰抑制性极好。RS-485 最大传输距离为 1 200 m，传输速率可达 1 Mbps。

　　RS-485 需要两个终端电阻，其阻值要求等于传输电缆的特性阻抗，终端电阻接在传输电缆的两端。在短距离（300 m 以下）传输时，可以不接终端电阻。

　　在 RS-485 中还有一"使能"端，而在 RS-422 中是可用可不用的。"使能"端是用于控制发送驱动器与接送器的工作状态的。

　　在单片机应用系统中，常用的 RS-485 接口芯片是 MAX485，其内部结构及引脚如图 5.20 所示。

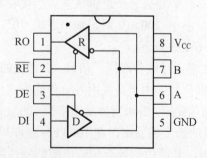

图 5.19　MAX485 内部结构及引脚图

　　MAX485 是+5.0 V 供电，内部有一路发送驱动器 D 和一路接收器 R，用于半双工串行通信。MAX485 引脚功能见表 5.9。

表 5.9 MAX485 引脚功能

引脚	名称	功 能
1	RO	接收器输出。$\overline{RE}$ 为低电平时，若（A-B）≥50 mV 时，RO 输出高电平；若（A-B）≤-200 mV 时，RO 输出低电平
2	$\overline{RE}$	接收器输出使能。$\overline{RE}$ 为低电平时，RO 输出有效；$\overline{RE}$ 为高电平时，RO 为高阻抗状态
3	DE	发送驱动器输出使能。DE 为高电平时，发送驱动器输出有效；DE 为低电平时，发送驱动器为高阻抗状态。若同时设置 $\overline{RE}$ 为高电平、DE 为低电平，可以使 MAX485 进入低功耗待机状态，为了保证 MAX485 可靠进入待机状态，应使 $\overline{RE}$ 高电平、DE 为低电平的时间不少于 600 ns
4	DI	发送驱动器输入。DE 为高电平时，DI 上的低电平强制同相输出为低电平，反相输出为高电平。同样，DI 上的高电平强制同相输出为高电平，反相输出为低电平
5	GND	地
6	A	接收器同相输入和驱动器同相输出
7	B	接收器反相输入和驱动器反相输出
8	VCC	电源

采用 MAX485 芯片实现两点之间远程半双工串行通信接口电路如图 5.20 所示。其中，R_t 为终端匹配电阻，典型值为 120 Ω。传输线采用普通的双绞线。MAX485 芯片对电源噪声也很敏感，同样，芯片必须接对地去耦电容，其值可取 0.1 μF。

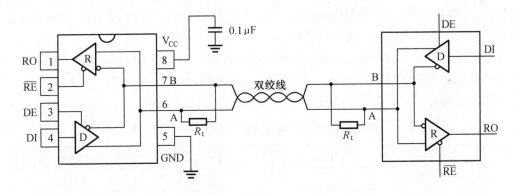

图 5.20 MAX485 远程半双工串行通信接口电路

标准 RS-485 接收器的输入阻抗为 12 kΩ (1 个单位负载)，标准驱动器可最多驱动 32 个单位负载。由 MAX485 芯片构成的典型半双工 RS-485 网络如图 5.21 所示。可以应用图 5.21 网络构成一个主从式多机通信系统。

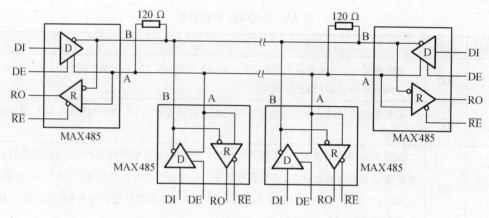

图 5.21　典型半双工 RS-485 网络

 任务实施

1. 制订方案

主机和从机的串行口都设置为方式 3，波特率为 9 600 bps。主机和从机的串行口各自接一个 MAX485 芯片，然后通过双绞线连接起来，在通信线路的两端接 2 个终端电阻，阻值为 120 Ω。主机的 MAX485 设置为发送状态，即 $\overline{RE}$ 和 DE 都接高电平；2 个从机的 MAX485 设置为接收状态，即 $\overline{RE}$ 和 DE 都接地。主机不断地检测控制按钮的状态，然后根据控制按钮的状态向相应的从机发送数据；从机不断查询串行口的接收标志 RI，从机收到主机发来的数据后，点亮发光二极管以示收到主机发来的数据。

2. 电路设计

主机和从机的 RXD 引脚、TXD 引脚分别与 MAX485 芯片的 RO、DI 引脚相连，主机的 P1 口接 2 个按钮开关，一个代表 1#从机，另一个代表 2#从机；从机 P2 口的 P2.0 引脚接 1 个发光二极管。主从式远程多机通信系统所需元器件见表 5.10。

启动 Proteus ISIS，在 Proteus ISIS 环境中选择"File"→"New Design"命令，在弹出的对话框中选择适当的 A3 图纸，保存文件名为"MASTER_SLAVE.DSN"。

在器件选择按钮中单击"P"按钮，添加表 5.10 所示的元器件。

表 5.10　主从式远程多机通信系统元器件列表

元器件名称	参数	元器件名称	参数
单片机 AT89C51		电阻 RES	10 kΩ
晶体振荡器 CRYSTAL	12 MHz	发光二极管	LED-YELLOW
瓷片电容 CAP	30 pF	按钮	BUTTON
电解电容 CAP-ELEC	10 μF	串行通信接口芯片	MAX487
电阻 RES	330 Ω		

在 Proteus ISIS 原理图编辑窗口中放置元件。单击工具箱中的"元件终端"按钮，放置电源、地。放置好元件后，布线。设置相应元件参数，完成电路设计，如图 5.22 所示。

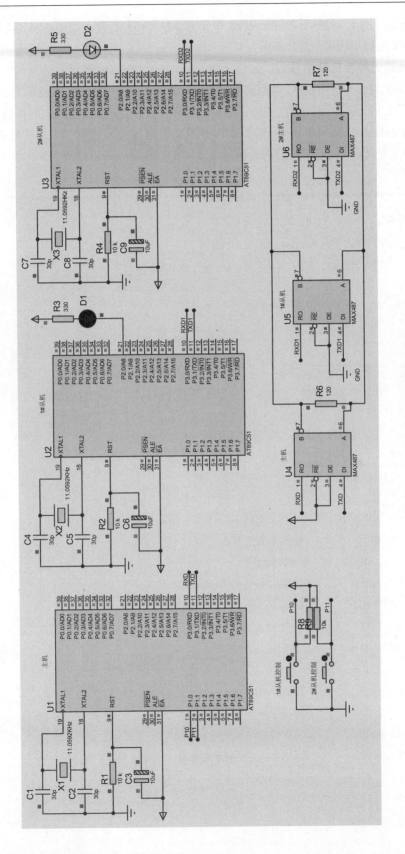

图 5.22 主从式远程多机通信系统

需要说明的是，由于 ISIS 7 Professional 中没有 MAX485 芯片，改用 MAX487 芯片，MAX487 和 MAX485 功能用法完全相同。

3. 创建主从式远程多机通信项目

主从式远程多机通信系统中主机、从机的串口都设置为方式 3、允许接收、波特率为 9 600 bps，设置定时器 T1 为定时方式 2，通过查表的方式得到波特率为 9 600 bps 对应 T1 的初值为 0xfd，并将初值装载到 TH1 和 TL1 中，启动定时器 T1。串口发送和接收数据都采用软件查询的方式。主从式远程多机通信系统控制程序如下：

```
/******************************主机通信程序******************************/
#include<reg51.h>
#define uint unsigned int
#define uchar unsigned char
sbit P1_0=P1^0;
sbit P1_1=P1^1;
main( )
{
TMOD=0x20;      //设置定时器 T1 为定时方式 2
TH1=0xfd;       //波特率 9 600 bps
TL1=0xfd;       //
SCON=0xd0;      //设置串口为方式 3、允许接收、TB8=1
PCON=0x00;
TR1=1;          //启动定时器 T1
while(1)
    {
        if(P1_0==0)         //检测 1#按钮状态
        {                   // 1#按钮按下
          SBUF=0x01;        //装载向 1#从机发送的地址
          while(TI==0);     //查询串口是否发送完信息
          TI=0;             //清除 TI 标志
          while(P1_0==0);   // 1#按钮是否松开
        }
        if(P1_1==0)         //检测 2#按钮状态
        {                   //2#按钮按下
          SBUF=0x02;        //装载向 2#从机发送的地址
          while(TI==0);     //查询串口是否发送完信息
          TI=0;             //清除 TI 标志
          while(P1_1==0);   // 2#按钮是否松开
        }
```

```
       }
   }
/*****************************1#从机通信程序*********************************/
#include<reg51.h>
#define uint unsigned int
#define uchar unsigned char
#define ADDR1 0x01
sbit P2_0=P2^0;
void delay( )
{
    uchar i,j;
    for(i=0;i<200;i++)
      for(j=0;j<100;j++);
}
main( )
{
    uchar i=0,j;
    TMOD=0x20;        //设置定时器 T1 为定时方式 2
    TH1=0xfd;         //波特率 9 600 bps
    TL1=0xfd;         //
    SCON=0xd0;        //设置串口为方式 3、允许接收、TB8=1
    PCON=0x00;
    TR1=1;            //启动定时器 T1
    while(1)
    {
       while(RI==0);  //
       RI=0;          //清除 RI 标志
       i=SBUF;        //
       if(i==ADDR1)   //是否是本机地址
       {
          for(j=0;j<100;j++)
          {
             P2_0=~P2_0;  //取反
             delay( );    //延时
          }
       }
    }
}
```

```
/*******************************2#从机通信程序********************************/
#include<reg51.h>
#define uint unsigned int
#define uchar unsigned char
#define ADDR2 0x02
sbit P2_0=P2^0;
void delay( )
{
    uchar i, j;
    for(i=0;i<200;i++)
        for(j=0;j<100;j++);
}
main( )
{
    uchar i=0, j;
    TMOD=0x20;        //设置定时器 T1 为定时方式 2
    TH1=0xfd;         //波特率 9 600 bps
    TL1=0xfd;         //
    SCON=0xd0;        //设置串口为方式 3、允许接收、TB8=1
    PCON=0x00;
    TR1=1;            //启动定时器 T1
    while(1)
    {
        while(RI==0);   //
        RI=0;           //清除 RI 标志
        i=SBUF;         //
        if(i==ADDR2)    //是否是本机地址
        {
            for(j=0;j<100;j++)
            {
                P2_0=~P2_0;  //取反
                delay( );    //延时
            }
        }
    }
}
```

　　主从式远程多机通信系统有一个主机、两个从机，需要各自建立一个项目。首先建立主机项目。

　　启动 Keil μVision3，单击"Project"→"New Project"选项，创建"MASTER"项目，并选择单片机型号为 AT89C51。

　　在 Keil μVision3 菜单中单击"File"→"New"命令创建文件，输入源程序代码，保存为"MASTER.c"。单击项目窗口中"Target 1"前面的"+"号，然后在"Source Group 1"选项上单击右键，选择"Add File to Group 'Source Group 1'"命令，将源程序 MASTER.c 添加到项目中。

　　在 Keil μVision3 菜单中单击"Project"→"Option for Target 'Target 1'"选项，在弹出的"Option for Target 'Target 1'"对话框中选择"Output"标签，选中"Create HEX File"。

　　在 Keil μVision3 菜单中单击"Project"→"Build Target"，编译源程序代码。如果编译成功，则在"Output Window"窗口中显示没有错误，并创建了一个"MASTER.HEX"文件。

　　按照上述的同样方法，分别建立 1#从机和 2#从机项目，项目名分别为 SLAVE1 和 SLAVE2，源程序代码分别为 SLAVE1.c 和 SLAVE2.c，创建 SLAVE1.HEX 和 SLAVE2.HEX 文件。

 调试与仿真

　　在 Proteus ISIS 工作界面中，将"MASTER.HEX"文件、"SLAVE1.HEX"文件和"SLAVE2.HEX"文件分别加载到主机、1#从机和 2#从机中，在 Proteus ISIS 工作界面单击运行按钮，主从式远程多机通信系统运行效果如图 5.22 所示。

学习情境四　1-wire 总线接口技术

　　1-wire BUS（单总线）是 Maxim 全资子公司 Dallas 的一种串行总线技术，该技术采用一根信号线，既传输时钟，又传输数据，而且数据传输是双向的，同时可以通过这根信号线向单总线器件提供电源。它具有节省 I/O 口线资源、结构简单、成本低廉、便于总线扩展和维护等诸多优点。DS18B20 是美国 Dallas 公司生产的基于 1-wire BUS 的数字式温度传感器，DS18B20 具有体积小、结构简单、操作灵活、使用方便等特点，适合各种狭小空间内设备的数字测温和控制。

任务 5　基于 DS18B20 的数字温度计

 任务描述

　　温度测量在粮食仓储、食品加工、药品制造等领域有着广泛应用。在传统的温度测量系统设计中，往往采用热敏电阻或 PN 结作为温度传感器，这样就不可避免地遇到诸如引线误差补偿、信号调理电路的误差等问题，并且随着测温点数量的增加，信号传输线数量也随之增加，这样带来系统安装、维护、可靠性以及成本的一系列问题。由于 DS18B20 具有体积小、结构简单，现场温度直接以 1-wire 总线的数字方式输出的特点，被广泛应用在环境温度测量系统中。

设计一个简易数字温度计，测温范围-40～99 ℃，测量误差为±1 ℃。

要求：

（1）在 Proteus ISIS 中完成数字温度计设计。

（2）在 Keil μVision3 中创建数字温度计项目，编写、编译数字温度计程序。

（3）用 Proteus 和 Keil C51 仿真与调试数字温度计。

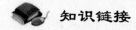 **知识链接**

一、1-wire 总线

1. 1-wire 总线器件的硬件结构

单总线系统中包含一个主机和若干从机，它们共用一条数据线，总线上的所有器件采用线或的方式进行连接，这就要求单总线上每个器件的端口必须为漏极开路输出或具有三态输出的功能。由于主机和从机都是漏极开路输出的，所以在总线靠近主机的地方必须连接上拉电阻（4.7 kΩ），系统才能正常工作。

单总线器件一般采用3个引脚的封装形式，一个是电源端、一个是数据端、一个是电源地端。电源端可以为单总线器件提供外部电源，如果在单总线上的从设备很少，甚至只有1个时，电源端可以不连接，而采用接地的方式，如图5.23所示。

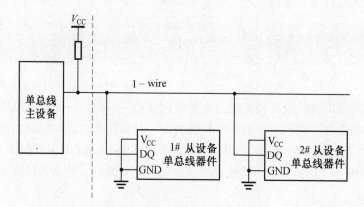

图 5.23　1-wire 总线的特殊连接方式

单总线器件之所以将V_{CC}引脚与地相连，主要是由内部的结构所决定的，内部的端口结构如图5.24所示。由图5.24可以看出，单总线器件的电源部分由两个二极管D1和D2、一个电容器C_P以及电源检测电路组成。当V_{CC}端连接到系统的V_{CC}时，总线器件由V_{CC}经D2向内部进行供电；当V_{CC}端与GND端连接并连接到系统中的数字地时，单总线器件的供电由C_P（D1、D2截止）完成。

假设该设备为从设备，当1-wire总线的DQ线为高电平"1"时，总线为器件提供了电源，并通过二极管D1对电容C_P进行充电，并使电容C_P达到饱和；当1-wire总线的DQ线为低电平

"0"时，电容C_P开始向单总线器件内部进行充电，这个供电时间不会太长，但必须足以使单总线器件维持到下一次主设备将1-wire总线拉高。这种"偷电"式供电又称为寄生电源（Parasite Power）。

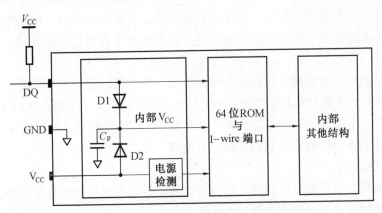

图5.24　1-wire 总线器件 I/O 端口内部结构

为了确保单总线器件正常、可靠地工作，主设备应间隔地输出高电平，且保证能够提供足够的电流，一般为1 mA ，当主设备使用+5 V电源时，总线的上拉电阻不应大于5 kΩ，所以通常选用4.7 kΩ的上拉电阻。

当主设备使用的电源电流较低或不能提供充足的电源电流时，应采用总线驱动电路，以便将DQ线的高电平强拉到+5 V，从而可以增加驱动电流。

2. 1-wire 总线器件的序列号

每个单总线器件都有一个采用激光刻制的序列号，任何单总线器件的序列号都不会重复。当很多单总线器件连接在同一条总线上时，主设备可以通过搜寻每个器件的序列号进行访问。

单总线器件的序列号由48位二进制数组成，与家族码、校验码共同构成单总线器件的ROM注册码，如图5.25所示。

64位ROM注册码		
8位CRC校验码	48位序列号	8位家族码

MSB　　　　　　LSB　MSB　　　　　　　　　　　　　　LSB　MSB　　　　　LSB

图5.25　1-wire 总线器件 ROM 注册码的数据格式

在单总线器件ROM注册码的数据格式中，最低的8位是家族码，然后是48位序列号，最高8位是CRC校验码。家族码决定了单总线器件的分类，如可寻址开关DS2045的家族码为0x05，数字温度传感器DS18B20的家族码为0x28等，一共有256种不同类型的单总线器件。

48位序列号是单总线器件的唯一标识，因为2^{48}=281 474 976 710 656，所以只有在生产了如上数量的芯片后，序列号才会重复，这显然是不可能的。最高的8位是前面56位的CRC校验码。当主设备接收到64位ROM注册码后，可以计算出前56位的循环冗余校验码，与接收到的8位CRC校验码比较后便可知道本次数据传输的正确性。

3. 1-wire 总线数据通信协议

单总线的通信协议定义了以下几种类型的信号：复位脉冲、应答脉冲、写"0"、写"1"、读"0"和读"1"。在这些信号中，除了应答脉冲外，其他均由主机发出同步信号，并且发送的所有命令和数据都是字节的低位在前，这一点与多数串行通信格式不同（多数为字节的高位在前）。

在单总线协议中，将完成一位传输的时间称为一个时隙，于是字节传输可以通过多次调用位操作来实现。当主机向从机输出数据时，称为"写时隙"，当主机由从机中读取数据时，称为"读时隙"。无论是"写时隙"还是"读时隙"，都以主机驱动数据总线（DQ）为低电平开始，数据线的下降沿触发从机内部的延时电路，使之与主机取得同步。

（1）初始化序列。

单总线上的所有通信都是以初始化序列开始的，包括主机发出的复位脉冲、从机的应答脉冲。单总线初始化序列时序图如图5.26所示。

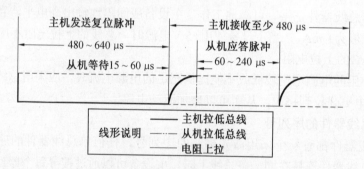

图 5.26 1-wire 总线初始化时序图

在初始化序列中，首先主机发出480～640 µs的低电平作为复位脉冲，然后主机释放总线，由上拉电阻将总线拉至高电平，同时主机进入接收状态。在进入接收状态15～60 µs后，主机开始检测I/O引脚上的下降沿，以监视单总线上是否有从机存在，以及从机是否产生应答，这个检测的时间一般为60～240 µs。检测结束后，主机等待从机释放总线。主机的整个接收状态至少应维持480 µs。

从机接收到主机发送的复位脉冲，在等待15～60 µs后，向总线发出一个应答脉冲（该脉冲是一个60～240 µs的低电平信号，由从机将总线拉低），表示从机已经准备好，可根据各类命令发送或接收数据。

复位脉冲是主机以广播的形式发出的，所以总线上的所有从机只要接收到复位脉冲都会发出应答脉冲。主机一旦检测到应答脉冲，就认为总线上存在从机，并已准备好接收命令或数据，这时主机可以开始发送相关信息。如果主机没有检测到应答脉冲，则认为总线上没有从机，在程序的设计上可以跳过相应的单总线操作，而转入其他的程序。

（2）"写时隙"。

单总线通信协议中包括两种"写时隙"：写"0"和写"1"，主机采用"写时隙"向从机写入二进制数据"0"或"1"。所有"写时隙"至少需要60 μs，而且在两次独立的"写时隙"之间至少需要1 μs的恢复时间。两种"写时隙"均起始于主机拉低总线（DQ），如图5.27所示。

产生写"0"时隙的方式：在主机拉低总线后，需在整个时隙期间内保持低电平即可（至少60 μs）。

产生写"1"时隙的方式：在主机拉低总线后，接着必须在15 μs之内释放总线，由上拉电阻将总线拉至高电平，并维持时隙期间。

在"写时隙"起始后15～60 μs期间，单总线的从机采样总线的电平状态：如果在此期间采样值为低电平，则写入的数据为逻辑"0"；如果采样值为高电平，则写入的数据为逻辑"1"。

（3）读时隙。

单总线器件仅在主机发出"读时隙"时，才向主机传输数据。所以在主机发出读数据命令后，必须马上产生读时隙，以便从机能够传输数据。所有读时隙至少需要60 μs，且在两次独立的读时隙之间至少需要1 μs的恢复时间。每个读时隙都由主机发起，至少拉低总线1 μs，如图5.27所示。

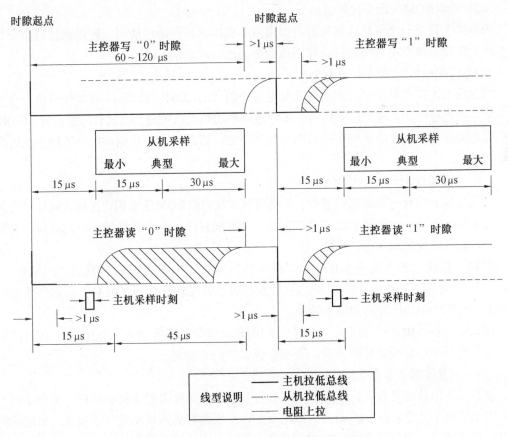

图 5.27 1-wire 总线主机"读/写时隙"时序图

在主机发起"读时隙"之后，从机才开始在总线上发送"0"和"1"。若从机发送"1"则保持总线为高电平，若发送"0"则拉低总线。当发送"0"时，从机在该时隙结束后释放总线，由上拉电阻将总线拉回至空闲高电平状态。从机发出的数据在起始时隙之后，保持有效时间15 μs，因而主机在"读时隙"期间必须释放总线，并且在起始时隙后的15 μs之内采样总线状态。

4. 1-wire 总线的 ROM 命令

在主机检测到从机的应答脉冲后，便可以向从机发送ROM命令（这些ROM命令与从机唯一的64位注册码有关）。主机通过ROM命令得知总线上从机的数量、类型、报警状态以及读取总线器件内数据等相关信息。大部分的从机可以支持5种ROM命令，每种命令的长度为8位二进制数。

（1）搜索ROM（命令代码0xF0）。

当系统中存在单总线器件时，可以通过该命令获知从机的注册码，这样主机就可以判断出总线上从机的数量和类型。如果总线上只有一个单总线器件，可以通过"读取ROM"命令直接获得从机的ROM注册码；如果总线上从机数量较多，则需要多次使用该命令，并结合相应搜索算法才能获得其中一个从机的ROM注册码，若需要其他从机的ROM注册码，就要重新搜索。

（2）读取ROM（命令代码0x33）。

当总线上只有一个单总线器件时，如果需要获得该器件的注册码，可以执行该命令。如果总线上连接有多个单总线器件，使用该命令必然引起混乱。

（3）匹配ROM（命令代码0x55）。

当总线上连接有多个单总线器件并知道每个器件的ROM注册码时，可以使用该命令对任何一个从机进行呼叫，这个过程相当于串行通信中的地址匹配过程，只有与主机发出的ROM注册码相同的从机，才能响应主机发出的其他命令，而总线上的其他从机将等待主机再次发出复位脉冲。

（4）跳跃ROM（命令代码0xCC）。

如果总线上只有一个单总线器件，主机可跳过从机的ROM注册码，直接访问从机内其他单元（如寄存器等）；如果总线上连接有多个单总线器件，并且类型相同，在访问一些特殊单元时，也可以使用该命令。

例如　总线上连接有多个DS18B20温度传感器时，主机可以通过发出"跳跃ROM"（0xCC）（也称"直访ROM"）后，接着发送启动温度转换命令（0x44），这样就可以使总线上所有DS18B20同时启动温度转换。

如果在"直访ROM"命令后，接着发送的是读取暂存器等命令（0xBE），这只能用于总线上只有一个单总线器件的情况，否则将造成数据的冲突。

（5）报警搜索（命令代码为0xEC）。

仅有少数单总线器件支持该命令。除那些设置了报警标志的从机响应外，该命令的工作方式完全等同于"搜索ROM"命令。该命令允许主机判断哪些从机发生了报警，如最近的测量温度过高或过低等。同"搜索ROM"命令一样，在完成报警搜索循环后，主机必须返回重新搜索。

在使用ROM命令对单总线器件进行操作时，也需要按照一定的格式传输数据，如图5.28所示。

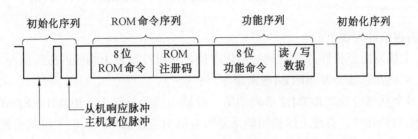

图5.28　1-wire总线数据传输格式

5. 1-wire 总线器件的 ROM 搜索

ROM注册码的搜索一般采用二叉树型结构，搜索过程沿各个分节点向下进行，直到找到器件的ROM注册码为止，后续的搜索操作沿着节点上的其他路径进行，按着同样的方式，直到找到总线上所有器件的ROM注册码。

在ROM注册码搜索过程中，主机发出复位脉冲后，所有器件都会发出响应脉冲。之后，由主机发出"搜索ROM"命令，这时，所有的单总线器件同时向总线上发送ROM注册码的第一位（即家族码的最低位），按照单总线通信协议的规定，无论主机是"写操作"还是"读操作"，都以主机将总线拉低来启动每一位的操作。当所有从机应答时，单总线上获得的结果相当于所有从机发送数据的逻辑与。在从机发送ROM注册码的第一位后，主机启动下一位操作，从机发送第一位的补码，主机从两次得到的结果可对ROM注册码的第一位做出4种判断，见表5.11。

表 5.11　单总线主机判断 ROM 注册码的算法

第一次	第二次	结　　论
0	0	从机 ROM 注册码中，当前位既有 0，又有 1，即存在差别
0	1	从机 ROM 注册码中，当前位为 0
1	0	从机 ROM 注册码中，当前位为 1
1	1	总线上没有从机响应

在主机接收两次数据后，就可以根据判断的结果，将存放ROM注册码单元中的相应的数据位写入0或1，同时将该位信息写入从机。

当主机发送一次"搜索ROM"命令后，从机会按照从低到高的顺序，将ROM注册码一次输出，每一位输出两次（一次为原码，一次为补码），所以主机总共将接收128个数据位。

由此看来，ROM注册码的搜索过程只是一个简单的三步循环程序："读一位"、"读该位的补码"、"写入一个期望的数据位"。总线主机在ROM注册码的每一位都重复这样的三步循环程序。完成后，主机就能够知道该器件的ROM注册码信息，单总线上剩下的设备数量及其ROM注册码通过相同的操作过程即可获得。

6. 1-wire 总线器件的 ROM 注册码搜索过程

例如 在单总线上连接4个不同的器件，ROM注册码如下所示：

ROM1：00110101……，ROM2：10101010……，ROM3：11110101……，ROM4：00010001……

具体的搜索过程如下：

（1）主机发出复位脉冲，启动初始化序列，从机设备发出响应的应答脉冲。

（2）主机在总线上发出ROM搜索命令。

（3）4个从机分别将ROM注册码的第一位输出到单总线上，ROM1和ROM4输出0，而ROM2和ROM3输出1。总线上的输出结果是所有输出的逻辑与，所以主机从总线上读到的是0；接着4个从机分别将ROM注册码中第一位的补码输出到总线上，此时ROM1和ROM4输出1，而ROM2和ROM3输出0，这样主机读到的该位补码是0，主机由此判断从机ROM注册码中，第一位既有0又有1。

（4）主机向存放ROM注册码的单元中写入0，同时向总线上的所有从机也写入0，从而禁止了ROM2和ROM3响应余下的搜索命令，仅在总线上留下了ROM1和ROM4。

（5）主机再执行两次读操作，依次收到0和1，表明ROM1和ROM4的ROM注册码的第二位都是0。

（6）主机向存放ROM注册码的单元和总线同时写入0，在总线上继续保留ROM1和ROM4。

（7）主机又执行两次读操作，收到两个0，表明所连接设备的ROM注册码在第三位既有0也有1。

（8）主机再次向存放ROM注册码的单元和总线同时写入0，从而禁止了ROM1响应余下的搜索命令，仅在总线上留下了ROM4。

（9）主机读完ROM4余下的ROM注册码，这样就完成了第一次搜索，并找到了位于总线上的第一个从机。

（10）重复第1至第7步，开始新一轮的搜索ROM命令。

（11）主机向存放ROM注册码的单元和总线同时写入1，使ROM4离线，仅在总线上留下了ROM1。

（12）主机读完ROM1余下的ROM注册码，这样就完成了第二次搜索，找到了第二个从机。

（13）重复第1至第3步，开始新一轮的搜索ROM命令。

（14）主机向存放ROM注册码的单元和总线同时写入1，这次禁止了ROM1和ROM4响应余下的搜索命令，仅在总线上留下了ROM2和ROM3。

（15）主机又执行两次读操作，读到两个0。

（16）主机再次向存放ROM注册码的单元和总线同时写入0，这样禁止了ROM3，而留下了ROM2。

（17）主机读完ROM2余下的ROM注册码，这样就完成了第三次搜索，找到了第三个从机。

（18）重复第13至第15步，开始新一轮的搜索ROM命令。

（19）主机向存放ROM注册码的单元和总线同时写入1，这次禁止了ROM2，留下了ROM3。

（20）主机读完ROM3余下的ROM注册码，这样就完成了第四次搜索，找到了第四个从机。

二、基于 1-wire 总线的数字温度传感器 DS18B20

1. DS18B20 简介

DS18B20是美国Dallas公司生产的单总线数字式温度传感器。DS18B20具有体积小、结构简单、操作灵活、使用方便等特点，封装形式多样，适合各种狭小空间内设备的数字测温和控制。

DS18B20的性能：

（1）单总线接口，可方便地实现多点测温。

（2）每个芯片都有唯一的一个64位光刻的ROM注册码，家族码为0x28。

（3）无需外部器件，可通过数据线供电，电源电压范围：3.0～5.0 V。

（4）温度测量范围-55～+125 ℃，在-10～+85 ℃范围内，测量精度可达到±0.5 ℃。

（5）分辨率为可编程的9～12位（包括1位符号位），对应的可分辨温度分别为0.5 ℃、0.25 ℃、0.125 ℃和0.062 5 ℃。

（6）DS18B20的转换时间与设定的分辨率有关。当设定为9位时，最大转换时间为93.75 ms；当设定为10位时，转换时间为187.5 ms；当设定为11位时，最大转换时间为375 ms；当设定12位时，转换时间为750 ms。

（7）温度数据由2个字节组成。

（8）内部含有EEPROM，其报警上、下限温度值和设定的分辨率在掉电的情况下不丢失。

DS18B20的引脚定义及封装形式如图5.29所示，其内部结构如图5.30所示。DS18B20由4部分组成：寄生电源电路、64位ROM与单总线接口、存储器控制逻辑以及暂存寄存器。

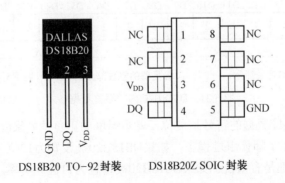

图 5.29　DS18B20 的引脚定义及封装形式

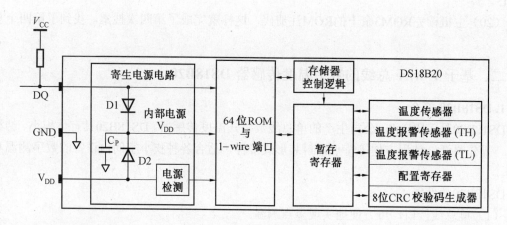

图 5.30　DS18B20 的内部结构

2. DS18B20 的工作原理

DS18B20的核心功能是一个直接数字式温度传感器。芯片的分辨率可按照用户的需要配置为9位、10位、11位、12位，芯片在上电后的默认设置为12位。DS18B20可工作在低功耗的空闲状态。

单总线系统中的主机发出温度转换命令（0x44）后，DS18B20便开始启动温度测量并把测量的结果进行A/D转换。经过A/D转换后，所产生的温度数据将存储在暂存寄存器中的两个温度寄存器单元中，数据的格式为符号扩展的二进制补码，同时DS18B20返回到空闲状态。

DS18B20的温度数据输出单位为"摄氏度"。温度数据在两个温度寄存器单元中的存储格式如图5.31所示。

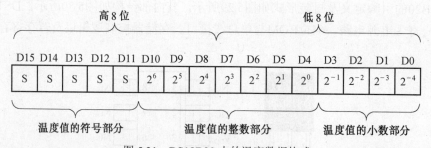

图 5.31　DS18B20 内的温度数据格式

标志位（S）是温度数据的符号扩展位，表示温度的正负：如果温度为正，则S=0；如果温度为负，则S=1。在实际使用过程中，如果DS18B20被设置为12位分辨率，则在温度寄存器单元中所有数据位都是有效位；如果DS18B20被设置为11位分辨率，则D0位数据无效；如果DS18B20被设置为10位分辨率，则D1、D0位数据无效；如果DS18B20被设置为9位分辨率，则D2、D1、D0位数据无效。以12位分辨率为例，表5.12给出了DS18B20部分数字量输出与温度值之间的关系。在表5.12中，+85 ℃是DS18B20在上电复位后在温度寄存器内的对应的数字量。

在DS18B20完成温度转换后，其温度值将与报警寄存器中的值相比较。在DS18B20中有两个报警寄存器，TH为温度上限值，TL为温度下限值，这两个寄存器均为8位，所以在进行温度比较时，只取出温度值的中间8位（D4～D11）进行比较。TH和TL寄存器格式如图5.32所示。

表 5.12　DS18B20 部分数字量输出与温度值之间的对应关系

温度/℃	数字量输出（二进制）	数字量输出（十六进制）
+125	0000 0111 1101 0000	07D0
+85	0000 0101 0101 0000	0550
+25.062 5	0000 0001 1001 0001	0191
+10.125	0000 0000 1010 0010	00A2
+0.5	0000 0000 0000 1000	0008
0	0000 0000 0000 0000	0000
−0.5	1111 1111 1111 1000	FFF8
−10.125	1111 1111 0101 1110	FF5E
−25.062 5	1111 1110 0110 1111	FE6F
−55	1111 1100 1001 0000	FC90

D7	D6	D5	D4	D3	D2	D1	D0
S	2^6	2^5	2^4	2^3	2^2	2^1	2^0

图 5.32　TH 和 TL 的格式

如果温度寄存器测量的结果低于TL或高于TH，则设置报警标志，这个比较过程会在每次温度测量时进行。一旦报警标志设置后，器件就会响应系统主机发出的条件搜索命令（0xEC）。这样处理的好处是，可以使单总线上的所有器件同时测量温度，如果有些点上的温度超过了设定的阈值，则这些报警的器件就可以通过条件搜索的方式识别出来，而不需要一个一个器件去读取。

无论是温度测量值还是报警阈值，都会存储在DS18B20芯片内的寄存器中。DS18B20的寄存器包括SRAM（暂存寄存器）和EEPROM（非易失寄存器）。EEPROM用于存放报警上限寄存器（TH）、报警下限寄存器（TL）和配置寄存器。如果在使用过程中，没有使用报警功能，TH和TL可作为普通寄存器单元使用。DS18B20的存储器结构如图5.33所示。

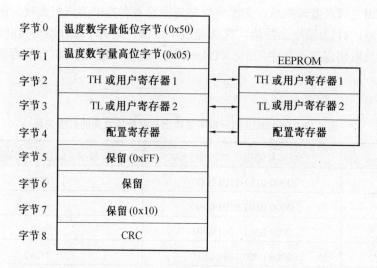

图 5.33　DS18B20 存储器结构

字节0和字节1是温度数字量的低位字节和高位字节，这两个寄存器是只读寄存器，在上电时的默认值为0550H，即+85 ℃。字节2和字节3可用于存放报警阈值或用户寄存器。字节4是配置寄存器，用于设置DS18B20温度测量分辨率，其格式如图5.34所示。

D7	D6	D5	D4	D3	D2	D1	D0
0	R1	R0	1	1	1	1	1

图 5.34　配置寄存器格式

配置寄存器中的D0～D4位在读操作时总为1，在写操作时可为任意值；D7在读操作时总为0，在写操作时可为任意值；D5和D6用于设置温度测量分辨率，见表5.13。

字节5、6、7保留未使用。字节8用于存放前8个字节的CRC校验值。

表 5.13　温度分辨率配置表

R1	R0	分辨率/位	最长转换时间/ms
0	0	9	93.75
0	1	10	187.5
1	0	11	375
1	1	12	750

EEPROM中的值在掉电后仍然保留，SRAM中的值在掉电后会丢失。在器件上电时，将EEPROM中的数据复制到SRAM中，SRAM恢复默认值。所以SRAM的字节2、3、4、8中的值取决于EEPROM中的值。

用户可通过"回读EEPROM"命令后，通过一个读时隙来判断回读操作是否完成：如果回读操作正在执行，则DS18B20会向总线上发送一个0；如果回读操作已经完成，则DS18B20会向总线上发送一个1。"回读EEPROM"命令会在DS18B20上电时自动完成一次，保证芯片在上电后可以使用有效数据。

3. DS18B20 的功能命令

DS18B20的功能命令包括两类：温度转换和存储命令，见表5.14。

需要注意的是，当系统中DS18B20使用寄生电源供电时，由于"温度转换"和"复制SRAM"的操作都是发生在主机发命令之后，由DS18B20自主完成的，同时又需要较长的时间（"温度转换"的时间最长），所以通常在主机发出这些命令后，通过MOSFET将总线电压强拉至高电平，以保证这些操作的顺利完成，如图5.35所示。

通常在"温度转换"时，需要根据温度测量的分辨率选择保持强上拉的时间；在"复制SRAM"时，需要至少保持10 ms的强上拉，而且必须在主机发出命令的10 μs的时间内使用MOSFET进行上拉。

表 5.14　DS18B20 的功能命令

	命令	描述	代码	功能说明
温度转换命令	温度转换	启动温度转换	0x44	主机在发出该命令后，如果在紧接着的读时隙中读到的是 0，说明温度正在转换；如果读到 1，说明转换结束
存储器命令	读 SRAM	从 SRAM 中读取包括 CRC 在内的全部字节	0xBE	DS18B20 会从字节 0 开始输出包括 CRC 在内的全部 9 个字节。如果不需要读取全部 9 个字节，主机可以在读取需要的字节后发出复位脉冲，以终止当前的读操作
	写 SRAM	向 SRAM 中的字节 2、3、4（TH、TL 和配置寄存器）写入数据	0x4E	将需要的数据写入 SRAM 的温度报警上限值、下限值和配置寄存器
	复制 SRAM	复制 SRAM 中的 TH、TL 和配置寄存器的值到 EEPROM	0x48	复制 SRAM 中的 TH、TL 和配置寄存器的值到 EEPROM 中。主机在发出该命令之后，如果在紧接着的读时隙中读到的是 0，说明复制正在进行；如果读到 1，说明复制结束
	回读 EEPROM	从 EEPROM 中将 TH、TL 和配置寄存器的值回读到 SRAM 中	0xB8	从 EEPROM 中将 TH、TL 和配置寄存器的值回读到 SRAM 中。主机在发出该命令之后，如果在紧接着的读时隙中读到的是 0，说明回读正在进行；如果读到 1，说明回读结束
	读电源	读取 DS18B20 的供电方式	0xB4	主机在发出该命令之后，如果在紧接着的读时隙中读到的是 0，说明当前使用的是寄生电源；如果读到 1，说明使用的是外部供电

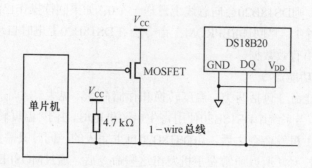

图 5.35　DS18B20 使用 MOSFET 进行强上拉电路原理图

三、模拟 1-wire 总线接口

对于不具有 1-wire 总线接口的单片机，在使用 1-wire 总线器件时，需要模拟一个 1-wire 总线接口。模拟 1-wire 总线接口，就是用单片机的任意一条 I/O 口线模拟 1-wire 总线，再配合使用 C51 编写的与 1-wire 总线相关的函数，实现单片机与 1-wire 总线器件通信。为了保证数据传输的可靠性，在编写相关函数时要遵循 1-wire 总线数据通信协议。

1. 初始化 DS18B20

初始化 DS18B20 的操作步骤如下：

（1）先将数据线置高电平 "1"。

（2）短延时（该时间要求不是很严格，但是要尽可能短一点）。

（3）数据线拉到低电平 "0"。

（4）延时 750 μs（该时间范围可在 480～960 μs）。

（5）数据线拉到高电平 "1"。

（6）延时等待。如果初始化成功，则在 15～60 μs 内产生一个由 DS18B20 返回的低电平 "0"，表示存在 1-wire 总线器件。但是应注意，不能无限地等待，否则会使程序进入死循环，所以要进行超时判断。

（7）若 CPU 读到数据线上的低电平 "0" 后，还要进行延时，其延时的时间从发出高电平 "1" 计算（按步骤（3）的时间计算）最少要 480 μs。

（8）将数据线再次拉到高电平 "1" 后结束。

初始化序列的程序如下：

```
//*********************************************************
//        μs 级延时函数
//*********************************************************
void delay(uchar time)
{
    uchar i;
```

```
    While(i<time)i++;
}
//***********************************************************************
//          复位 ds18B20
//***********************************************************************
bit resetpulse(void)
{
    ds=1;              // 数据线 ds 置高电平
    delay(2);          // 短延时
    ds=0;              // 拉低数据线
    delay(85);         // 延时 480~960 μs
    ds=1;              // 拉高数据线
    delay(5);          // 延时 15~60 μs
    return(ds);        // 返回 ds 采样值
}
//***********************************************************************
//**功能：ds18b20 初始化函数
//**参数：无
//***********************************************************************
void ds18b20_init(void)
{
while(1)
{
    if(!resetpulse())      //收到 ds18b20 的应答信号
    {
        ds=1;
        delay(40);         //延时 240~480 μs
        break;
    }
        else
        resetpulse();      //否则再发复位信号
    }
}
```

2. 写数据到 DS18B20

写数据到 DS18B20 的操作步骤如下：

（1）数据线拉到低电平"0"。

（2）延时 15 μs。

（3）按从低位到高位的顺序发送数据（一次只发送一位）。

（4）延时 45 μs。

（5）将数据线拉到高电平"1"。

（6）重复步骤（1）～（5），直到发送完一个字节。

（7）最后将数据线拉到高电平"1"。

```
//************************************************************
//          写一位函数
//************************************************************
void write_bit(uchar temp)
{
    ds=0;           //拉低数据线
    _nop_();        //延时
    _nop_();
    if(temp==1)     //若发送的数据位为1，拉高数据线
    ds=1;
    delay(5);       //延时
    ds=1;           //拉高数据线
}

//************************************************************
//          向 DS18B20 写一个字节命令函数
//************************************************************
void write_byte(uchar val)
{
    uchar i,temp;
    for(i=0;i<8;i++)        //
    {
        temp=val>>i;        //左移
        temp=temp&0x01;     //得到数据位
        write_bit(temp);    //写数据位
        delay(5);           //延时
    }
}
```

3. 从 DS18B20 读数据

从 DS18B20 读数据的操作步骤如下：

（1）将数据线拉到低电平"0"。

（2）延时 6 μs。

（3）将数据线拉到高电平"1"。

（4）延时 4 μs。

（5）读数据线的状态，并进行数据处理。

（6）延时 30 μs。

（7）重复步骤（1）～（5），直到读取完一个字节。

```
//*************************************************************************
//        读一位函数
//*************************************************************************
uchar read_bit(void)
{
    ds=0;         //拉低数据线
    _nop_();      //延时
    ds=1;         //置数据线为高电平
    _nop_();      //延时
    _nop_();
    return(ds);   //返回采样数据位
}

//*************************************************************************
//        读一个字节函数
//*************************************************************************
uchar read_byte(void)
{
    uchar i,shift,temp;
    shift=1;
    temp=0;
    for(i=0;i<8;i++)
    {
        if(read_bit())              //读取的数据位为 1
        {
            temp=temp+(shift<<i);   //该位置 1
        }
        delay(5);                   // 延时
        _nop_();
        _nop_();
    }
    return(temp);                   //返回读取的字节数据
}
```

任务实施

1. 制订方案

数字式温度传感器DS18B20的温度测量范围是-55～+125 ℃，测量精度为±0.5 ℃，用DS18B20作为温度测量传感器可以满足系统的要求。温度测量值用四位一体LED数码管显示。

2. 电路设计

温度测量元件 DS18B20 的数据线 DQ 连接单片机的 P1.7 引脚，上拉电阻的阻值选择4.7 kΩ。显示器件采用四位一体 LED 共阳极数码管，P0 口作为段选口，连接四位一体 LED共阳极数码管的段选端 a～dp；P2 口作为位选口，四位一体 LED 共阳极数码管的驱动电路由 4 个 PNP 三极管组成，由 P2.0～P2.3 控制。基于 DS18B20 的数字温度计电路所需元器件见表 5.15。

启动 Proteus ISIS，在 Proteus ISIS 环境中选择"File"→"New Design"命令，在弹出的对话框中选择适当的 A4 图纸，保存文件名为"TEMPERATURE.DSN"。

在器件选择按钮中单击"P"按钮，添加表 5.15 所示的元器件。在 Proteus ISIS 原理图编辑窗口中放置元件。单击工具箱中的"元件终端"按钮，放置电源、地。放置好元件后，布线。设置相应元件参数，完成电路设计，基于 DS18B20 的数字温度计电路如图 5.36 所示。

表 5.15　基于 DS18B20 的数字温度计电路元器件列表

元器件名称	参数	元器件名称	参数
单片机 AT89C51		电阻 RES	1 kΩ
晶体振荡器 CRYSTAL	12 MHz	电阻排 RESPACK	10 kΩ
瓷片电容 CAP	30 pF	电阻排 R×8	1 kΩ
电解电容 CAP-ELEC	10 μF	LED 数码管	7SEG-MPX4-CA
电阻 RES	10 kΩ	三极管	PNP
电阻 RES	4.7 kΩ	温度传感器	DS18B20

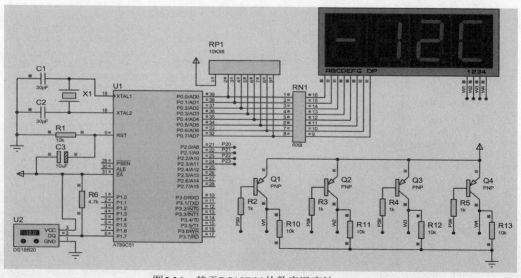

图5.36　基于DS18B20的数字温度计

3. 创建基于 **DS18B20** 的数字温度计项目

数字式温度传感器DS18B20是一个1-wire总线器件，AT89C51单片机没有1-wire总线接口，需要模拟一个1-wire总线接口，这也是数字温度计程序设计的主要工作。

数字温度计程序设计的一个主要任务就是编写DS18B20初始化函数、DS18B20写数据操作函数、DS18B20读数据操作函数，在编写上述函数时要遵循1-wire总线的初始化时序、写时隙、读时隙。

数字温度计程序设计的另一个主要任务是对 DS18B20 读取的温度值进行处理，即当测得的温度大于 0，只需将测得的 16 位二进制温度值的最高 4 位和最低 4 位屏蔽掉，组合成一个字节即可得到实际温度值；如果所测得的温度值小于 0，需将测得的 16 位二进制温度值要先取反，再加 1（DS18B20 是以二进制补码的形式存放温度值的），然后再组合成一个字节。当然上述的温度值处理是在不考虑所测得温度值小数部分的精度前提下进行的，如果考虑小数部分，则需要将测得的温度值乘以 0.062 5 才能得到实际的温度值，这是因为 DS18B20 的默认分辨率为 0.062 5。

基于 DS18B20 的数字温度计控制程序如下：

```c
#include <reg51.h>
#include <absacc.h>
#include<intrins.h>
#define   uchar unsigned char
#define   uint   unsigned int
sbit ds=P1^7;         //
uint tempL=0;
uint tempH=0;
uchar code dis[]={0xc0,0xf9,0xa4,0xb0,0x99,0x92,0x82,0xf8,
                  0x80,0x90,0x88,0x83,0xc6,0xa1,0x86,0x8e}; //
uchar leddis[4];
//*********************************************************************//
//   DS18B20延时函数
//*********************************************************************//
void delay(uchar time)
{
 uchar a=0;
 while(a<time)a++;
}
//*********************************************************************
//   LED数码管延时函数
//*********************************************************************
void delay_smg(void)
{
```

```
    uint a;
    for(a=0;a<600;a++);
}
//***************************************************************************
//    复位DS18B20
//***************************************************************************
bit resetpulse(void)
{
  ds=1;                    //置DS18B20数据线为高电平
  delay(2);                //短延时
  ds=0;                    //拉低数据线
  delay(85);               //低电平延时480~960 μs
  ds=1;                    //置DS18B20数据线为高电平
  delay(4);                //高电平延时50~100 μs
  return(ds);              //返回DS18B20复位状态
}
//***************************************************************************
//    DS18B20初始化
//***************************************************************************
void ds18b20_init(void)
{
   while(1)
     {
     if(!resetpulse())        //收到DS18B20的应答信号
      {
          ds=1;                //置DS18B20数据线为高电平
          delay(40);           //延时240~480 μs
          break;               //退出while循环
      }
     else
          resetpulse();        //否则再发复位信号
     }
}
//***************************************************************************//
//    温度值显示函数
//***************************************************************************//
void display(void)
{
```

```
        P0=leddis[0]; //
        P2=0xfe;
        delay_smg();
         P2=0xff;
        P0=leddis[1]; //
        P2=0xfd;
        delay_smg();
        P2=0xff;
        P0=leddis[2]; //
        P2=0xfb;
        delay_smg();
        P2=0xff;
        P0=leddis[3]; //
        P2=0xf7;
        delay_smg();
        P2=0xff;
}
//*************************************************************************
//   读一位函数
//*************************************************************************
uchar read_bit(void)
{
        ds=0;        //拉低数据线
        _nop_();     //延时
        ds=1;        //置数据线为高电平
        _nop_();     //延时
        _nop_();     //
        return(ds);  //返回采样数据位
}
//*************************************************************************
//   读一个字节函数
//*************************************************************************
uchar read_byte(void)
{
        uchar i,shift,temp;
        shift=1;
        temp=0;
        for(i=0;i<8;i++)
```

```
    {
        if(read_bit())              //读取的数据位为1
        {
            temp=temp+(shift<<i);   //该位置1
        }
        delay(5);                   //延时
        _nop_();                    //
        _nop_();;
    }
    return(temp);                   //返回读取的字节数据
}
//********************************************************************
//   写一位函数
//********************************************************************
void write_bit(uchar temp)
{
    ds=0;            //拉低数据线
    if(temp==1)      //若发送的数据位为1，拉高数据线
    ds=1;            //置数据线为高电平
    delay(5);        //延时
    ds=1;            //置数据线为高电平
}
//********************************************************************
//   写一个字节函数
//********************************************************************
void write_byte(uchar val)
{
    uchar i,temp;
    for(i=0;i<8;i++)
    {
        temp=val>>i;             //左移
        temp=temp&0x01;          //得到数据位
        write_bit(temp);         //写数据
        delay(5);                //延时
    }
}
//********************************************************************//
//   从DS18B20读取温度值
```

```
//******************************************************************//
Read_Temperature(void)
{
    uchar temp;
    ds18b20_init();          //DS18B20初始化
    write_byte(0xcc);        //跳过读序列号操作
    write_byte(0x44);        //启动温度转换
    delay(125);
    ds18b20_init();          //
    write_byte(0xcc);        //跳过读序列号操作
    write_byte(0xbe);        //读取温度值
    tempL=read_byte();       //读取温度值低8位
    tempH=read_byte();       //读取温度值高8位
    if((tempH&0xf0)==0xf0)
    {
    tempL=~tempL; //
    if(tempL==0xff)
    {
        tempL=tempL+0x01;
        tempH=~tempH;
        tempH=tempL+0x01;
    }
        else
        {
        tempL=tempL+0x01;
         tempH=~tempH;
        }
        temp=((tempL&0xf0)>>4)|((tempH&0x0f)<<4); //组合为1个字节（不考虑小数部分）
        leddis[0]=0xbf;                  // 最高位送"-"号
        leddis[3]=0xc6;                  // 温度单位符号C
        leddis[1]=dis[temp/10];          // 温度值十位
        leddis[2]=dis[temp%10];          // 温度值个位
    }
      else
      {
        temp=((tempL&0xf0)>>4)|((tempH&0x0f)<<4); //组合为1个字节（不考虑小数部分）
        leddis[0]=0xff;                  // 最高位不显示
        leddis[1]=dis[temp/10];          // 温度值十位
```

```
        leddis[2]=dis[temp%10];          // 温度值个位
        leddis[3]=0xc6;                  // 温度单位符号C
    }
}
//**********************************************************************//
//    主函数
//**********************************************************************//
void main()
{
    while(1)
    {
        Read_Temperature( );        //读温度值
        display( );                 //显示温度
    }
}
```

　　启动 Keil μVision3，单击"Project"→"New Project"选项，创建"TEMPERATURE"项目，并选择单片机型号为 AT89C51。

　　在 Keil μVision3 菜单中单击"File"→"New"命令创建文件，输入源程序代码，保存为"TEMPERATURE.c"。单击项目窗口中"Target 1"前面的"+"号，然后在"Source Group 1"选项上单击右键，选择"Add File to Group 'Source Group 1'"命令，将源程序TEMPERATURE.c 添加到项目中。

　　在 Keil μVision3 菜单中单击"Project"→"Option for Target 'Target 1'"选项，在弹出的"Option for Target 'Target 1'"对话框中选择"Output"标签，选中"Create HEX File"。

　　在 Keil μVision3 菜单中单击"Project"→"Build Target"，编译源程序代码。如果编译成功，则在"Output Window"窗口中显示没有错误，并创建了一个"TEMPERATURE.HEX"文件。

 调试与仿真

　　在 Keil μVision3 菜单中单击"Project"→"Option for Target 'Target 1'"选项，在弹出的"Option for Target 'Target 1'"对话框中选择"Debug"标签，选中"Use: Proteus VSM Simulator"。

　　在 Proteus ISIS 工作界面，单击"Debug（调试）"→"Use Remote Debug Monitor（使用远程调试监控）"选项，使 Proteus 与 Keil C51 建立连接，进行联合调试。

　　在 Keil μVision3 集成开发环境中，单击"Debug"→"Start/Stop Debug Session"命令进入程序调试环境。同时，Proteus ISIS 也进入仿真状态。

　　在 Keil μVision3 的文本编辑窗口中设置断点，设置好断点后，在 Keil μVision3 菜单中单击"Debug"→"Run"命令，运行程序。基于 DS18B20 的数字温度计运行效果如图 5.36 所示。

习　题

1. 简述串行通信与并行通信各自的特点。

2. 简述串行异步通信的帧格式。

3. 简述串行口四种工作方式的特点及用途。

4. 设计一个 16 路流水灯。单片机的串行口设定为方式 0，用 2 片 74HC164 接 16 个发光二极管，在 AT89C51 单片机的串行口控制下，16 路流水灯循环点亮。

5. 两个单片机继续点对点通信，甲机每隔 1 s 向乙机发送一个数据（0～9），乙机接收到信息后，通过数码管显示。要求设计出硬件电路、编写出应用程序。

6. 设计一个双机通信系统。

任务描述：

2 个 AT89C51 单片机，工作在方式 1，波特率为 9 600 bps。数据从 P1 口通过数字开关输入，从串行口发送；接收的数据来自串行口，通过处理后，由 P2 口输出到数码管。

要求：

（1）在 Keil IDE 中完成应用程序设计，并编译。

（2）在 ISIS 7 Professional 中完成电路设计、调试与仿真。

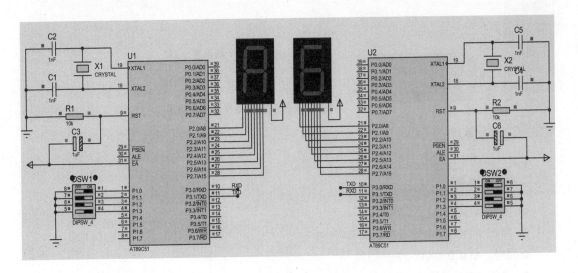

图 6

项目六　单片机系统模拟量输入输出技术

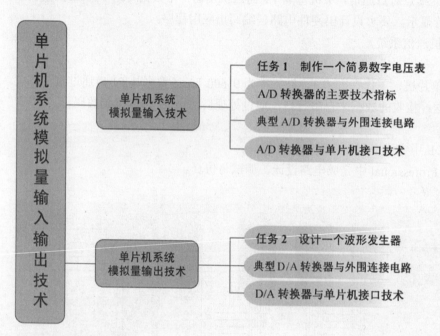

❖ 能够根据任务要求选择 A/D 转换器、设计接口电路并编写应用程序
❖ 能够根据任务要求选择 D/A 转换器、设计接口电路并编写应用程序
❖ 能够设计出具有处理模拟量功能的单片机应用系统

我们知道，计算机所能处理的数据是数字量。而在自然界中，许多现象都是连续变化的模拟量（如温度、压力、流量、液位、速度等），若需要计算机处理模拟量信号，则必须将模拟量转换成数字量后，才能送入计算机进行处理。同样，计算机只能输出数字量，若用计算机去控制执行机构，常常需要输出模拟量，这就要求计算机系统应具有模拟量输出的功能。

完成模拟量到数字量的转换是通过 A/D 转换器实现的，而数字量到模拟量的转换则是由 D/A 转换器实现的。本项目将介绍几种常用的 A/D、D/A 转换器、以及单片机系统的模拟量输入输出技术。

学习情境一 单片机系统模拟量输入技术

A/D 转换器是将模拟电压或电流转换成数字量的器件，它是一个模拟系统和计算机之间的接口。在数据采集和控制系统中，A/D 转换器得到了广泛的应用。

A/D 转换器的类型很多，常用的主要有逐次比较式和双积分式。在选择 A/D 转换器之前，通常要考虑分辨率、精度、转换时间等因素，以保证选用的 A/D 转换器能够满足系统的设计要求。

任务 1 制作一个简易数字电压表

任务描述

设计一个数字电压表，测量 0～5 V 的电压，用四位 LED 数码管显示测量值。测量最小分辨率为 0.02 V，测量误差为 ±0.02 V。

要求：

（1）在 Proteus ISIS 中完成简易数字电压表电路设计。

（2）在 Keil μVision3 中创建简易数字电压表项目，编写、编译简易数字电压表控制程序。

（3）用 Proteus 和 Keil C51 仿真与调试简易数字电压表。

知识链接

一、A/D 转换器的主要技术指标

A/D 转换器的主要技术指标如下：

（1）分辨率：A/D 转换器对输入信号的分辨能力。

A/D 转换器的分辨率以输出二进制数的位数表示。从理论上讲，n 位输出的 A/D 转换器可以分辨出 2^n 个不同等级的输入模拟电压，能分辨输入电压的最小值为满量程输入的 $1/2^n$。在最大输入电压一定时，输出位数越多，则分辨率越高。例如，A/D 转换器输出 8 位二进制数，输入电压最大值为 5 V，则这个 A/D 转换器应能分辨输入电压的最小值为 5 V/2^8 = 19.53 mV。由此可见，分辨率是 A/D 转换器对微小输入量变化的敏感程度。

（2）转换误差：A/D 转换器实际输出的数字量与理论输出数字量之间的差别。

转换误差一般用最低有效位 LSB 来表示。例如，给出相对误差≤±LSB/2，则表明实际输出的数字量和理论上应得到的数字量之间的误差小于最低有效位的二分之一。

（3）转换精度：反映一个实际 A/D 转换器与理论 A/D 转换器在量化上的差值，可以表示成绝对精度和相对精度。转换精度常用数字量的位数作为度量绝对精度的单位，如精度最低位 LSB 的 ±1/2 位，即 ±1/2 LSB。如果满量程为 10 V，10 位 A/D 转换器的绝对精度为 4.88 mV。若表示为绝对精度与满量程的百分比则为相对精度，如 10 位 A/D 转换器的相对精度为 0.1 %。注意转换精度和分辨率是两个不同概念，转换精度为转换后所得结果相对实际值的准确度，而分辨率指的是对转换结果发生影响的最小输入量。

（4）转换时间：完成一次模拟量到数字量转换所需要的时间。

（5）数据输出方式：输出的数字量是并行方式还是串行方式。

（6）对基准电源要求：基准电源的精度对整个系统的精度有很大的影响，在设计时应考虑是否要外接精密基准电源。

在实际应用中，对 A/D 转换器的选择，主要是根据系统对精度的要求、转换时间等方面综合考虑而确定的。

二、典型 A/D 转换器与外围连接电路

常用的 A/D 转换器主要有逐次比较式和双积分式，位数有 8 位、10 位、12 位和 16 位等。由于 AT89C51 为 8 位单片机，所以在系统对精度要求不高时，通常选用 8 位的 A/D 转换器为宜。

最常用的 8 位的 A/D 转换器是由美国芯片制造商 National Semiconductor（国家半导体公司）生产的 ADC 系列芯片，其中，ADC0804 和 ADC0808/0809 最为常用，它们都是逐次比较式 8 位 A/D 转换器。下面针对这两款 A/D 转换器进行介绍。

1. ADC0804

ADC0804 是一个 8 位 CMOS 型逐次比较式 A/D 转换器，其主要特性如下：

① 分辨率：8 位；

② 非调整误差：±1 LSB；

③ 转换时间：100 μs；

④ 输入方式：单通道；

⑤ 具有三态数据输出锁存器；

⑥ 输入电压：0～5 V；

⑦ 单一+5 V 供电。

ADC0804 的特点是内部有时钟电路，只要外接一个电阻和一个电容就可自行提供时钟信号；允许模拟输入信号是差动的或不共地的电压信号。

ADC0804 的引脚分布如图 6.1 所示，其引脚定义见表 6.1。

表 6.1 ADC0804 引脚定义及功能

引脚	名称	功能
1	$\overline{CS}$	片选信号输入端，低电平有效。$\overline{CS}$ 有效表明被选中，可启动工作
2	$\overline{RD}$	外部读取转换结果的控制信号。当 $\overline{RD}$ 为高电平时，DB0～DB7 为高阻抗状态；当 $\overline{RD}$ 为低电平时，转换结果通过 DB0～DB7 输出
3	$\overline{WR}$	A/D 转换器启动控制信号。当 $\overline{WR}$ 引脚由高电平变为低电平时，转换器被清零；当 $\overline{WR}$ 引脚由低电平变为高电平时，启动 A/D 转换
4	CLK IN	时钟信号输入端
19	CLK R	内部时钟发生器的外接电阻端。在 ADC0804 内部有时钟发生器，采用内部时钟时，在 CLKIN、CLKR 和地之间需连接 RC 电路。ADC0804 的工作频率为 100～1 460 Khz，其典型值为 640 kHz。若使用内部时钟，其振荡频率为 1/（1.1RC），用户可依此选择电阻 R 和电容 C 的参数
5	$\overline{INTR}$	A/D 转换结束信号，低电平表示本次 A/D 转换已完成，只有转换结果被取走后，$\overline{INTR}$ 才会变为高电平
6、7	V_{IN+}、V_{IN-}	差动模拟电压输入端。若输入为单端正电压，VIN-应接地；若差动输入，则输入信号直接加入 VIN+ 和 VIN-
8	AGND	模拟信号地
9	$V_{REF}/2$	参考电压 1/2 输入，决定量化单位。若 ADC0804 的参考电压为+5 V，则该引脚可以悬空。若电路中需要使用的参考电压小于+5 V，即参考电压值的 1/2 小于 2.5 V，这时可将该引脚连接到需要的参考电压值（如 4 V）的 1/2 电压上（如 2 V）。在 ADC0804 芯片内部会自动判断参考电压的选择，当 $V_{REF}/2$ 引脚的电源值低于 2.5 V 时，芯片会自动选择由 $V_{REF}/2$ 引脚电压放大 2 倍以后的电压值作为参考电压
10	DGND	数字信号地
11～18	DB0～DB7	数据线，A/D 转换结果的 8 位数字量输出端
20	V_{CC}	芯片供电电源或参考电压输入

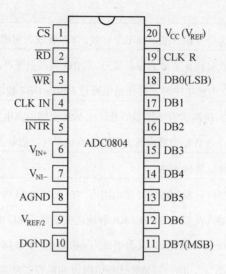

图 6.1 ADC0804 引脚图

ADC0804 在使用时，只需要对参考电压和时钟输入端进行设计即可，其典型接法如图 6.2 所示。通常情况下，时钟输入可选用 RC 谐振电路，ADC0804 进行 A/D 转换的时钟频率典型值为 640 kHz，这里选用 R=10 kΩ、C=150 pF 的谐振电路，利用公式 1/（1.1 RC）计算后，此时的时钟频率约为 606 kHz。

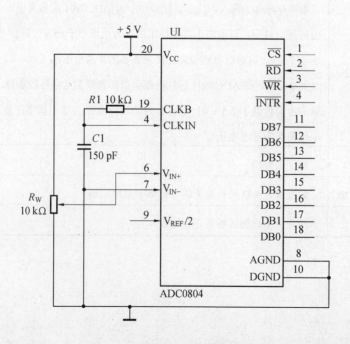

图 6.2 ADC0804 典型外围连接电路

2. ADC0808/0809

ADC0808/ADC0809 是 8 通道 8 位 A/D 转换器,可对 8 路 0~5 V 的模拟信号分时进行转换,ADC0808/ADC0809 的内部逻辑结构如图 6.3 所示。ADC0808/ADC0809 主要由三部分组成:输入通道、逐次比较式 A/D 转换器和三态输出锁存器,各部分功能如下:

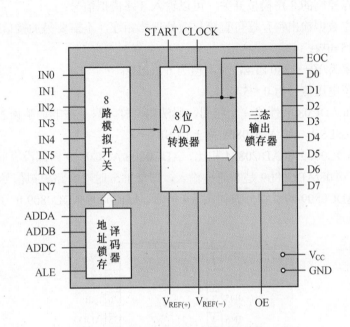

图 6.3 ADC0808/0809 内部逻辑结构

① 输入通道包括 8 路模拟开关和地址锁存译码器。地址锁存译码器根据输入的通道地址(ADDC、ADDB 和 ADDA)控制 8 路模拟开关选通 8 路模拟输入信号中的一路。通道地址(ADDC、ADDB 和 ADDA)和 8 路模拟通道(IN0~IN7)的关系见表 6.2。

② A/D 转换器对输入的模拟信号进行 A/D 转换。

③ 三态输出锁存器用于锁存 A/D 转换器输出的 8 位数字量,在输出允许的情况下,可通过数据线 D7~D0 输出。

表 6.2 ADC0808/0809 模拟通道选择表

通道地址			选择的通道	通道地址			选择的通道
ADDC	ADDB	ADDA		ADDC	ADDB	ADDA	
0	0	0	IN0	1	0	0	IN4
0	0	1	IN1	1	0	1	IN5
0	1	0	IN2	1	1	0	IN6
0	1	1	IN3	1	1	1	IN7

ADC0808/0809 的主要特性如下：

① 分辨率 8 位；

② 非调整误差为±1/2 LSB（ADC0808）或±1 LSB（ADC0809）；

③ 转换时间 100 μs；

④ 单一+5 V 供电；

⑤ 具有锁存控制的 8 路模拟开关，可以输入 8 路模拟信号；

⑥ 具有三态数据输出锁存器可直接与微处理器相连，不需要另加接口逻辑；

⑦ 功耗≤15 mW；

⑧ 时钟频率为 10～1280 kHz，典型值为 640 kHz；

⑨ 输入模拟电压信号为 0～5 V。

ADC0808 和 ADC0809 性能完全相同，用法也一样，只是在非调整误差方面有所不同，ADC0808 为±1/2 LSB，而 ADC0809 为±1 LSB。

ADC0808/ADC0809 和 ADC0804 相比，ADC0808/ADC0809 内部没有时钟电路，需要外接时钟源；ADC0808/ADC0809 是 8 通道输入，即能够分时对 8 路模拟信号进行 A/D 转换。

ADC0808/ADC0809 的引脚分布如图 6.4 所示。ADC0808/ADC0809 的引脚定义见表 6.3。

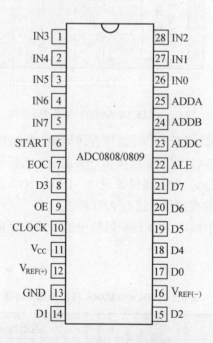

图 6.4　ADC0808/0809 引脚图

在应用 ADC0808/ADC0809 进行 A/D 转换时，一定要遵循 ADC0808/ADC0809 的工作时序，特别是编程时，更要注意相关控制信号的先后顺序，否则，尽管硬件电路正确也得不到 A/D 转换的结果。ADC0808/ADC0809 的工作时序如图 6.5 所示。

表 6.3 ADC0808/0809 引脚定义及功能

引脚	名称	功　能
5～1、28～26	IN7～IN0	8 个通道模拟信号输入端
25～23	ADDA、ADDB、ADDC	模拟通道地址输入端。用于选择 8 路模拟输入信号
10	CLOCK	时钟输入端
4	ALE	信道地址锁存允许。当 ALE=1 时，允许改变信道地址；当 ALE=0 时，信道地址被锁存，防止在 A/D 转换期间改变信道地址
6	START	A/D 转换启动信号。START 上升沿复位 ADC0808/0809，下降沿启动芯片开始 A/D 转换。在 A/D 转换期间，START 应保持低电平
21～18、8、15、14、17	D7～D0	数据线，A/D 转换结果的 8 位数字量输出端
9	OE	输出允许信号。当 OE=1 时，D7～D0 引脚出现 A/D 转换数据；当 OE=0 时，D7～D0 呈现高阻抗状态
7	EOC	A/D 转换结束信号。EOC=0 表示正在转换，EOC=1 表示转换结束
12、16	$V_{REF(+)}$、$V_{REF(-)}$	参考电压输入端。一般情况下，$V_{REF(+)}$ 和 VCC 连接，$V_{REF(-)}$ 和 GND 连接
11、13	V_{CC}、GND	芯片供电电源或参考电压输入和地线引脚

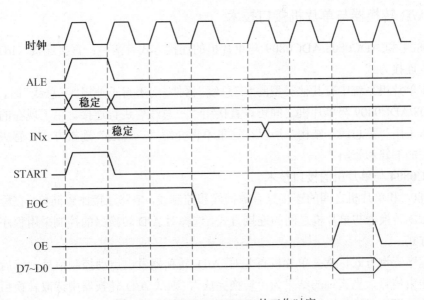

图 6.5 ADC0808/ADC0809 的工作时序

由于 ADC0808/ADC0809 内部没有时钟发生器，所以只能由外部提供时钟信号。通常情况下，利用单片机的 ALE 引脚作为分频电路的输入，分频电路的输出作为 ADC0808/ADC0809 的 CLOCK 信号即可。由 D 触发器构成的 4 分频电路如图 6.6 所示，这里假设单片机的晶振频率为 12 MHz，ALE 经过 4 分频后，电路所产生的时钟信号频率在 600 kHz 左右，接近 ADC0808/ADC0809 的典型值 640 kHz。需要注意的是，在实际应用中，分频电路的设计要考虑到系统所使用的晶振频率，如果选择的是 6 MHz，则可使用 2 分频电路；如果是 24 MHz，则需用 8 分频电路。

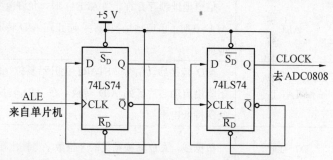

图 6.6　ADC0808/ADC0809 时钟电路

单片机的 ALE 引脚的功能是为"三总线"器件提供地址锁存信号，这个信号的频率比较稳定，是单片机晶振频率的 1/6（在单片机进行片外 RAM 的读写操作过程中会丢失一个脉冲信号，如果单片机系统中没有其他的"三总线"器件，丢失的这个脉冲信号不会影响 A/D 转换结果）。由于 ADC0808/ADC0809 允许的时钟频率为 10～1 280 kHz，典型值是 640 kHz，这样就可以由 ALE 信号经过一定倍数的分频得到 ADC0808/ADC0809 需要的时钟信号。

当 ADC0808/ADC0809 处于较高频率的时钟下进行 A/D 转换时，转换的结果有时会出现错误，所以在使用 A/D 转换芯片时，最好使其工作在典型值上。

三、A/D 转换器与单片机接口技术

ADC0804 和 ADC0808/ADC0809 与单片机的连接方式有两种：直接连接（I/O）方式和"三总线"连接方式。

如果在单片机系统中有其他类型的"三总线"器件，而不得不使用"三总线"时，ADC0804 和 ADC0808/ADC0809 与单片机之间可以直接用"三总线"进行连接。由于现在的大部分单片机系统不采用"三总线"结构，所以在这里不再介绍"三总线"连接方式，感兴趣的读者可参考有关的书籍和资料。

1. ADC0804 与单片机的接口技术

ADC0804 和单片机之间的连接只有数据线和控制线，电路连接比较简单。在程序设计方面，根据 A/D 转换器与单片机之间的连接方式，选择对 A/D 转换器的控制采用程序查询方式或是中断方式。

所谓程序查询方式，就是单片机首先对 A/D 转换器发出启动控制信号，然后反复查询 A/D 转换结束信号，当查询的结果为"转换完成"，则从 A/D 转换器中读取转换后的数据；如果查询的结果为"未完成转换"，则继续查询。这种程序设计方法比较简单，但占用 CPU

较多的时间（需要单片机反复查询 A/D 转换结束信号）。

采用中断方式，单片机可以在启动 A/D 转换器工作后，执行其他的任务，只有当 A/D 转换结束时，才会向单片机提出中断请求，单片机在允许的情况下将 A/D 转换的结果读取出来，然后再次启动 A/D 转换器。采用中断方式不会占用 CPU 过多的时间，但会占用单片机的 I/O 口线和一个中断源。

上述的两种方式各有其特点，用户可根据实际情况进行选择。

2. ADC0808/0809 与单片机的接口技术

ADC0808/0809 和单片机之间的连接比 ADC0804 要复杂一些，除了数据线和控制线外，还要考虑 ADC0808/0809 的模拟通道选择所需的地址信号。另外，由于 ADC0808/0809 的转换结束信号 EOC 高电平代表转换结束，低电平表示正在转换，在采用中断方式时需要注意，因为 AT89C51 单片机的外部中断请求为低电平或脉冲下降沿有效。

 任务实施

1. 制订方案

ADC0804 是 8 位的 A/D 转换器，模拟电压的输入范围是 0～5 V，数值变化范围是 0～255，每一个数码的变化对应的电压值的变化为 5 V/256=0.019 6 V，选择 A/D 转换器 ADC0804 可以满足系统的要求。4 位数码管采用动态扫描方式显示测量的电压值。对 A/D 转换器的控制采用中断方式。

2. 电路设计

P1 口接 ADC0804 的数据线，P3 口接 ADC0804 控制信号线。显示器件采用四位一体 LED 共阳极数码管，P0 口作为段选口，连接四位一体 LED 共阳极数码管的段选端 a~dp，P2 口作为位选口，四位一体 LED 共阳极数码管的驱动电路由 4 个 PNP 三极管组成，由 P2 口控制。模拟电压由线性电位器 POT-HG 通过 5 V 电压提供。简易数字电压表所需元器件见表 6.4。

启动 Proteus ISIS，在 Proteus ISIS 环境中选择"File"→"New Design"命令，在弹出的对话框中选择适当的 A3 图纸，保存文件名为"VOLTMETER.DSN"。

在器件选择按钮中单击"P"按钮，添加如表 6.4 所示的元器件。

表 6.4 简易数字电压表元器件列表

元器件名称	参数	元器件名称	参数
单片机 AT89C51		电阻排 RESPACK	10 kΩ
晶体振荡器 CRYSTAL	12 MHz	电阻 RES	680 Ω
瓷片电容 CAP	30 pF	LED 数码管	7SEG-MPX4-CA
瓷片电容 CAP	150 pF	三极管	PNP
电解电容 CAP-ELEC	10 μF	可调电位器	POT-HG
电阻 RES	10 kΩ	A/D 转换器	ADC0804
电阻 RES	1 kΩ		

在 Proteus ISIS 原理图编辑窗口中放置元件。单击工具箱中的"元件终端"按钮，放置电源、地。放置好元件后，布线。设置相应元件参数，完成电路设计，如图 6.7 所示。

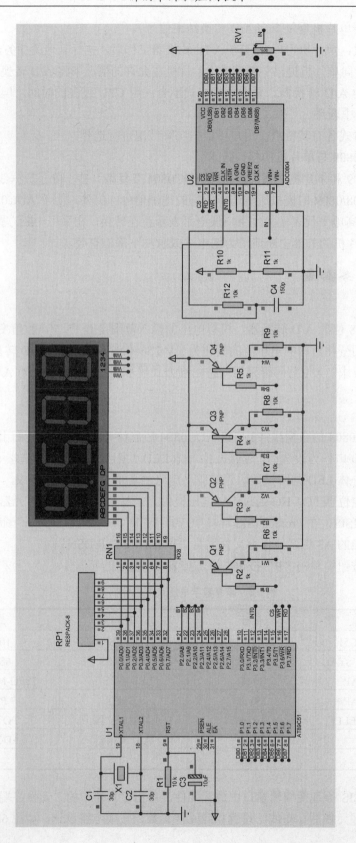

图 6.7 简易数字电压表

3. 创建简易数字电压表项目

在编写四量程显示电路控制程序之前，需要解决下面两个问题：模拟电压值的计算和显示码的转换。

（1）模拟电压值的计算。

模拟电压值的计算。可通过下面的计算公式得到，即

$$V = D \times 0.019\,6$$

式中，V 为计算出的模拟电压值，D 为 A/D 转换器输出的 8 位数字量。

在编程时，若将读取到的 A/D 转换结果乘以一个 0.019 6，得到的结果是一个带有小数的数，在计算机中称为浮点数。而对于 8 位单片机来说，不具有浮点运算能力，如果一定要计算浮点数，就将占有单片机大量的内存单元和 CPU 时间。在这里可以采用一种简单的算法：将从 A/D 转换器读取的数字量直接乘以 196，即进行整数运算，运算的结果是实际值的 10 000 倍，单片机对整数的运算速度还是很快的，不会占用 CPU 过多的时间。

（2）显示码的转换。

将从 A/D 转换器读入的数字量直接乘以 196，即进行整数运算，运算的结果是实际值的 10 000 倍，然后分别用 10 000、1 000、100、10 去除，得到电压（数字量）的个位(整数位)、十分位、百分位、千分位，然后在整数位上点亮小数点即可。

简易数字电压表程序如下：

```
#include<reg51.h>
#define uchar unsigned char
#define uint unsigned int
sbit   CS=P3^5;
sbit   WWR=P3^6;
sbit   RRD=P3^7;
uchar  code   led[]={0xC0,0xF9,0xA4,0xB0,0x99,0x92,0x82,0xF8,0x80,0x90};
uchar ad_volt;
uint temp;
//******************************************************************//
//   延时函数
//******************************************************************//
void delay(uchar n)
{    uchar i,j;
        for(i=0;i<n;i++)
            for(j=0;j<125;j++);
}
//******************************************************************//
//   显示函数
//******************************************************************//
```

```
display()
{
    P0=led[temp/10000]&0x7f;;    // 得到整数位并送显示，同时显示小数点
    P2=0xfe;                     // 选通整数位数码管
    delay(3);                    //延时
    P2=0xff;                     //关显示
    temp=temp%10000;
    P0=led[temp/1000];           //得到小数点后的第一位并送显示
    P2=0xfd;                     // 选通小数点后的第一位数码管
    delay(3);                    //延时
    P2=0xff;                     //关显示
    temp=temp%1000;
    P0=led[temp/100];            //得到小数点后的第二位并送显示
    P2=0xfb;                     //选通小数点后的第二位数码管
    delay(3);                    //延时
    P2=0xff;                     //关显示
    temp=temp%100;
    P0=led[temp/10];             //得到小数点后的第三位并送显示
    P2=0xf7;                     //选通小数点后的第三位数码管
    delay(3);                    //延时
    P2=0xff;                     //关显示
}
//********************************************************************//
//   启动 ADC0804 转换函数
//********************************************************************//
void ad_start( )
{
    CS=0;          //片选有效
    WWR=0;         //
    WWR=1;         //启动 ADC0804
    CS=1;          //
}
//********************************************************************//
//   主程序
//********************************************************************//
main( )
{
    EA=1;          //CPU 中断允许
```

```
    EX0=1;              //外部中断 0 中断允许
    while(1)
    {
    ad_start( );        //
    temp=ad_volt;       //得到 A/D 转换结果
    temp=temp*196;      //放大 10 000 倍
    display();
    }
}
//**********************************************************************//
//   外部中断函数
//**********************************************************************//
void int0( ) interrupt 0
{
    CS=0;
    RRD=0;
    ad_volt=P1;         //读取 A/D 转换结果
    CS=1;
    RRD=1;
}
```

启动 Keil μVision3，单击"Project"→"New Project"选项，创建"VOLTMETER"项目，并选择单片机型号为 AT89C51。

在 Keil μVision3 菜单中单击"File"→"New"命令创建文件，输入源程序代码，保存为"VOLTMETER.c"。单击项目窗口中"Target 1"前面的"+"号，然后在"Source Group 1"选项上单击右键，选择"Add File to Group 'Source Group 1'"命令，将源程序 VOLTMETER.c 添加到项目中。

在 Keil μVision3 菜单中单击"Project"→"Option for Target 'Target 1'"选项，在弹出的"Option for Target 'Target 1'"对话框中选择"Output"标签，选中"Create HEX File"。

在 Keil μVision3 菜单中单击"Project"→"Build Target"，编译源程序代码。如果编译成功，则在"Output Window"窗口中显示没有错误，并创建了一个"VOLTMETER.HEX"文件。

 调试与仿真

在 Keil μVision3 菜单中单击"Project"→"Option for Target 'Target 1'"选项，在弹出的"Option for Target 'Target 1'"对话框中选择"Debug"标签，选中"Use: Proteus VSM Simulator"。

在 Proteus ISIS 工作界面，单击"Debug（调试）"→"Use Remote Debug Monitor（使用远程调试监控）"选项，使 Proteus 与 Keil C51 建立连接，进行联合调试。

在 Keil μVision3 集成开发环境中，单击"Debug"→"Start/Stop Debug Session"命令进入程序调试环境。同时，Proteus ISIS 也进入仿真状态。

在 Keil μVision3 的文本编辑窗口中设置断点，设置好断点后，在 Keil μVision3 菜单中单击"Debug"→"Run"命令，运行程序。简易数字电压表运行效果如图 6.7 所示。

学习情境二　单片机系统模拟量输出技术

在单片机应用系统中，常常需要输出模拟量去控制执行机构，例如控制直流电动机的转速，这就需要单片机系统应具有输出模拟量的功能。

D/A 转换器的功能是完成数字量到模拟量的转换，它是计算机和模拟系统之间的接口。

D/A 转换器的主要性能指标是：分辨率、建立时间、精度、输出范围、数字输入特性、供电电源、工作环境等，这些性能指标通过查阅手册可以得到。

任务 2　设计一个波形发生器

任务描述

设计一个波形发生器，该波形发生器能产生正弦波和锯齿波，通过按键输入波形的类别，波形的输出频率自定。

要求：

（1）在 Proteus ISIS 中完成波形发生器电路设计。

（2）在 Keil μVision3 中创建波形发生器项目、编写、编译波形发生器控制程序。

（3）用 Proteus 和 Keil C51 仿真与调试波形发生器。

知识链接

一、典型 D/A 转换器与外围连接电路

常用的 D/A 转换器很多，如 National Semiconductor（国家半导体公司）生产的 D/A 转换器，常用的有 DAC0832；MAXIM（美信公司）生产的 D/A 转换器，如 MAX521 等。下面主要针对最常用的 D/A 转换器 DAC0832 进行介绍。

1. DAC0832

DAC0832 是一款性价比较高的 8 位 D/A 转换器，主要由两个 8 位寄存器和一个 8 位 D/A 转换器组成，电流输出型 DAC，其内部逻辑结构如图 6.8 所示。DAC0832 的主要特性如下：

① 8 位分辨率；

② 输出为电流信号，电流建立时间 1 μs；

③ 具有双缓冲、单缓冲和直通方式；

④ 输入电平与 TTL 兼容；

⑤ 基准电压 V_{REF} 工作范围为 -10～+10 V；

⑥ 单电源供电电压为+5～+15 V；

⑦ 功耗为 20 mW。

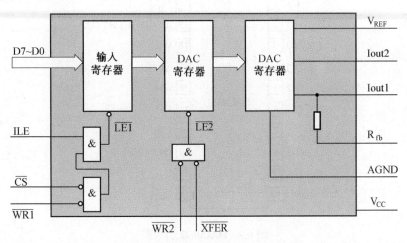

图 6.8　DAC0832 内部逻辑结构图

DAC0832 芯片为 20 脚双列直插式封装，其引脚分布如图 6.9 所示。DAC0832 的引脚定义见表 6.5。

表 6.5　DAC0832 引脚定义及功能

引脚	名称	功　　能
1	$\overline{CS}$	片选信号输入端，低电平有效
2	$\overline{WR1}$	输入寄存器的写选通输入端，负脉冲有效（脉冲宽度应大于 500 ns）。当 $\overline{CS}$=0，ILE=1，$\overline{WR1}$ 有效时，DI7～DI0 的状态被锁存到输入寄存器
4～7、13～16	DI7～DI0	数据输入端，TTL 电平，有效时间应大于 90 ns
8	V_{REF}	基准电压输入端，电压范围为-10～+10 V
9	R_{fb}	反馈信号输入端。芯片内部此端与 I_{OUT1} 接有 15 kΩ 的电阻。
11～12	I_{OUT1}、I_{OUT2}	电流输出端。$I_{OUT1}+I_{OUT2}$ 为常量，I_{OUT1} 随 DAC 寄存器的内容线性变化。为使输出电流线性地转换成电压，需要在 DAC0832 的输出端外接运算放大器。在输出单极性时，I_{OUT2} 接地
17	$\overline{XFER}$	数据传送控制信号输入端，低电平有效
18	$\overline{WR2}$	DAC 寄存器的写选通输入端，负脉冲有效（脉冲宽度应大于 500 ns）。当 $\overline{XFER}$=0 且 $\overline{WR2}$ 有效时，输入寄存器的状态被锁存到 DAC 寄存器中
19	ILE	数据锁存允许信号输入端，高电平有效
3、10	AGND、DGND	模拟地和数字地。模拟地为模拟信号与基准电源参考地；数字地为芯片工作电源地与数字逻辑地（模拟地和数字地最好在基准电源处一点共地）
20	V_{CC}	芯片电源电压端，电压范围+5～+15 V

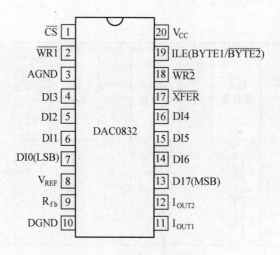

图 6.9　DAC0832 引脚图

2. DAC0832 的输出方式

DAC0832 为电流输出型，而在实际应用时常常需要的是模拟电压信号，这就需要将 DAC0832 输出的电流信号转换成电压信号。根据不同的需要，可以使输出的电压为单极性或双极性。

（1）单极性输出。

如果需要输出的电压为单极性，则只需在 DAC0832 的输出端接一个运算放大器即可，如图 6.10 所示。

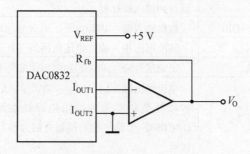

图 6.10　DAC0832 单极性输出电路图

需要注意的是，当基准电压 V_{REF} 为正时，输出电压为负，如果要输出与基准电压同相的电压，可在图 6.11 所示的电路中加入反向电压跟随器。输出电压极性与基准电压同相的单极性输出电路如图 6.11 所示。

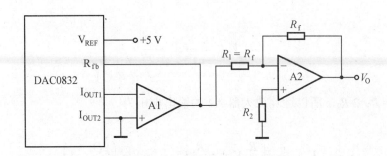

图 6.11　输出电压极性与基准电压同相的单极性输出电路

DAC0832 单极性输出电路的输出电压波形如图 6.12 所示。

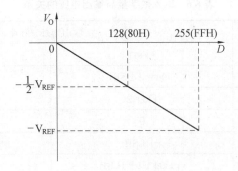

图 6.12　DAC0832 单极性输出电压波形

（2）双极性输出。

在单片机系统中，对于现场执行机构的控制有时要求双极性电压信号，这时模拟输出通道必须输出双极性电压信号。DAC0832 双极性输出电路如图 6.13 所示。

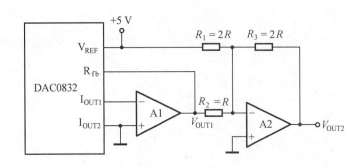

图 6.13　DAC0832 双极性输出电路

在图 6.13 中，取 $R_1 = R_2 = 2R_2$，运算放大器 A2 的作用是把 A1 的单极性输出电压 V_{OUT1} 转换为双极性输出电压 V_{OUT2}。

设 n 为 D/A 转换器的位数，D 为输入数字量，V_{REF} 为基准参考电压，则有

$$V_{OUT1} = -V_{REF} \cdot \frac{D}{2^n}$$

由于 $R_1 = R_3 = 2R_2$，所以运算放大器 A2 的输出电压为

$$V_{OUT2} = -\left(\frac{R_3}{R_1} V_{REF} + \frac{R_3}{R_2} V_{OUT1} \right) = V_{REF} \left(\frac{D}{2^{n-1}} - 1 \right)$$

DAC0832 的输入数字量与电路的输出电压的对应关系见表 6.6。

表 6.6　输入数字量与输出电压的关系

输入数字量	输出电压 V_{OUT}	
MSB　　　LSB	$+V_{REF}$	$-V_{REF}$
1 1 1 1 1 1 1 1	$V_{REF}-1$ LSB	$|V_{REF}|+1$ LSB
1 1 0 0 0 0 0 0	$V_{REF}/2$	$-|V_{REF}|/2$
1 0 0 0 0 0 0 0	0	0
0 1 1 1 1 1 1 1	-1 LSB	$+1$ LSB
0 0 1 1 1 1 1 1	$-|V_{REF}|/2-1$LSB	$-|V_{REF}|/2+1$ LSB
0 0 0 0 0 0 0 0	$-|V_{REF}|$	$+|V_{REF}|$

上述双极性输出方式把数字量的最高位作符号位使用，与单极性输出比较，其分辨率降低一位。在双极性接法时，如果改变参考电压的极性，可实现 4 个象限的输出。

DAC0832 双极性输出电路的输出电压波形如图 6.14 所示。

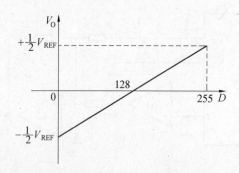

图 6.14　DAC0832 双极性输出电压波形

二、D/A 转换器与单片机接口技术

DAC0832 内部有两个寄存器，即输入寄存器和 DAC 寄存器，这两个寄存器都具有锁存功能。由此 DAC0832 与单片机的连接方式有三种：直通方式、单缓冲方式和双缓冲方式。

1. DAC0832 与单片机之间的直通连接方式

直通方式,就是 DAC0832 内部的两个寄存器都处于直通方式而不是锁存方式,单片机只要向 DAC0832 输入一个数字量,DAC0832 的输出端就会产生一个模拟信号。这种方式适合要求输出模拟量变化较快的场合,常用于反馈控制的环路中。

DAC0832 工作在直通方式时,需使 DAC0832 的所有控制信号都处于有效状态,即 $\overline{CS}$、$\overline{XFER}$、$\overline{WR1}$、$\overline{WR2}$ 接地,ILE 接+5 V。DAC0832 与单片机之间的直通连接方式如图 6.15 所示。

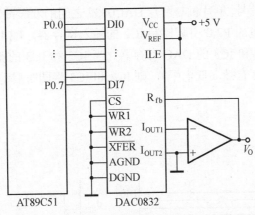

图 6.15 DAC0832 与单片机之间的直通连接方式

2. DAC0832 与单片机之间的单缓冲连接方式

单缓冲方式,是指 DAC0832 的两个寄存器中,有一个处于直通方式,另一个处于受控的锁存方式,或者使两个寄存器同时处于受控的方式。在应用系统中,若只有一路模拟量输出,或几路模拟量不需要同步输出的场合,一般采用单缓冲连接方式。

由于在 DAC0832 中有两个寄存器,可以通过对控制信号的不同设置实现与单片机之间的单缓冲连接,共有三种连接方式。图 6.16 给出了一种单缓冲连接方式。

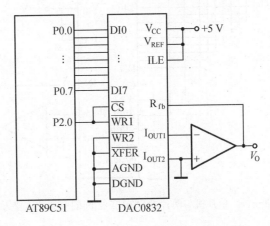

图 6.16 DAC0832 与单片机之间的单缓冲连接方式

在图 6.16 给出的单缓冲连接方式中，$\overline{XFER}$ 和 $\overline{WR2}$ 接地，0832 的 DAC 寄存器为直通方式；单片机的 P2.0 引脚接 $\overline{CS}$ 和 $\overline{WR1}$、ILE 接+5 V，DAC0832 的输入寄存器受 P2.0 的控制。

3. DAC0832 与单片机之间的双缓冲连接方式

双缓冲方式，是指 DAC0832 的两个寄存器分别处于受控的锁存方式。为了实现寄存器的可控，应有两个控制信号分别控制 DAC0832 的输入寄存器和 DAC 寄存器。

这种方式可用于需要同时输出多路模拟信号的多个 DAC0832 的系统，当多个数据已分别存入各自的输入寄存器后，再同时使所有 DAC0832 的 $\overline{WR2}$ 和 $\overline{XFER}$ 有效，系统中所有的 DAC0832 同时输出模拟信号。单片机与两片 DAC0832 之间的双缓冲连接方式如图 6.17 所示。

在图 6.17 中，单片机的 P2.0 引脚控制 IC2 的输入寄存器，P2.1 引脚控制 IC3 的输入寄存器，P2.2 引脚控制 IC2 和 IC3 的 DAC 寄存器。当 IC2 和 IC3 的输入寄存器都锁存了待转换的数字量以后，使 P2.2 有效（低电平），则 IC2 和 IC3 将同时启动 D/A 转换，并同时输出模拟量。

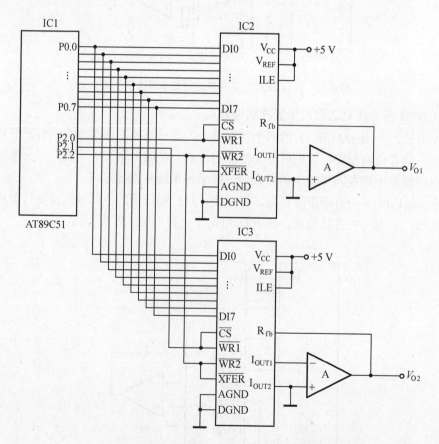

图 6.17　单片机与两片 DAC0832 之间的双缓冲连接方式

任务实施

1. 制订方案

根据设计要求，系统中需要使用 D/A 转换器和按键。D/A 转换器用来产生正弦波和锯齿波，而按键则用来选择波形的类别。由于只有一路输出，所以用 1 片 DAC0832 即可，用 1 个按钮来控制系统输出正弦波或锯齿波。

2. 电路设计

单片机与 DAC0832 采用直通方式连接，P1 口连接 DAC0832 的数据线。运算放大器选择 LM358N。单片机 P3.0 引脚接控制按钮，用于控制波形发生器输出波类别。用 ISIS 7 Professional 提供的虚拟示波器显示正弦波或锯齿波。波形发生器电路所需元器件见表 6.7。

表 6.7 波形发生器元器件列表

元器件名称	参数	元器件名称	参数
单片机 AT89C51		电阻 RES	10 kΩ
晶体振荡器 CRYSTAL	12 MHz	D/A 转换器	DAC0832
瓷片电容 CAP	30 pF	运算放大器	LM358N
电解电容 CAP-ELEC	10 μF		

启动 Proteus ISIS，在 Proteus ISIS 环境中选择 "File" → "New Design" 命令，在弹出的对话框中选择适当的 A4 图纸，保存文件名为 "WAVEFORM.DSN"。

在器件选择按钮中单击 "P" 按钮，添加表 6.7 所示的元器件。

在 Proteus ISIS 原理图编辑窗口中放置元件。单击工具箱中的 "元件终端" 按钮，放置电源、地。放置好元件后，布线。设置相应元件参数，完成电路设计，如图 6.18 所示。

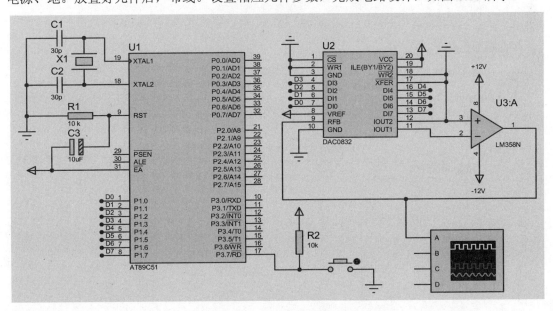

图 6.18 正弦波/锯齿波信号发生器

3. 创建波形发生器项目

波形发生器输出的波形类别，由按钮的状态决定，按钮闭合（接地），输出正弦波；按钮松开（接电源），输出锯齿波。

波形发生器控制程序如下：

```c
#include <reg51.h>
sbit control=P3^0;
#define step 4
unsigned char code sin[64]=
                {0x80,0x8c,0x98,0xa5,0xb0,0xbc,0xc7,0xd1,
                0xda,0xe2,0xea,0xf0,0xf6,0xfa,0xfd,0xff,
                0xff,0xff,0xfd,0xfa,0xf6,0xf0,0xea,0xe3,
                0xda,0xd1,0xc7,0xbc,0xb1,0xa5,0x99,0x8c,
                0x80,0x73,0x67,0x5b,0x4f,0x43,0x39,0x2e,
                0x25,0x1d,0x15,0xf,0x9,0x5,0x2,0x0,0x0,
                0x0,0x2,0x5,0x9,0xe,0x15,0x1c,0x25,0x2e,
                0x38,0x43,0x4e,0x5a,0x66,0x73};//正弦波码表
void delay(unsigned char m)
{
    unsigned char i;
    for(i=0;i<m;i++);
}
void main(void)
{
    unsigned char i;
    while(1)
    {
        if(control==0)
        {
            for(i=0;i<64;)
            {
                P1=sin[i];   //输出正弦波
                i++;
                delay(1);
```

```
                }
            }
        else
        {
            for(i=0;i<250;)
            {
                P1=i;
                i+=step;            //输出锯齿波
                delay(1);
            }
        }
    }
}
```

启动 Keil μVision3，单击"Project"→"New Project"选项，创建"WAVEFORM"项目，并选择单片机型号为 AT89C51。

在 Keil μVision3 菜单中单击"File"→"New"命令创建文件，输入源程序代码，保存为"WAVEFORM.c"。单击项目窗口中"Target 1"前面的"+"号，然后在"Source Group 1"选项上单击右键，选择"Add File to Group 'Source Group 1'"命令，将源程序 WAVEFORM.c 添加到项目中。

在 Keil μVision3 菜单中单击"Project"→"Option for Target 'Target 1'"选项，在弹出的"Option for Target 'Target 1'"对话框中选择"Output"标签，选中"Create HEX File"。

在 Keil μVision3 菜单中单击"Project"→"Build Target"，编译源程序代码。如果编译成功，则在"Output Window"窗口中显示没有错误，并创建了一个"WAVEFORM.HEX"文件。

 调试与仿真

在 Keil μVision3 菜单中单击"Project"→"Option for Target 'Target 1'"选项，在弹出的"Option for Target 'Target 1'"对话框中选择"Debug"标签，选中"Use: Proteus VSM Simulator"。

在 Proteus ISIS 工作界面，单击"Debug（调试）"→"Use Remote Debug Monitor（使用远程调试监控）"选项，使 Proteus 与 Keil C51 建立连接，进行联合调试。

在 Keil μVision3 集成开发环境中，单击"Debug"→"Start/Stop Debug Session"命令进入程序调试环境。同时，Proteus ISIS 也进入仿真状态。

在 Keil μVision3 的文本编辑窗口中设置断点，设置好断点后，在 Keil μVision3 菜单中单击"Debug"→"Run"命令，运行程序。波形发生器运行效果如图 6.19 所示。

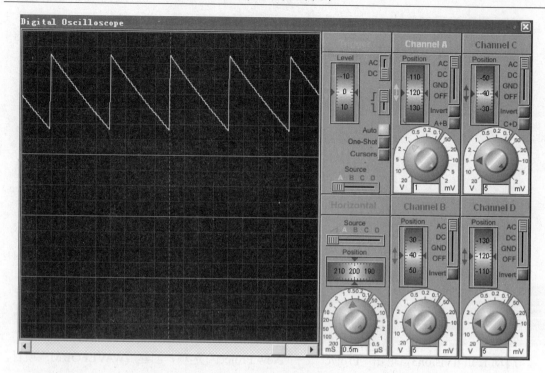

（a）锯齿波仿真图

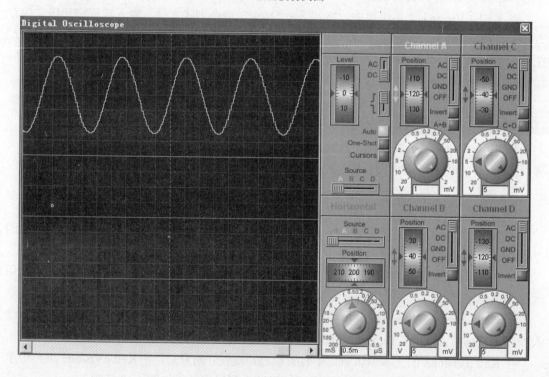

（b）正弦波仿真图

图 6.19　正弦波/锯齿波信号发生器仿真图

习 题

1. 简述 A/D 转换器的主要技术指标。

2. 简述 ADC0804 的主要特性。

3. 简述 ADC0808/0809 的主要特性。

4. AT89C51 单片机与 ADC0804 的数据线、控制信号线及时钟电路应如何连接？

5. AT89C51 单片机与 ADC0808 的数据线、控制信号线及时钟电路应如何连接？

6. DAC0832 与 AT89C51 单片机有几种连接方式？各适用什么场合？

7. 设计一个多路模拟量采集系统，该系统以 ADC0808 为 A/D 转换芯片，完成 8 路模拟量巡回采集，测量误差为 ±0.02 V，并用四位一体数码管显示，最高位显示模拟通道值，其余 3 位显示 A/D 转换结果。

8. 设计一个波形发生器，该波形发生器能产生正弦波和锯齿波，通过按键输入波形的类别，波形的周期都为 50 ms。

项目七　单片机应用系统设计

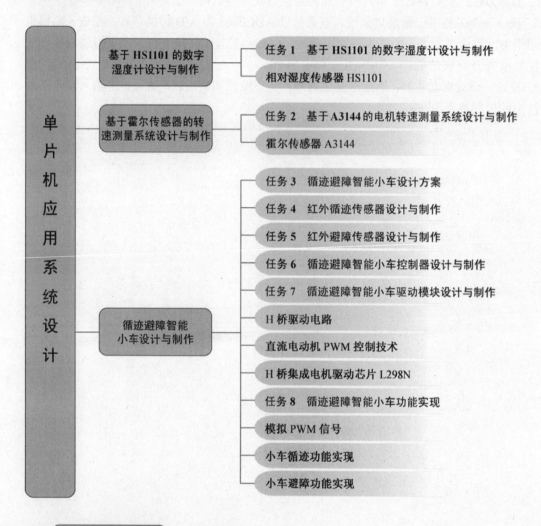

学习导航

单片机应用系统设计

- 基于 HS1101 的数字湿度计设计与制作
  - 任务 1　基于 HS1101 的数字湿度计设计与制作
  - 相对湿度传感器 HS1101

- 基于霍尔传感器的转速测量系统设计与制作
  - 任务 2　基于 A3144 的电机转速测量系统设计与制作
  - 霍尔传感器 A3144

- 循迹避障智能小车设计与制作
  - 任务 3　循迹避障智能小车设计方案
  - 任务 4　红外循迹传感器设计与制作
  - 任务 5　红外避障传感器设计与制作
  - 任务 6　循迹避障智能小车控制器设计与制作
  - 任务 7　循迹避障智能小车驱动模块设计与制作
  - H 桥驱动电路
  - 直流电动机 PWM 控制技术
  - H 桥集成电机驱动芯片 L298N
  - 任务 8　循迹避障智能小车功能实现
  - 模拟 PWM 信号
  - 小车循迹功能实现
  - 小车避障功能实现

知识目标

❖ 熟知湿度传感器 HS1101 的湿度测量原理
❖ 掌握霍尔传感器 A3144E 的磁电转换特性
❖ 掌握红外线循迹避障传感器的工作原理
❖ 掌握红外线循迹避障传感器与单片机接口技术

❖ 掌握直流电动机 PWM 控制技术

❖ 掌握 L298N 工作原理

 能力目标

❖ 能使用湿度传感器 HS1101，以单片机为核心组建湿度测量应用系统，绘制电路原理图、PCB，编写应用程序

❖ 能使用霍尔传感器 A3144E，以单片机为核心组建转速测量应用系统，绘制电路原理图、PCB，编写应用程序

❖ 能设计并制作红外循迹、避障传感器

❖ 能运用 PWM 技术控制直流电动机转速

❖ 能以单片机为核心构建一个智能小车，绘制电路原理图、PCB，编写小车实现循迹、避障功能程序

学习情境一　基于 HS1101 的数字湿度计设计与制作

本学习情境首先介绍湿度传感器 HS1101 测量湿度的工作原理，然后是基于 HS1101 的数字湿度计设计与制作。

任务 1　基于 HS1101 的数字湿度计设计与制作

 任务描述

基于 HS1101 的数字湿度计，测量范围为 0～100% RH，用 LCD1602 显示测量值，测量误差为±2% RH。设计出电路原理图和 PCB 电路，编写出应用程序。

 知识链接　相对湿度传感器 HS1101

1. 相对湿度传感器 HS1101 简介

HS1101 是法国 Humirel 公司推出的一款电容式相对湿度传感器。该传感器可广泛应用于办公室、家庭、汽车驾驶室、工业过程控制系统等，对空气湿度进行检测。与其他产品相比，有着显著的优点：

① 无需校准的完全互换性；

② 长期饱和状态，瞬间脱湿；

③ 适应自动装配过程，包括波峰焊接、回流焊接等；

④ 具有高可靠性和长期稳定性；

⑤ 特有的固态聚合物结构；

⑥ 适用于线性电压输出和线性频率输出两种电路；

⑦ 响应时间快。

HS1101 的特征参数见表 7.1，HS1101 的特性曲线如图 7.1 所示。在图 7.1 中，测量温度为 25℃，测量时 HS1101 工作频率为 10 kHz，从特性曲线图上可以看出，HS1101 具有极好的线性输出，可以近似看成相对湿度值与电容值成比例关系。

表 7.1　HS1101 的特征参数

特征参数	符号	Min	Typ	Max	单位
湿度测量范围	RH	1		99	%
供电电压	Vs		5	10	V
标称电容（55 % RH）	C	177	180	183	pF
湿度效应	Tcc		0.04		pF/℃
平均灵敏度（35%~75% RH）	△C%RH		0.34		pF%RH
漏电流	Ix			1	nA
恢复时间（100 h 结露）	tr		10		s
迟滞			+/-1.5		%
长时间稳定性			0.5		%RH/tr
反应时间	ta		5		S
曲线精度			+/-2		%RH

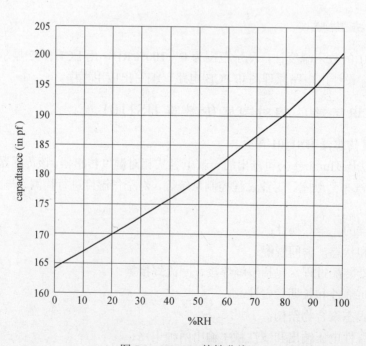

图 7.1　HS1101 特性曲线

2. 基于 HS1101 的湿度测量原理

HS1101湿度传感器是一种基于电容原理的湿度传感器，相对湿度的变化和电容值呈线性规律，电容值随着空气湿度的变化而变化，因此将电容值的变化转换成电压或频率的变化，才能进行有效的数据采集。基于HS1101的湿度测量电路如图7.2所示。在图7.2所示的电路中，R_4的作用是防止短路，非平衡电阻R_3是做内部温度补偿，目的是为了引入温度效应，使它与HS1101的湿度效应相匹配，555定时器必须是COMS型的。

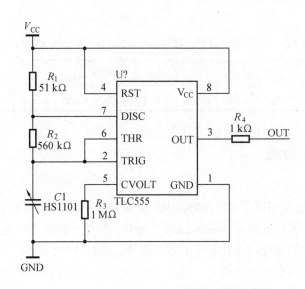

图7.2 基于HS1101的湿度测量电路

相对湿度测量原理：

555定时器外接电阻R_1、R_2与HS1101构成充电回路；555定时器的7引脚通过芯片内部的晶体管对地短路形成HS1101的放电回路。555定时器的引脚2、6相连接入到片内比较器，构成一个多谐振荡器。当HS1101的等效电容通过R_1、R_2充电到上限电压（近似于0.67 V_{CC}，时间记为t_1）时，555定时器的引脚3由高电平变为低电平，然后通过R_2开始放电，由于R_1被555定时器的7引脚内部短路接地，所以只放电到触发界限（近似于0.33 V_{CC}，时间记为t_2），这时555定时器的引脚3变为高电平。这样周而复始地进行充、放电，形成了振荡，在555定时器的引脚3产生方波输出，并且该方波的频率与空气相对湿度呈反比关系，通过测量频率信号，就可得到相对湿度值。

电路的充、放电时间为

$$t_1 = C(R_1 + R_2)\ln 2$$

$$t_2 = CR_2\ln 2$$

输出波形的频率（f）和占空比（D）的计算公式如下：

$$f = \frac{1}{T} = \frac{1}{t_1 + t_2} = \frac{1}{C(2R_2 + R_1)\ln 2}$$

$$D = \frac{t_1}{T} = \frac{R_1 + R_2}{2R_2 + R_1}$$

空气相对湿度与频率的关系见表7.2。为了提高湿度测量精度，可对测量到的频率值按照表7.2所给出分段值，进行线性化处理。

表 7.2　频率–湿度典型参数（参考 **6 208 Hz** 为 **55% RH/25 ℃**）

湿度/（%RH）	0	10	20	30	40	50	60	70	80	90	100
频率/Hz	7 351	7 224	7 100	6 976	6 853	6 728	6 600	6 468	6 330	6 186	6 033

 任务实施

1. 制订方案

HS1101 的湿度测量范围是 0～100% RH，测量精度±2% RH，可以满足系统的要求，本设计采用 HS1101 作为湿度测量传感器。由于 HS1101 是一种基于电容原理的湿度传感器，电容值随着空气湿度的变化而变化，为了便于测量，将 HS1101 和 555 定时器组成振荡电路，把电容值的变化转换成电压频率信号，通过对频率信号测量得到对应的湿度值。控制芯片选择 AT89S52 单片机。单片机负责采集湿度测量数据并进行处理，将湿度值送显示器件显示。显示器件选用字符型 LCD1602 液晶模块。

2. 数字湿度计电路设计

基于HS1101的数字湿度计由单片机模块、显示模块、湿度测量电路、电源部分组成，如图7.3所示。

单片机模块包括AT89S52单片机芯片、复位电路、晶振电路。基于HS1101的湿度测量电路由555定时器和HS1101组成，湿度测量电路频率输出信号接单片机的定时/计数T1引脚（P3.5）。显示模块为LCD1602。电源模块由桥式整流器、3端集成稳压器7805、滤波电容、电源指示灯组成。

3. 数字湿度计 PCB 设计

数字湿度计的外形尺寸为88 mm×85 mm（长×宽）。数字湿度计PCB双面布线。数字湿度计的元器件布局、布线、装配图如图7.4所示，数字湿度计元器件清单见表7.3。

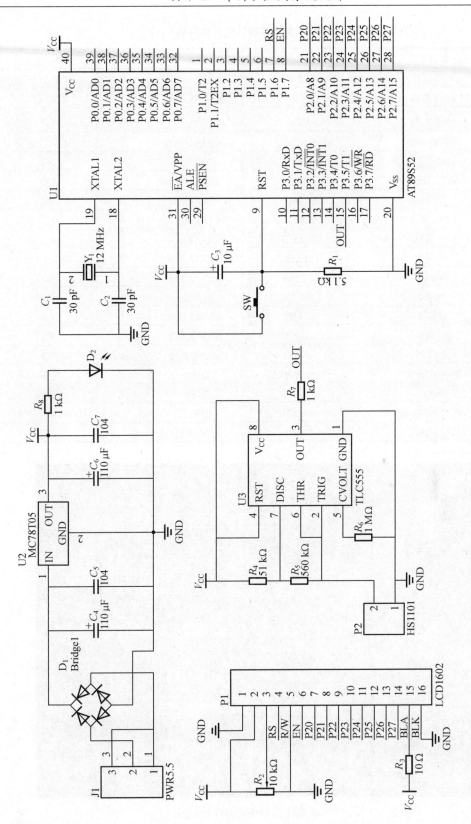

图 7.3 基于 HS1101 的数字湿度计电路原理图

表7.3　数字湿度计元器件清单

元器件名称	规格	封装	数量	标识
瓷片电容	30 pF	AXIAL-0.1	2	C1、C2
瓷片电容	0.1 μF	AXIAL-0.1	2	C5、C7
电解电容	10 μF	AXIAL-0.1	1	C3
电解电容	110 μF	AXIAL-0.1	2	C4、C6
三端集成稳压器	MC78T05	TO-78	1	U2
发光二极管	Φ3	AXIAL-0.1	1	D2
晶振	12 MHz	AXIAL-0.2	1	Y1
单片机	AT89S52	DIP-40	1	U1
电阻1	5.1 kΩ	AXIAL-0.4	1	R1
电阻2	1 kΩ	AXIAL-0.4	2	R7、R8
电阻3	51 kΩ	AXIAL-0.4	1	R4
电阻4	560 kΩ	AXIAL-0.4	1	R5
电阻5	1 MΩ	AXIAL-0.4	1	R6
电阻6	10 Ω	AXIAL-0.4	1	R3
电位器	10 kΩ	VR4	1	R2
轻触式开关	6 mm 方形	DIP-4	1	SW
整流桥		D38	1	D1
HS11010插孔	Header 2-Pin	HDR1X3	1	P1
电源插孔	CON3	KDL-0202	1	PWR5.5

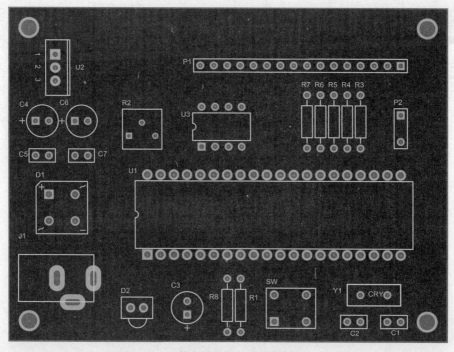

（a）数字湿度计元器件布局图

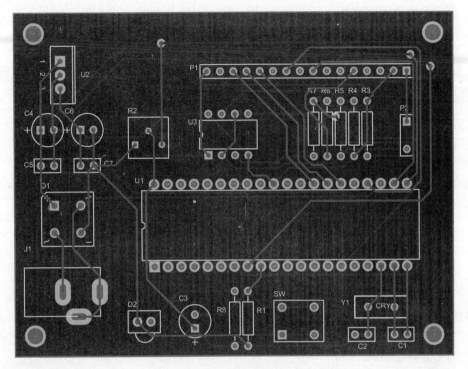

（b）数字湿度计布线图

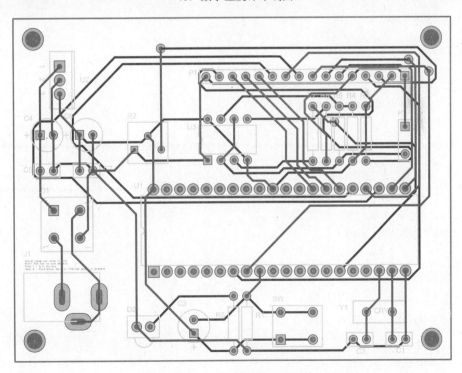

（c）数字湿度计装配图

图 7.4　数字湿度计元器件布局、布线、装配图

4. 数字湿度计程序设计

基于 HS1101 的数字湿度计程序如下：

```c
#include <reg52.h>
#define uchar unsigned char
#define uint    unsigned int
uchar temp_sdu[]={0x00,0x00,0x00};          // 湿度数据缓冲区
uchar RH_S[]="water is:"; //湿度提示语
sbit RS=P1^6;    // LCD1602 的数据/命令选择
sbit EN=P1^7;    // LCD1602 使能
sbit su=P3^5;    //555 定时器频率输出
uchar   count=0;
uchar   HS_L=0,HS_H=0;
uint    f=0;         //初值
uchar   conter=0;
/******************************************************************************
/*    LCD 延时函数
******************************************************************************/
void delay(uint m)
{
        uint x,y;
        for(x=m;x>0;x--)
            for(y=110;y>0;y--);
}
/******************************************************************************
/*    LCD 写命令函数
******************************************************************************/
void write_com(uchar com)
{
        RS=0;
        P2=com;
        delay(5);
        EN=1;
        delay(5);
        EN=0;
}
```

```
/*********************************************************************
/*    LCD 写数据函数
*********************************************************************/
void write_data(uchar date)
{
        RS=1;
        P2=date;
        delay(5);
        EN=1;
        delay(5);
        EN=0;
}
/*********************************************************************
/*    LCD 初始化函数
*********************************************************************/
void init()
{
        EN=0;
        write_com(0x38);    //设置 16X2 显示,5X7 点阵,8 位数据接口
        write_com(0x0c);    //设置开显示，不显示光标
        write_com(0x06);    //写一个字符后地址指针加 1
        write_com(0x01);    //显示清零，数据指针清零
}
/*********************************************************************
/*    T0、T1 初始化函数
*********************************************************************/
void Init_timer()
{
        TMOD=0x51;     //T0 定时方式 1， T1 计数方式（T1 引脚负跳变加 1）
        TL0=0xb0;      //定时器 0 初值 定时 50ms
        TH0=0x3c;
        TL1=0x00;      //T1 计数器清零
        TH1=0x00;
        ET0=1;         //允许 T0 中断
        EA=1;          //使能总中断
        TR0=1;         //启动 T0
        TR1=1;         //启动 T1
}
```

```
/**********************************************************************
/*    计数频率与湿度转换函数
***********************************************************************/
uchar change(uint feq)
{
        uchar tmp=0,age=0,sdg=0,shidu=0;
        if((feq>0)&&(feq<6033))tmp=88;
        if((feq>6033)&&(feq<=6186))tmp=9;
        else if((feq>6186)&&(feq<=6330))tmp=8;
        else if((feq>6330)&&(feq<=6468))tmp=7;
        else if((feq>6468)&&(feq<=6600))tmp=6;
        else if((feq>6600)&&(feq<=6728))tmp=5;
        else if((feq>6728)&&(feq<=6853))tmp=4;
        else if((feq>6853)&&(feq<=6976))tmp=3;
        else if((feq>6976)&&(feq<=7100))tmp=2;
        else if((feq>7100)&&(feq<=7224))tmp=1;
        else if((feq>7224)&&(feq<=7351))tmp=0;
        switch(tmp)
        {
        case 0:
        age=(7351-7224)/10;
        sdg=(7351-feq)/age;
        shidu=(tmp*10+sdg);
        break;
        case 1:
        age=(7224-7100)/10;
        sdg=(7224-feq)/age;
        shidu=(tmp*10+sdg);
        break;
        case 2:
        age=(7100-6976)/10;
        sdg=(7100-feq)/age;
        shidu=(tmp*10+sdg);
        break;
        case 3:
        age=(6976-6853)/10;
        sdg=(6976-feq)/age;
        shidu=(tmp*10+sdg);
```

```
        break;
        case 4:
        age=(6853-6728)/10;
        sdg=(6853-feq)/age;
        shidu=(tmp*10+sdg);
        break;
        case 5:
        age=(6728-6600)/10;
        sdg=(6728-feq)/age;
        shidu=(tmp*10+sdg);
        break;
        case 6:
        age=(6600-6468)/10;
        sdg=(6600-feq)/age;
        shidu=(tmp*10+sdg);
        break;
        case 7:
        age=(6468-6330)/10;
        sdg=(6468-feq)/age;
        shidu=(tmp*10+sdg);
        break;
        case 8:
        age=(6330-6186)/10;
        sdg=(6630-feq)/age;
        shidu=(tmp*10+sdg);
        break;
        case 9:
        age=(6186-6033)/10;
        sdg=(6186-feq)/age;
        shidu=(tmp*10+sdg);
        break;
        case 88:
        shidu=100;
        break;
    }
    return(shidu);
}
```

```
/****************************************************************************
/* 主函数
****************************************************************************/
void main()
{
    uchar num;
    Init_timer();                          //定时/计数器 T0、T1 初始化
    init();                                //LCD1602 初始化
    while(1)
    {
        count= change(f);                  //采集湿度数据
        if(count!=100)
        {
            temp_sdu[0]=0x20;              //百位不显示
            temp_sdu[1]=count%100/10+0x30; //十位
            temp_sdu[2]=count%10+0x30;     //个位
        }
        else
        {
            temp_sdu[0]=0x31;             //1
            temp_sdu[1]=0x30;             //0
            temp_sdu[2]=0x30;             //0
        }
        write_com(0x80);                  //
        for(num=0;num<9;num++)            //湿度提示语送显示
        {
            write_data(RH_S[num]);
            delay(5);
        }
        for(num=0;num<3;num++)            //湿度数据送显示
        {
            write_data(temp_sdu[num]);
            delay(5);
        }
        write_data('%');                  //显示%
    }
}
```

```
/****************************************************************************
* 名称：  timer0()
* 功能：  定时器 1，每 50 ms 中断一次。
* 入口参数：无
****************************************************************************/
void timer0() interrupt 1 using 1
{
      EA =0;                      //
      TR0=0;                      //
      TL0=0xb0;                   //重装初值    定时 50 ms
      TH0=0x3c;
      conter++;
      if(conter==20)
      {
        conter=0;
        TR1=0;                    //关闭计数器 T1
        HS_L =.TL1;               //读脉冲个数(HS1101 测量电路输出的脉冲数)
        HS_H = TH1;
        f = HS_H;
        f = f<<8;
        f=f|HS_L;                 //这里 f 的值是最终读到的频率，不同频率对应不同相对湿度
        TL1=0x00;                 //定时器 1 清零
        TH1=0x00;
        TR1=1;                    //启动计数器 T1
      }
      TR0=1;
      EA=1;
}
```

学习情境二　基于霍尔传感器的转速测量系统设计与制作

任务 2　基于 A3144 的电机转速测量系统设计与制作

 任务描述

制作一个基于霍尔传感器 3144 的电机转速测量系统，测速范围为 0~9 999 转/分，用 LED 数码管显示转速值。设计出电路原理图和 PCB 电路，编写出应用程序。

知识链接　霍尔传感器 A3144

霍尔传感器是一种磁传感器。用它可以检测磁场及其变化，可在各种与磁场有关的场合中使用。霍尔传感器以霍尔效应为其工作基础，是由霍尔元件和它的附属电路组成的集成传感器。霍尔传感器在工业生产、交通运输和日常生活中有着非常广泛的应用。霍尔传感器分为线性型霍尔传感器和开关型霍尔传感器两种。开关型霍尔传感器 3144 应用霍尔效应原理，采用半导体集成技术制造的磁敏电路，它是由电压调整器、霍尔电压发生器、差分放大器、史密特触发器，温度补偿电路和集电极开路的输出级组成的磁敏传感电路，其输入为磁感应强度，输出是一个数字电压信号。霍尔传感器 3144 的外形引脚图与磁电转换特性如图 7.5 所示。

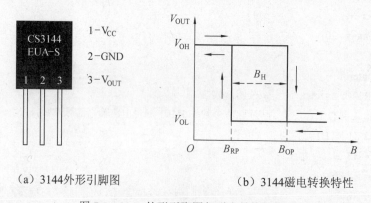

（a）3144外形引脚图　　　　　　（b）3144磁电转换特性

图 7.5　3144 外形引脚图与磁电转换特性

从图 7.5 中可以看出，霍尔传感器 3144 只对一定强度的磁场起作用，抗干扰能力强，因此不会受周边环境的影响。

需要注意的是，霍尔传感器 3144 集电极开路的输出，在使用时，需外接上拉电阻。

 任务实施

1. 制订方案

采用霍尔传感器 3144 测量电机的转速，具体实现方法是：把一粒小磁铁安装在电机的转轴上，当霍尔传感器 3144 靠近磁铁时，就会输出一个脉冲。电机旋转时，霍尔传感器 3144 就会不断地产生脉冲信号。把 3144 的输出引脚接入到单片机的外部脉冲计数端 T1 引脚上，并将定时器 T1 设置为计数方式、T0 设置为定时方式，单片机通过计算单位时间内的脉冲个数，就可以计算出电机的转速。如果在电机的转轴上粘上多粒磁铁，可以实现旋转一周，获得多个脉冲输出，测量的精度就会大幅度的提高。这里，我们测量电机的转数。

2. 电机转数测量装置电路设计

基于 A3144E 电机转数测量装置由单片机模块、显示电路、电机转数测量电路、电源部分组成，如图 7.6 所示。

单片机模块包括 AT89S52 单片机芯片、复位电路、晶振电路。

电机转数测量电路由 A3144E、上拉电阻 R_4 组成，发光二极管 D_3 和限流电阻 R_5 用来指示 A3144E 工作状态，当磁铁接近 A3144E 时，发光二极管 D₃ 被点亮，反之熄灭。

显示电路由四位一体共阳极管和三极管驱动电路组成。

电源模块由桥式整流器、3端集成稳压器7805、滤波电容、电源指示灯组成。

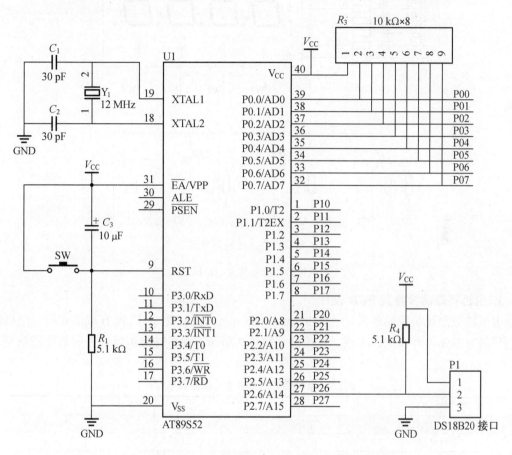

（a）AT89S52 单片机模块及 A3144E 接口电路原理图

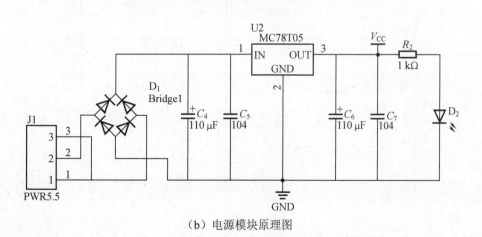

（b）电源模块原理图

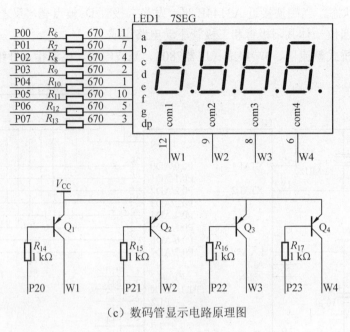

（c）数码管显示电路原理图

图 7.6 电机转数测量装置电路原理图

3. 电机转数测量装置 PCB 设计

电机转数测量装置的外形尺寸为 92 mm×88 mm（长×宽），其 PCB 双面布线。电机转数测量装置的元器件布局、布线、装配图如图 7.7 所示，电机转数测量装置元器件清单见表7.5。

表7.5　电机转数测量装置元器件清单

元器件名称	规格	封装	数量	标识
瓷片电容	30 pF	AXIAL-0.1	2	C1、C2
瓷片电容	0.1 μF	AXIAL-0.1	2	C5、C7
电解电容	10 μF	AXIAL-0.1	1	C3
电解电容	110 μF	AXIAL-0.1	2	C4、C6
三端集成稳压器	MC78T05	TO-78	1	U2
发光二极管	Φ3	AXIAL-0.1	2	D2、D3
晶振	12 MHz	AXIAL-0.2	1	Y1
单片机	AT89S52	DIP-40	1	U1
电阻1	5.1 k	AXIAL-0.4	1	R1、R4
电阻2	1 k	AXIAL-0.4	5	R5、R14~R16
电阻3	10 k×8	HDR1X9	1	R3
电阻4	670	AXIAL-0.4	8	R6~R13
轻触式开关	6 mm 方形	DIP-4	1	SW
四位一体数码管		DIP-12	1	LED17SEG
整流桥		D38	1	D1
三极管 PNP	9012	TO-92A	4	Q1~Q4
A3144E 插孔	Header3-Pin	HDR1X3	1	P1
电源插孔	CON3	KDL-0202	1	PWR5.5

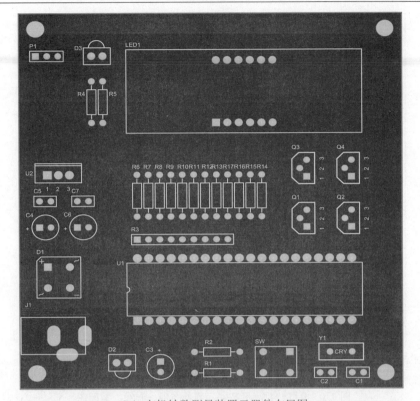

（a）电机转数测量装置元器件布局图

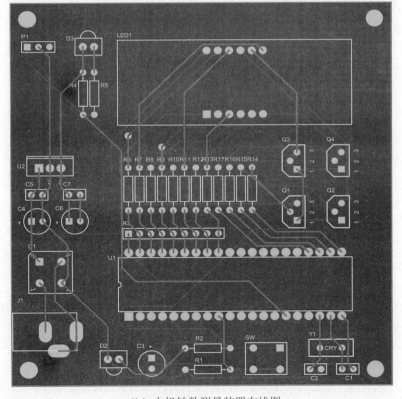

（b）电机转数测量装置布线图

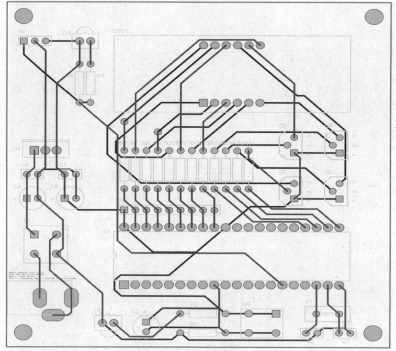

（c）电机转数测量装置装配图

图 7.7　电机转数测量装置元器件布局、布线、装配图

4. 电机转数测量装置程序设计

在程序设计方面，T0 设定为定时器、工作在方式 1，以 50 ms 为基本定时单位；T1 设定为计数器、工作在方式 1，初始值设定为 0。当 1 s 时间到后，T1 停止计数，这时将 TH1 和 TL1 中数值乘以 60，就得到电机的转数。

基于 A3144E 的电机转数测量装置程序如下：

```
#include <reg52.h>
#include <absacc.h>
#include<intrins.h>
#define    uchar unsigned char
#define    uint    unsigned int
sbit HE=P3^5;        //T1 输入引脚，霍尔开关信号线
uchar second=0,counter=0;
uint djzs=0;
uchar code table[]={0xc0,0xf9,0xa4,0xb0,0x99,0x92,0x82,0xf8,
                    0x80,0x90};    //共阳极数码管显示数据表
uchar temp_zs[]={0x00,0x00,0x00,0x00};
//*****************************************************************//
//   延时函数
//*****************************************************************//
```

```
void delay_smg(void)
{
    uint a;
    for(a=0;a<200;a++);
}
//*********************************************************************//
//    数码管显示函数
//*********************************************************************//
void display()
{
  P0=temp_zs[0];
  P2=0xfe;
  delay_smg( );
  P2=0xff;    //
  P0=temp_zs[1];
  P2=0xfd;
  delay_smg( );
  P2=0xff;    //
  P0=temp_zs[2];
  P2=0xfb;
  delay_smg( );
  P2=0xff;    //
  P0=temp_zs[3];
  P2=0xf7;
  delay_smg( );
  P2=0xff;    //
 }
//*********************************************************************//
//    主函数
//*********************************************************************//
void main()
{
  P3=0xff;
  TMOD=0x51;   //T1 计数方式 1、T0 定时方式 1
  TH1=0x00;
  TL1=0x00;
  TH0=0x3c;        //定时 50 ms
  TL0=0xb0;
```

```
    EA=1;                //CPU 中断允许
    ET0=1;               //T0 中断允许
    TR0=1;               //启动 T0
    TR1=1;               //启动 T1
    while(1)
    {
        temp_zs[0]=table[djzs/1000];       //除以 1 000 得到的商，为转数的千位
        temp_zs[1]=table[djzs%1000/100];   //1 000 取余再除以 100 得到的商，为转数的百位
        temp_zs[2]=table[djzs%100/10];     //十位
        temp_zs[3]=table[djzs%10];         //个位
        display( );                        //显示转数
    }
}
void time_0() interrupt 1 using 1
{
    TH0=0x3c;                  //重装初值
    TL0=0xb0;
    counter++;
    if(counter==20)            //1 s 时间到
    {
        counter=0;
        TR1=0;                 //停止 T1 计数
        djzs=TH1;
        djzs<<=8;              //左移 8 位
        djzs=djzs|TL1;         //组合为 1 个字
        djzs=djzs*60;          //计算出每分钟转数
        TH1=0x00;
        TL1=0X00;
        TR1=1;
    }
}
```

学习情境三　循迹避障智能小车设计与制作

　　智能车是一个集控制、传感技术、电子、电气、计算机、机械等多个学科交叉的综合系统，是典型的高新技术综合体。

集众多专业知识于一体的智能车是一个供学生学习相关专业知识、掌握技能的最佳学习、实训载体。高校开展设计、制作智能小车活动，不仅能培养学生的学习兴趣，提高综合运用专业知识能力，同时对于加强学生实践、创新能力和团队精神的培养有着重要的意义。

本学习情境介绍的循迹避障智能小车，以 AT89S52 单片机作为控制器，采用红外循迹传感器对跑道上的黑色轨迹进行检测，控制器对采集到的信息进行分析判断，实时调整小车的速度和转向，使小车沿着黑色轨迹行驶，从而实现自动循迹功能；循迹避障智能小车的另外一个功能是自动躲避障碍物，即当跑道上有障碍物时，小车可根据红外避障传感器探测的信息做出适当的反应，实现避障功能。

任务 3　循迹避障智能小车设计方案

 任务描述

设计一个循迹避障智能小车，要求小车有以下 3 种运行方式：

1. 基本运行方式。

在这种方式下，不需要任何传感器，小车在程序控制下按照"向前行驶→后退行驶→原地左转→原地右转→停止"方式运行，这也是小车的基本功能。

2. 循迹运行方式。

在这种方式下，小车能够识别出黑色轨迹和白色的跑道背景，使小车沿着黑色轨迹行驶，实现小车自动循迹的目的。图 7.8 为小车实现循迹功能的跑道，跑道设置在长 4 m、宽 3 m 的场地内，跑道（白色）的宽度为 40 cm，轨迹线（黑色）的宽度为 3 cm，位于跑道的中心线上。

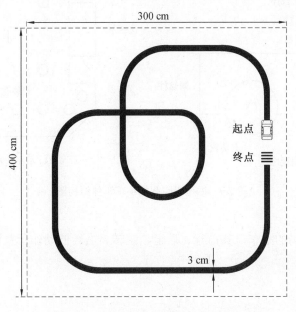

图 7.8　循迹避障智能小车循迹跑道

3. 避障运行方式。

在这种方式下，小车能够检测到前方的障碍物，通过后退、转向动作，使小车避开障碍物继续行驶，从而实现避障功能。

【说明】 小车的样式、重量、驱动方式、供电方式不限。

 任务实施

1. 循迹避障智能小车车体结构

小车采用三轮传动结构，其示意图如图7.9所示。在图7.9中，小车左右两个车轮是主动轮，各由一个电机驱动，从动轮是万向轮，起到转向和平衡作用。在小车装配时，要保证两个驱动电机同轴。左右两驱动轮与万向轮形成了三点结构，这种结构保证小车运行平稳。快速而又平稳的转向，是保证小车实现循迹、避障功能的关键技术之一，小车的转向可以通过两个主动轮的转速差实现，即一个轮转速快，另一个轮转速慢，或者一个轮正转，另一个轮反转，小车就可以快速、平稳的实现转向。

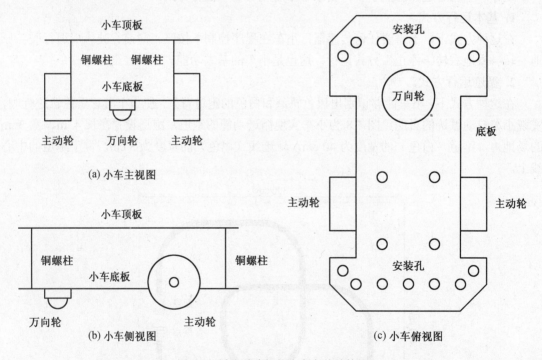

图 7.9　循迹避障智能小车车体结构图

采用三轮传动结构的小车，其前行、后退、左转、右转的动作示意图如图 7.10 所示。

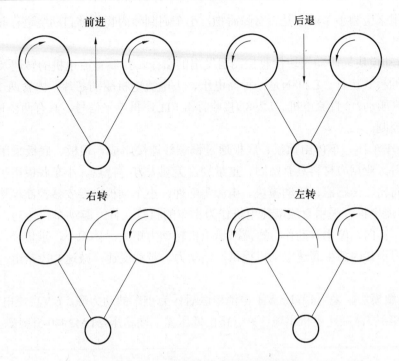

图 7.10 循迹避障智能小车动作示意图

2. 循迹避障智能小车总体设计思路

根据循迹避障智能小车要实现的功能，同时为便于小车功能扩展，小车采用模块化结构设计。按照各模块的功能划分，小车由车体、控制模块、红外检测模块、电源模块、直流电机及驱动模块组成，如图7.11所示。

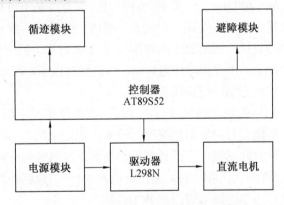

图 7.11 循迹避障智能小车系统框图

（1）控制模块。控制模块是循迹避障智能小车的核心，是小车的大脑，小车循迹、避障功能都是在控制模块的指挥下得以实现的。AT89S52单片机具有优异的性价比、可靠性高、控制能力强，而且51系列单片机是目前应用最广泛的单片机，便于开发，本设计选择AT89S52单片机作为小车的控制核心。

（2）红外检测模块。红外检测模块是小车实现循迹、避障功能的关键部件，是小车的眼睛。红外循迹传感器用来识别小车运行的轨迹线，使小车按照规定的线路行驶。红外避障传感器则是用来检测小车前方是否有障碍物，小车遇到障碍物能够自动绕道行驶，完成避障功能。

（3）驱动模块。驱动模块接收控制器发出的命令，控制直流电机的转速及转向，使小车按照设定的模式运行。L298N是一种高电压、大电流电机驱动芯片，内含两个H桥驱动电路，可以用来驱动2个直流电机。L298N接收标准TTL逻辑电平信号，具有两个使能控制端，便于单片机控制。

（4）小车车体。车体由顶板、底板通过铜螺柱连接组成。顶板、底板采用的是黑色亮光亚克力材料。亚克力材料具有坚固、重量轻，美观大方等特点。小车底板用于安装直流减速电机、万向轮、传感器、驱动模块、电源等部件；小车顶板主要安装控制模块。

（5）直流电机。采用直流减速电机作为小车的执行元件，驱动车轮转动，使小车完成前进、后退、转向、停止等动作。直流减速电机转动力矩大，体积小，重量轻，装配简单，使用方便。由于其内部由高速电动机提供原始动力，带动变速（减速）齿轮组，可以产生较大扭力。

（6）电源模块。采用4节1.5 V干电池串联后作为小车的动力源。6 V直流电源分为2路，一路经L298N给直流减速电机供电；另一路由低压差三端稳压器LM2940-5降压、稳压后给其他模块供电。

任务4　红外循迹传感器设计与制作

 任务描述

在光谱中波长从0.76～400 μm的一段称为红外线，红外线是不可见光线。红外线与我们所熟悉的太阳能、无线电波一样，是在一定波长范围内的电磁波。红外线具有反射、折射、散射、干涉、吸收等物理特性。所有高于绝对零度（-273.15℃）的物质都可以产生红外线。红外线具有极强的穿透能力，不受周边环境影响。红外线在医学、军事、工业、汽车、电器、空间技术和环境工程等领域得到广泛应用。

循迹是指小车能在白色跑道上循黑线行走（或者在黑色跑道上循白线行走）。小车要实现循迹功能，就需要小车能自行对跑道情况进行检测，识别出黑色与白色物体。

红外循迹传感器，能检测出黑、白两种颜色的物体，当循迹传感器接近到白色物体时，输出低电平"0"；当接近到黑色物体时，输出高电平"1"，检测距离为0～2 cm。

要求：设计出循迹传感器电路原理图和PCB。

 任务实施

1. 制订方案

本设计采用红外探测法对黑、白两种不同颜色的物体进行检测，探测元件选用红外反射式光电开关TCRT5000。TCRT5000是一体化反射型光电探测器，其发射器是一个砷化镓红外发光二极管，而接收器是一个高灵敏度，硅平面光电三极管。红外循迹传感器的输出级采用高精度电压比较器LM393，将探测元件TCRT5000输出的信号转换为TTL电平信号。

2. 红外循迹传感器电路设计

基于TCRT5000的红外循迹传感器原理如图7.12所示。

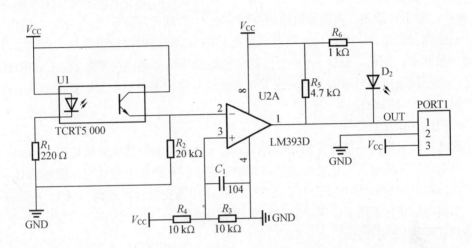

图7.12　红外循迹传感器原理图

红外循迹传感器检测黑色、白色物体原理：由于不同颜色的物体对光的反射率不同，当TCRT5000对准的物体为黑色时，光线几乎没有返回，光电三极管不导通，其输出为低电平，电压比较器LM393输出为高电平"1"；反之，当TCRT5000对准的物体为白色时，光电三极管导通，输出为高电平，LM393输出为低电平"0"。因此，通过TCRT5000可以识别出黑色的跑道和白色的跑道背景，从而实现小车的循迹功能。

红外循迹传感器电路分析：

（1）限流电阻 R_1。

限流电阻的阻值大小将影响到传感器探测黑、白物体的距离。这里我们设计反射距离为 2 cm 左右，R_1 的阻值选定为 220 Ω，探测是在没有强烈日光干扰的环境下进行的。限流电阻决定了红外发射管的发射功率，R_1 越小，红外发射管的功率就越大，小车的能耗也就增加，但同时也增加了光电管的探测距离，因此用户可以根据测试情况选择合适的限流电阻。

（2）TCRT5000。

TCRT5000 是红外一体式发射接收器。由于感应的是红外光，常见光对它的干扰较小，在小车、机器人等制作中广泛采用。TCRT5000 检测黑线的原理为：由于黑色吸光，当红外发射管发出的光照射在上面后反射的部分就较小，接收管接收到的红外线也就较少，表现为电阻比较大，通过外接的电路就可以读出检测的状态，同理当照射在白色表面时发射的红外线就比较多，表现为接收管的电阻就比较小。TCRT5000 分为两部分，一部分为蓝色，类似于 LED，这是红外光的发射部分，通电后能够产生人眼不可见的红外光；另外一部分为黑色的红外接收部分，它的电阻会随着接收到红外光的多少而变化。

（3）LM393。

电压比较器LM393，是由两个独立的、高精度电压比较器组成的集成电路，失调电压低，最大为2 mV,可单电源供电,集电极开路输出。每个比较器有两个输入端和一个输出端。两个输入端一个称为同相输入端,用"+"表示,另一个称为反相输入端,用"-"表示。用作比较两个电压时,任意一个输入端加一个固定电压做参考电压(也称为门限电平,它可选择LM393输入共模范围的任何一点),另一端加一个待比较的信号电压。当 "+"端电压高于"-"端时,输出管截止,相当于输出端开路。当"-"端电压高于"+"端时,输出管饱和,相当于输出端接低电位。两个输入端电压差大于10 mV就能确保输出能从一种状态可靠地转换到另一种状态,因此,把LM393 用在弱信号检测等场合是比较理想的。LM393的输出端相当于一只不接集电极电阻的晶体三极管,在使用时输出端到正电源需要接一只电阻(称为上拉电阻,选$3 \sim 10$ kΩ)。

(4)分压电阻R_2。

R_2的选择和采用红外接收管的内阻有关,由于R_2和接收管构成分压电路,因此R_2的大小和接收管的电压变化有关。正常情况下,传感器在黑线和白纸上移动时,则R_2的上端也就是LM393的2脚应该有明显的电压变化,良好的情况下电压变化可以达到$3 \sim 4$ V,电压变化非常明显,如果电压变化不明显,可以尝试着更换R_2的阻值。

(5)门限电平电路。

R_3、R_4、C_1组成LM393门限电平电路。由于R_3和R_4的阻值相等,所以电路的门限电平为电源电压的一半,即2.5 V(V_{CC}为+5 V),C_1的作用是消除干扰信号。

(6)上拉电阻R_5。

(7)传感器状态指示电路。

R_6、D_2组成传感器状态指示电路。当传感器检测到白色物体时,LM393输出为低电平,发光二极管D_2亮;当传感器检测到黑色物体时,LM393输出为高电平,发光二极管D_2熄灭。R_2是D2的限流电阻。

3. 红外循迹传感器 PCB 设计

要保证小车有良好的循迹效果,除了循迹传感器的数量之外,传感器的外形尺寸以及元器件的封装选择也是一个重要因素。

在本设计中,红外循迹传感器采用电子积木式设计,每个传感器为三线制,即 V_{CC}、GND、信号(+、-、S),这样的设计,一方面便于传感器和控制模块连接;另一方面用户可根据实际情况选择传感器的数量,使小车的循迹效果达到最佳。

组成循迹传感器的元器件采用表面贴装式(SMC),和传统的通孔元器件相比,可使传感器的体积缩小40%~60%、重量减轻60%~80%。循迹传感器的外形尺寸为35 mm×12.5 mm(长×宽)。为方便安装,每个循迹传感器都有一个固定安装孔,可用M3螺丝固定在小车的底板上。

红外循迹传感器PCB采用双面设计,即顶层和底层都布有元器件,其中,电阻R_3、R_4、R_5、R_6、发光二极管D_2、连接件P1等放置在PCB的顶层;电压比较器LM393、红外一体式发射接收器TCRT5000、电阻R_1、R_2、瓷片电容C_1则放置在PCB的底层。红外循迹传感器的元器件布局、布线、装配图如图7.13所示。红外循迹传感器元器件清单见表7.6。

表7.6　红外循迹传感器元器件清单

元器件名称	规格	封装	数量	标识
瓷片电容（贴片）	0.1 μF	1206	1	C_1
发光二极管（贴片）	红色	0805	1	D_2
电阻1（贴片）	220 Ω	1206	1	R_1
电阻2（贴片）	20 kΩ	1206	1	R_2
电阻3（贴片）	10 kΩ	1206	2	R_3、R_4
电阻4（贴片）	4.7 kΩ	1206	1	R_5
电阻5（贴片）	1 kΩ	1206	1	R_6
电压比较器（贴片）	LM393D	S08_M	1	U2
红外对管（通孔）	TCRT5000	DIP_4	1	U1
排针（通孔）	Header3-Pin	HDR1X3	1	PORT1

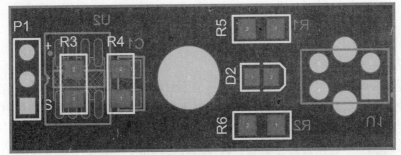

（a）红外循迹传感器元器件布局图

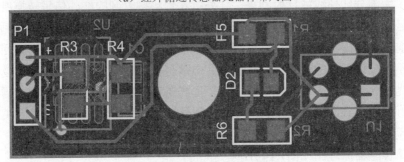

（b）红外循迹传感器布线图

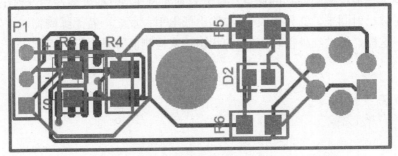

（c）红外循迹传感器装配图

图 7.13　红外循迹传感器元器件布局、布线、装配图

任务 5　红外避障传感器设计与制作

 任务描述

避障是指小车在行驶过程中，遇到障碍物时能够自动绕道行驶，避开障碍物。检测障碍物的传感器通常有接触型和非接触型两种。接触型是指传感器接触到被测对象时才有动作，碰撞开关、接触开关属于这种类型传感器；非接触型是指传感器能在标定的范围内检测到物体，而不需要与物体相接触，超声波测距传感器、红外测距传感器属于非接触型传感器。

红外避障传感器，用来检测障碍物。当避障传感器和障碍物的距离小于 10 cm 时，输出低电平 "0"；当避障传感器和障碍物的距离大于 12 cm 时，输出高电平 "1"。

要求：设计出避障传感器电路原理图和 PCB。

 任务实施

1. 制订方案

超声波受环境影响较大，电路复杂，而且地面对超声波的反射，会影响系统对障碍物的判断。红外线具有反射物理特性，而且在传播时不扩散，穿越其他物质时折射率很小，所以本设计采用红外线检测障碍物。

红外避障传感器主要由红外发射管、红外接收管构成。当红外发射管发射出的红外线遇到障碍物时，大部分红外线被反射回来，红外接收管将接收到的红外信号转换成电信号，而且这个电信号随着光的强度变化而相应变化，利用这一点进行障碍物远近的检测；反之，当红外发射管前方无障碍物或障碍物距离很远时，发射出去的红外线几乎没有返回，那么红外接收管接收不到反射回来的红外线，也就没有电信号，可由此判断前方无障碍物。

由于阳光中含有各种波长的红外线，为了提高避障传感器的抗干扰能力，需要对发射的红外信号进行调制，载波频率设定为38 kHz；红外接收管采用红外一体化接收头 HS0038。

2. 红外避障传感器电路设计

红外避障传感器原理图如图7.14所示。

红外避障传感器检测障碍物的原理：红外发射管 D1发射红外线，当发射出去的红外线遇到障碍物时被反射回来，红外接收管 Q2输出低电平；反之，若无障碍物，红外接收管 Q2输出高电平。这样，通过红外接收管 Q2的状态，来检测前方是否有障碍物。

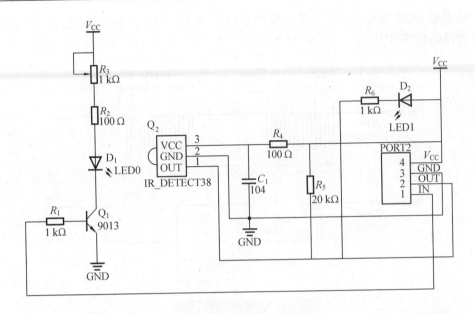

图7.14 红外避障传感器原理图

红外避障传感器电路分析：

（1）红外发射电路。

三极管 Q1、电阻 R_1、R_2、R_3、红外发射管 D1组成红外发射电路。为了提高传感器的抗干扰能力，增加传感器的探测距离，对发射的红外信号进行调制，设计的载波频率为38 kHz，通过对三极管 Q1的基极施加38 kHz 开关信号，三极管 Q1就以相应的频率导通、关断，D1发射的红外线就搭载在频率为38 kHz 的脉冲信号上发射出去。另一方面还可以提高发射效率和降低电源功耗。通过调整电阻 R_3，可改变传感器的探测距离。

（2）红外接收电路。

红外线（IR）接收/检测器（也称红外一体化接收头）HS0038、电阻 R_4、R_5、电容 C_1组成红外接收电路。HS0038内置有红外接收管（光电二极管）、放大器、滤波器及解调器，具有抗光电干扰性能好（无需外加磁屏蔽及滤光片）、并有接收角度宽等特点。HS0038只接收频率为38 kHz 左右的红外线，这就防止了普通光源如太阳光和室内光的干涉。太阳光是直流干涉（0 Hz）源，而室内光依赖于所在区域的主电源，闪烁频率接近100或120 Hz。由于120 Hz在电子滤波器的38 kHz 通带频率之外，这些干扰信号完全被 HS0038忽略。当 HS0038接收频率为38 kHz 左右的红外线时，输出低电平，否则，输出高电平。HS0038的特性曲线如图7.15所示。红外接收头内部放大器的增益很大，很容易引起干扰，因此在接收头的供电脚上须加上滤波电容，并在供电脚和电源之间接入100 Ω的电阻、在供电电源和输出之间接入阻值10 kΩ 以上的电阻，以进一步降低电源干扰，电路中的 C_1、R_4、R_5就是起到这一作用的。

（3）传感器状态指示电路。

发光二极管 D2、R_6组成传感器状态指示电路。当 HS0038接收频率为38 kHz 左右的红外线时，输出端 OUT 为低电平，发光二极管 D2亮；否则，发光二极管 D2熄灭。用以指示传感器是否检测到障碍物。

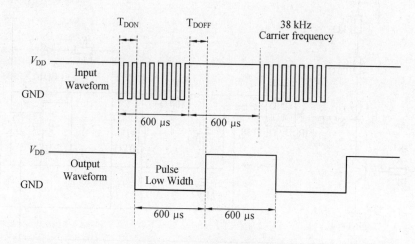

图7.15　HS0038的特性曲线

3. 红外避障传感器 PCB 设计

红外避障传感器也采用电子积木式设计，每个传感器为四线制，即V_{CC}、GND、输出信号、调制输入信号（+、-、S、IN）。

组成避障传感器的元器件也采用表面贴装式（SMC）。避障传感器的外形尺寸为 30 mm×25 mm（长×宽）。同样，为方便安装，每个避障传感器也都有一个固定安装孔，用 M3螺丝固定在小车的底板上。红外避障传感器PCB双面布线。红外避障传感器的元器件布局、布线、装配图如图7.16所示。红外循迹传感器元器件清单见表7.7。

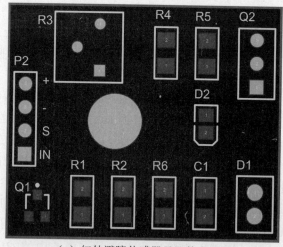

（a）红外避障传感器元器件布局图

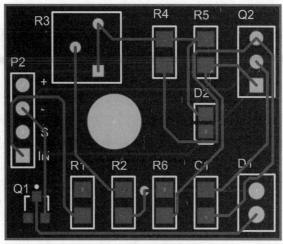

（b）红外避障传感器布线图

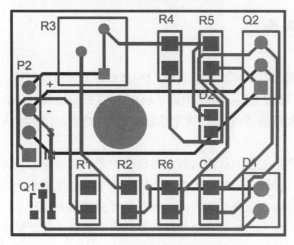

（c）红外避障传感器装配图

图7.16 红外避障传感器元器件布局、布线、装配图

表7.7 红外避障传感器元器件清单

元器件名称	规格	封装	数量	标识
瓷片电容（贴片）	0.1 μF	1 206	1	C1
发光二极管（贴片）	红色	0805	1	D2
红外发射二极管（通孔）	Φ3	AXIAL-0.1	1	D1
电阻1（贴片）	100 Ω	1206	2	R2、R4
电阻2（贴片）	1 kΩ	1206	2	R1、R6
电阻3（通孔）	1 kΩ	VR4	1	R3
电阻4（贴片）	20 kΩ	1206	1	R5
三极管（贴片）	9 013	SOT-23	1	Q1
一体化接收头（通孔）	HS0038	HDR1X2	1	. Q2
排针（通孔）	Header4-Pin	HDR1X4	1	PORT2

任务 6　循迹避障智能小车控制器设计与制作

任务描述

在循迹避障智能小车中，控制器是整个系统的核心，小车的所有各种功能都是在控制器的指挥下实现的。循迹避障小车控制器以 AT89S52 单片机为控制芯片，通过循迹传感器识别黑色（或白色）跑道，控制驱动模块使小车沿着黑色（或白色）跑道行驶；或通过避障传感器检测障碍物，控制驱动模块使小车避开障碍物行驶。控制器与循迹避障传感器、驱动模块通过杜邦线连接。

要求：设计出小车控制器电路原理图和 PCB。

任务实施

1. 制订方案

循迹避障小车控制器由单片机最小系统、I/O 接口、电源模块组成。单片机最小系统包括 AT89S52 单片机芯片、复位电路、晶振电路。I/O 接口是控制器和红外传感器、驱动模块进行信息传递的桥梁，控制器通过 I/O 接口采集信息，通过 I/O 接口控制电机驱动模块，使小车按照预定的要求行驶。

电源是整个系统稳定工作的前提，因此必须有一个合理的电源设计，对于小车来说电源模块设计应注意两点：①与一般的稳压电源不同，小车的电池电压一般在6～8 V左右，同时还要考虑到电池损耗导致电压降低的因素，因此常用的78系列稳压芯片不再能够满足要求，因此必须采用低压差的稳压芯片。②单片机必须与大电流器件分开供电，避免大电流器件对单片机造成干扰，影响单片机的稳定运行。

2. 小车控制器电路设计

小车控制器电路原理图如图7.17所示。由于AT89S52单片机P0口内部没有上拉电阻，为高阻抗状态，将P0口用作I/O口时需外接上拉电阻，这里我们选择接入10 kΩ的上拉电阻。特别需要说明的是，单片机的31引脚EA应接高电平（EA接低电平，单片机选择片外存储器；EA接高电平，单片机选择片内存储器），由于我们只用内部存储器，因此需要将此脚连至高电平，这一点非常重要，很多单片机爱好者的单片机无法工作也往往是由于疏忽这一点引起。

在本设计中，I/O接口分为两组，一组是三线制，即V_{CC}、GND、信号（+、−、S），主要用于红外循迹传感器与控制器接口；另一组是4线制，即V_{CC}、GND、输出信号、调制输入信号（+、−、S、IN），主要用于红外避障传感器与控制器接口。需要说明的是，这两组I/O口除了用于和传感器连接外，剩余的I/O接口线也都可以和驱动模块连接。

电源模块使用了低压差三端集成稳压器LM2940-5.0。LM2940-5.0输出电压为5 V，最大输出电流为1 A，最小输入输出电压差小于0.8 V，最大输入电压为26 V。LM2940-5.0的工作温度为-40～+125 ℃，内含静态电流降低电路、电流限制、过热保护、电池反接和反插入保护电路。LM2940-5.0的封装与78系列完全相同，价格适中，完全能够满足要求。

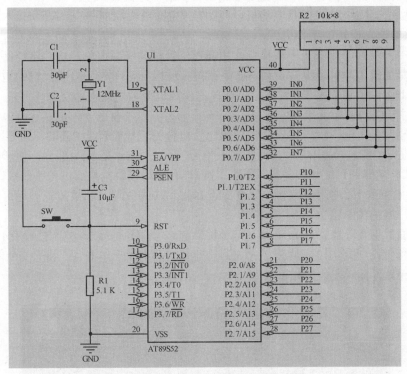

（a）AT89S52 单片机最小系统原理图

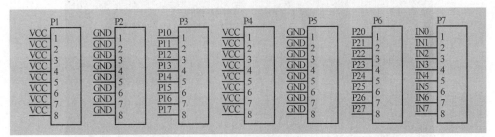

（b）I/O 接口原理图

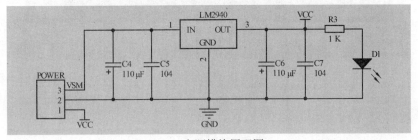

（c）电源模块原理图

图 7.17　小车控制器

小车的电池分两路供电，一路通过电源模块供给单片机、I/O接口、指示灯、驱动模块；另一路直接供给驱动小车的直流电动机。在图7.17电源模块原理图中，VSM接入的是电池正极，V_{CC}是供给驱动模块的工作电源。

本设计中，没有设计 ISP 下载接口，用40PIN 锁紧插座固定单片机，这样便于在给单片机烧录程序时插拔单片机。没有设计 ISP 下载接口原因是，考虑到51单片机的型号众多，其ISP 下载接口也不相同，用户可根据自己选择的单片机型号用编程器烧录程序。

3. 小车控制器 PCB 设计

小车控制器采用电子积木式设计，传感器接口分为三线制V_{CC}、GND、信号（+、−、S）和四线制VCC、GND、输出信号、调制输入信号（+、−、S、IN）两部分，便于控制器与红外循迹、避障传感器通过杜邦线连接。另外，控制器与驱动模块也是通过传感器接口进行连接。

在设计PCB时，应注意晶振和电容要靠近18脚和19脚放置，如果放置过远可能会造成晶振不能起振，或工作不稳定。

控制器的外形尺寸为73 mm×64 mm（长×宽）。为方便安装，控制器设有4个固定安装孔，用 M3螺丝固定在小车的顶板上。小车控制器的元器件布局、布线、装配图如图7.18所示。小车控制器元器件清单见表7.8。

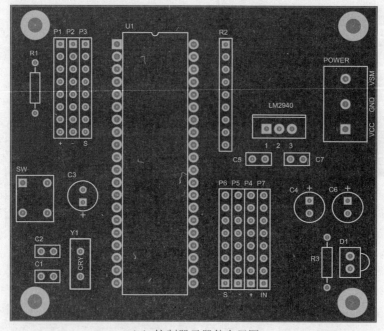

（a）控制器元器件布局图

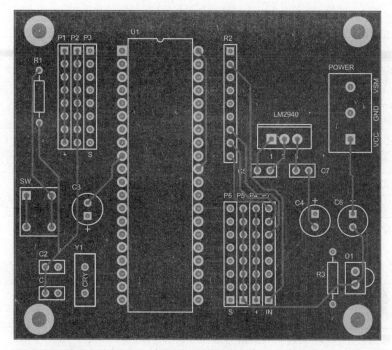

（b）控制器布线图

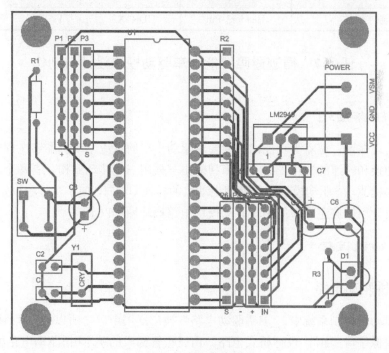

（c）控制器装配图

图 7.18 小车控制器元器件布局、布线、装配图

表 7.8　小车控制器及电源模块元器件清单

元器件名称	规格	封装	数量	标识
瓷片电容	30 pF	AXIAL-0.1	2	C1、C2
瓷片电容	0.1 μF	AXIAL-0.1	2	C5、C7
电解电容	10 μF	AXIAL-0.1	1	C3
电解电容	110 μF	AXIAL-0.1	2	C4、C6
三端集成稳压器	LM2940	TO-78	1	LM2940
发光二极管	$\phi 3$	AXIAL-0.1	1	D1
晶振	12 MHz	AXIAL-0.2	1	Y1
单片机	AT89S52	DIP-40	1	U1
40PIN 锁紧插座	DIP40	DIP-40	1	U1
电阻1	5.1 kΩ	AXIAL-0.4	1	R1
电阻2	1 kΩ	AXIAL-0.4	1	R3
电阻3	10 k×8	HDR1X9	1	R2
轻触式开关	6 mm 方形	DIP-4	1	SW
排针（红外传感器接口）	Header8-Pin	HDR1X8	7	P1、P2、P3、P4、P5、P6、P7
电源接线柱	Header3-Pin	HDR1X3	1	POWER

任务 7　循迹避障智能小车驱动模块设计与制作

任务描述

　　小车要实现循迹、避障等功能，这就要求驱动小车的直流电动机能够在程序的控制下实现正反转的切换和转速的变化。循迹避障智能小车采用三轮传动结构，有两个主动轮，各由一个直流电动机驱动。驱动模块控制直流电动机的转速、转向，使小车按照设定的模式行驶。

　　要求：设计出循迹避障智能小车驱动模块电路原理图和PCB。

知识链接

一、H 桥驱动电路

　　在直流电动机控制系统中，"H桥驱动电路"被广泛采用。之所以称为"H桥驱动电路"，是因为其形状像字母"H"，也称桥式电路。由三极管构成的基本H桥驱动电路如图7.19所示。在图7.19中，基本H桥驱动电路由4个三极管和4个续流二极管组成，采用单一电源供电。

　　应用基本H桥驱动电路实现直流电动机正、反转控制原理：当U_a、U_d为高电平、U_b、U_c为低电平时，T1和T4导通，直流电动机正转；当U_b、U_c为高电平、U_a、U_d为低电平时，T2

和T3导通，直流电动机反转，这样便实现了直流电动机的正、反转控制。电路中三极管选用的是8050，其最大工作电流约为800 mA，可以用来驱动一些功率较小的直流电动机。

基本H桥驱动电路存在的问题：如果在控制中U_a（或U_c）、U_b（或U_d）同时出现高电平，将使H桥同侧的三极管T1（或T2）、T3（或T4）都导通，电流将不会流过直流电动机，而是从电源正极流经三极管T1（或T2）、T3（或T4）到电源负极，此时，电路中除了三极管外没有其他任何负载，因此电路上的电流就可能达到最大值（该电流仅受电源性能限制），甚至烧坏三极管。

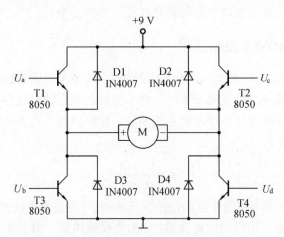

图7.19　基本H桥驱动电路原理图

基于上述原因，在实际驱动电路中通常要用硬件电路方便地控制三极管的开和关。改进的H桥驱动电路如图7.20所示，它在基本H桥电路的基础上增加了4个与门和2个非门。4个与门由一个"使能"信号控制，这样，用这一个信号就能控制整个电路的开和关。而2个非门通过提供一种方向输入，可以保证任何时候在H桥的同一侧上都只有一个三极管能导通。电机的运转只需要用三个控制信号，即两个方向信号和一个使能信号。

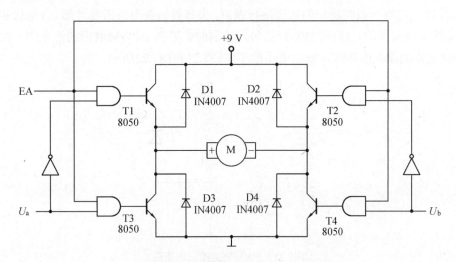

图7.20　可控制的H桥驱动电路原理图

改进的H桥驱动电路控制原理如下：使能信号EA为高电平，如果U_a为低电平、U_b为高电平，三极管T1和T4导通，电流从左至右流经电机，电机正转；如果U_a为高电平、而U_b为低电平，T2和T3将导通，电流则反向流过电机，电机反转。而当使能信号EA为低电平时，不论U_a和U_b是高、低电平，则电路是关断的，电机停止工作。

由于直流电动机是电感性负载，当直流电动机由正转向反转切换（或由反转向正转切换）时，直流电动机的电流发生变化，产生较大的反电势，而此时的三极管由导通状态转换为截止状态，直流电动机产生的反电势会施加在三极管上，造成三极管损坏。电路接入续流二极管后，形成了续流回路，从而保证了三极管及其他元件的安全。

二、直流电动机 PWM 控制技术

小车中的直流电动机是执行元件，驱动车轮转动，使小车完成前进、后退、转向、停止等动作。所以在使用直流电动机驱动小车时，除了要对直流电动机进行正、反转控制外，还要对其转速进行控制，这样智能小车才能实现循迹、避障功能。直流电动机的转速与施加在电枢两端电压的关系如下：

$$n = \frac{U - IR}{C_e \Phi} \tag{7.1}$$

式中，U为加载在直流电动机电枢两端的直流电压；I为直流电动机的电枢电流；R为电枢电路总电阻；C_e为直流电动机的结构参数；Φ为每极磁通量。由于本设计中用到的是微型直流电动机，其机械结构已经固定，励磁部分为永久磁铁，所以式中的R、C_e、Φ等参数都已经固定，我们能够改变的只有加载在直流电动机电枢两端的直流电压。由此可见，通过改变加载在直流电动机电枢两端的直流电压就可以对其转速进行控制，即通过调节电枢电压来实现调速。

在调节电枢电压来实现调速方式中，应用最为广泛的是通过PWM控制直流电动机电枢电压来实现调速。

PWM（脉冲宽度调制）是英文"Pulse Width Modulation"的缩写，简称脉宽调制。PWM控制技术，即通过对一系列脉冲的宽度进行调制，来等效地获得所需要波形（含形状和幅值）。在控制系统中最常用的是矩形波PWM信号，控制时需要调节PWM波形的占空比。直流电动机PWM调速控制原理图和输入输出电压波形如图7.21和图7.22所示。

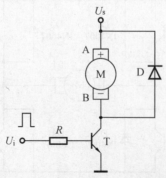

图7.21　PWM调速控制原理图

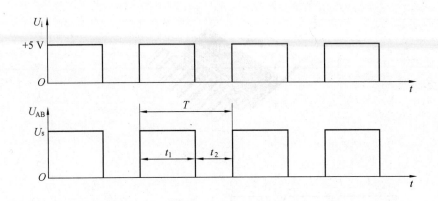

图7.22　输入输出电压波形图

PWM调速原理：在图7.21中，当开关管T的基极输入高电平时，开关管T导通，直流电动机电枢两端的电压为U_s，t_1秒后，基极输入变为低电平，开关管T截止，直流电动机电枢两端的电压为0。t_2秒后，开关管T的基极输入重新变为高电平，开关管的动作重复前面的过程。这样，对应输入的电平高低，直流电动机电枢两端的电压波形如图7.22所示。直流电动机的电枢两端的平均电压值U_{AB}为

$$U_{AB} = \frac{t_1}{T}U_s = \alpha U_s \qquad (7.2)$$

式中，α——占空比，$\alpha = \frac{t_1}{T}$。

占空比α表示在一个周期T内，开关管导通的时间与周期的比值。α的变化范围为$0 \leqslant \alpha \leqslant 1$。由式（7.2）可知，当电源电压$U_s$不变的情况下，直流电动机电枢两端电压的平均值$U_{AB}$取决于占空比$\alpha$的大小，改变$\alpha$的值就可以改变端电压的平均值，从而达到调速的目的，这就是PWM调速原理。

在PWM调速时，占空比α是一个重要参数。目前，在直流电动机的控制中，主要使用定频调宽法，即保持周期T（或频率）不变，而同时改变t_1和t_2来实现改变占空比α的值。

三、H桥集成电机驱动芯片 L298N

L298N是一种高电压、大电流电机驱动芯片，采用15脚封装，如图7.23所示。L298N的主要特点是：工作电压高，最高工作电压可达46 V，输出电流大，瞬间峰值电流可达3 A，持续工作电流为2 A，额定功率25 W。内含两个H桥的高电压大电流全桥式驱动电路，可以用来驱动直流电动机和步进电动机、继电器线圈等感性负载。采用标准逻辑电平信号控制，具有两个使能控制端，输入标准TTL逻辑电平信号，低电平时全桥式驱动器禁止工作，使内部逻辑电路部分在低电压下工作。可以外接检测电阻，将变化量反馈给控制电路。用L298N芯片可驱动2个两相步进电机或驱动1个四相步进电机，也可以驱动2台直流电动机。L298N的内部原理图如图7.24所示。L298N的引脚功能见表7.9。

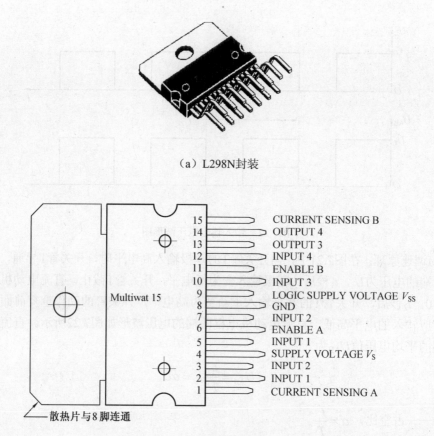

（a）L298N封装

（b）L298N引脚图

图7.23　L298N封装及引脚图

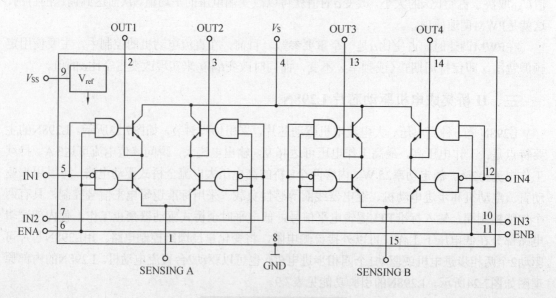

图7.24　L298N的内部原理图

表 7.9　L298N 引脚功能

引脚	符　号	功　　能
1	CURRENT SENSING A	两个 H 桥的电流反馈脚，不用时可以直接接地
15	CURRENT SENSING B	
2	OUTPUT 1	驱动器 A 的两个输出端，用来连接负载
3	OUTPUT 2	
4	SUPPLY VOLTAGE VS	电机驱动电源输入端
5	INPUT 1	输入标准的 TTL 逻辑电平信号，用来控制全桥式驱动器 A 的开关
7	INPUT 2	
6	ENABLE A	使能控制端，输入标准的 TTL 逻辑电平信号。低电平时全桥式驱
11	ENABLE B	动器禁止工作
8	GND	接地端，芯片散热片与该引脚连通
9	LOGIC SUPPLY VOLTAGE VSS	逻辑控制部分电源输入端
10	INPUT 3	输入标准的 TTL 逻辑电平信号，用来控制全桥式驱动器 B 的开关
12	INPUT 4	
13	OUTPUT 1	驱动器 B 的两个输出端，用来连接负载
14	OUTPUT 2	

任务实施

1. 制订方案

由于单片机的输出功率有限，不能直接驱动直流电动机，需要外加驱动电路，为直流电动机提供足够大的驱动电流，同时驱动电路还能在单片机的控制下，实现电动机正反转的快速切换以及对直流电动机的转速进行控制。L298N 是一种高电压、大电流电机驱动芯片，内含两个 H 桥驱动电路，可以用来驱动小车的两个直流电机。L298N 可接收标准 TTL 逻辑电平信号，具有两个使能控制端，便于单片机控制。小车驱动模块采用 L298N 作为小车的电机驱动芯片。

2. 小车驱动模块电路设计

基于 L298N 的小车驱动模块原理图如图 7.25 所示。

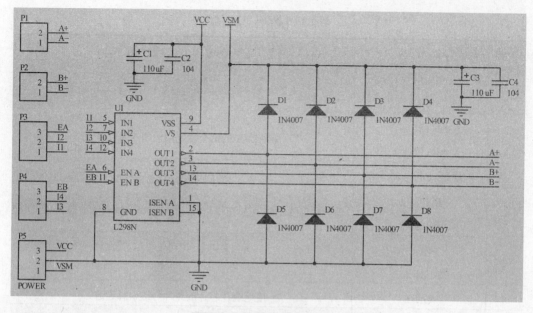

图7.25　小车驱动模块原理图

小车驱动模块说明：

（1）驱动模块有两路电源，一路为 L298N 工作需要的5 V 电源 V_{CC}，由电源模块提供；另一路为驱动电机用的电源 VSM，由小车电池直接提供。

（2）驱动模块可驱动2路直流电动机。其中，输出端子 A+、A−接一路直流电动机，B+、B−接另一路直流电动机。EA、EB 为使能端（高电平有效），IN1、IN2、IN3、IN4为直流电动机正转或反转控制端。驱动模块的功能表如表7.10所示。

表 7.10　驱动模块功能表

EA(EB)	IN1(NI3)	IN2(IN4)	直流电动机运行状态
L	×	×	停止
H	L	H	正转
H	H	L	反转
H	H	H	快速停止
H	L	L	快速停止

（3）续流二极管 D1～D8是为了消除电机转动时的尖峰电压保护电机而设置的。

（4）驱动模块工作时，L298N 的功耗很大，需接散热片。

3. 小车驱动模块 PCB 设计

驱动模块的外形尺寸为58 mm×53 mm（长×宽），有4个固定安装孔，用 M3螺丝固定在小车的底板上。驱动模块 PCB 双面布线。驱动模块的元器件布局、布线、装配图如图7.26所示。小车驱动模块元器件清单见表7.11。

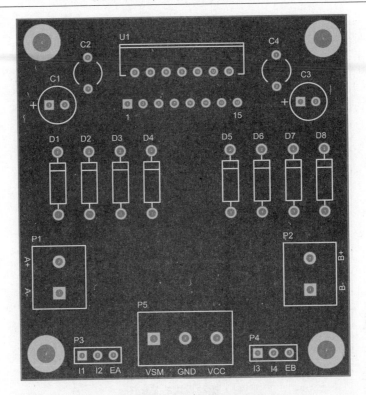

（a）驱动模块的元器件布局图

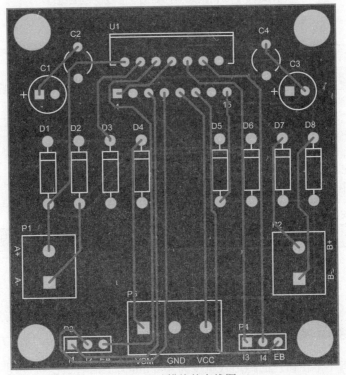

（b）驱动模块的布线图

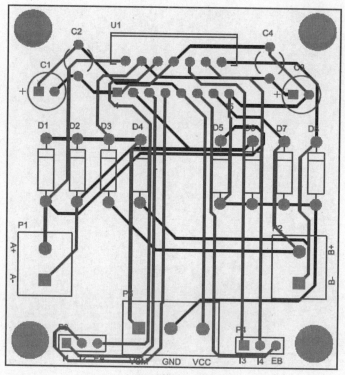

（c）驱动模块的装配图

图7.26　驱动模块元器件布局、布线、装配图

表7.11　小车驱动模块元器件清单

元器件名称	规格	封装	数量	标识
瓷片电容	0.1 μF	AXIAL-0.1	2	C2、C4
电解电容	110 μF	AXIAL-0.1	1	C1、C3
整流二极管	IN4007	AXIAL-0.4	8	D1、D2、D3、D4、D5、D6、D7、D8
电机驱动芯片	L298N	Multiwatt15V	1	U1
2端接线柱	Header　2-Pin	HDR1X2	2	P1、P2
排针（I/O 接口）	Header　3-Pin	HDR1X3	1	P3、P4
电源接线柱	Header　3-Pin	HDR1X3	1	P5

任务8　循迹避障智能小车功能实现

 任务描述

　　小车循迹是指小车在白色的跑道（宽度为 400 mm）上沿着黑色轨迹线（宽度为 30 mm）行驶，当小车偏离轨迹线时，能自动修正其运行轨迹。红外循迹传感器的数量和安装位置

将影响小车的循迹性能。小车避障是指小车在行驶过程中，若检测到前方有障碍物，小车通过后退、转向动作避开障碍物继续行驶。

 知识链接 模拟 PWM 信号

在直流电动机调速方案中，广泛采用的是 PWM 控制技术。由于 AT89 系列单片机的内部没有 PWM 控制器，如果要输出 PWM 信号就需要通过软件的方式在 I/O 上模拟 PWM 的输出。

对于 PWM，直观上说，就是占空比可变的脉冲波形。在单片机应用系统中，就是用单片机产生一定周期的方波，而且方波中高电平的持续时间可以调整（即占空比可调）。

当应用单片机 I/O 输出 PWM 信号时，通常有两种方式，一种是用软件延时，另一种是利用单片机内部的定时/计数器实现。

1. 用软件延时方式输出 PWM 信号

用软件延时方式产生 PWM 信号的关键是要编写一个时间基准函数，通过反复调用这个函数，从而得到占空比可调的 PWM 波形。

设系统的晶振频率为12 MHz，产生的 PWM 频率为1 kHz，占空比为60%，从单片机的P1.0引脚输出。编写用软件延时方式输出 PWM 信号的应用程序。

设计分析：若产生 PWM 波形的频率为1 kHz，则每个方波的周期为1 ms，占空比为60%，即高电平持续的时间为600 μs，所以关键是设计出100 μs 的延时函数作为时间基准函数，通过调用该函数来实现占空比为60%的 PWM 波形。

产生占空比可调的 PWM 波形程序如下：

```c
#include<reg52.h>
#include<intrins.h>
#define uchar unsigned char
sbit PWM=P1^0;
void delay(uchar ms)    //时间基准函数，若调用该函数的参数值 ms=1，则产生100 μs 的延时
{
    uchar i,j;
    for(i=0;i<ms;i++)
        for(j=0;j<20;j++)
            {
                _nop_();
            }
}
void PWM_out(uchar a)    //PWM 波形函数（输出占空比为0～100%）
{
    PWM=1;
    delay(a);
```

```
    PWM=0;
    delay(10-a);
}
void main()
{
    while(1)
    {
        PWM_out(6);    // 输出占空比为60%PWM 波形
    }
}
```

程序所产生的 PWM 波形如图7.27所示。

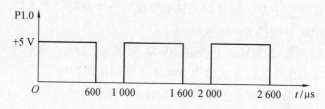

图7.27 占空比为60%的 PWM 波形

2. 用定时/计数器方式输出 PWM 信号

用软件实现精确定时的前提条件是，计算机在执行延时函数时不能被中断，否则定时时间会出现误差。另外，用软件延时方式产生 PWM 信号，降低了 CPU 的效率。使用单片机的定时器/计数器进行定时，一方面可以做到精确定时，另一方面还可以提高 CPU 的工作效率。

设系统的晶振频率为12 MHz，产生的 PWM 频率为1 kHz，占空比为60%，从单片机的 P1.0引脚输出，用定时/计数器方式输出 PWM 信号。

设计分析：因为系统的晶振频率为12 MHz，则一个机器周期为1 μs。PWM 波形的频率为1 kHz，则每个方波的周期为1 ms。设置定时/计数器 T0 为定时方式2，以100 μs 为基本定时单位，采用中断方式，每到100 μs 进行一次处理。

用定时/计数器方式输出 PWM 信号程序如下：

```
#include<reg52.h>
#define uchar unsigned char
#define uint unsigned int
#define PWM_time   10      //PWM 周期常量
sbit PWM=P1^0;            //
uint count;
uint PWM_A;
void PWM_uot(uchar PWM_width)
```

```
{
    if(PWM_width>PWM_time)PWM_width=PWM_time;//若形参大于 PWM 周期常量（10），取最大值
    PWM_A=PWM_time;        //
}
main()
{
    TMOD=0x02;            //T0定时方式2
    TH0=256-100;         //定时100 μs
    TL0=256-100;         //
    EA=1;                //CPU 允许中断
    ET0=1;               //允许定时器 T0中断
    TR0=1;               //启动定时器 T0
    PWM=1;               //P1.0脚输出高电平
    while(1)
    {
        PWM_uot(6);      //PWM 波形占空比为60%
    }
}
void T0_int() interrupt 1
{
    count++;             //100 μs 软件计数器加1
    if(count<PWM_A)      //PWM 波形的脉宽小于设定值，P1.0脚输出高电平
    {
        PWM=1;
    }
    else   //
    {
        PWM=0;           //PWM 波形的脉宽大于等于设定值，P1.0脚输出低电平
    }
}
```

任务实施

一、小车循迹功能实现

小车循迹是指小车在白色的跑道（宽度为400 mm）上沿着黑色轨迹线（宽度为30 mm）行驶，当小车偏离轨迹线时，能自动修正其运行轨迹。红外循迹传感器的数量和安装位置将影响小车的循迹性能。本任务中，红外循迹传感器的数量为3个，安放在小车底部的前面，

红外循迹传感器的宽度为12.5 mm，3个一字排布的红外循迹传感器的有效宽度为25 mm。图7.28给出了红外循迹传感器的排布情况以及红外循迹传感器和控制器的电气连接。

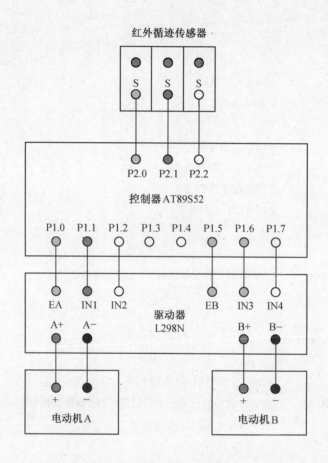

图7.28　红外循迹传感器的排布及与控制器的电气连接示意图

1. 循迹控制策略

小车循迹过程中，红外循迹传感器在黑色轨迹上可能出现的情况如图7.29所示。小车循迹的实质就是根据红外循迹传感器在黑色轨迹线的情况不断调整小车转向的过程，因此小车循迹控制就是检测红外循迹传感器在黑色轨迹线的状态，并依此调整小车的转向，使小车始终行驶在黑色轨迹线上。红外循迹传感器只有"0"和"1"两种状态，这里的"1"表示红外循迹传感器检测到的是黑色，此时红外循迹传感器在黑色轨迹线上；"0"表示红外循迹传感器检测到的是白色，此时红外循迹传感器在白色跑道上。表7.12给出了红外循迹传感器的状态与对应的循迹控制策略。

表7.12 红外循迹传感器的状态与对应的循迹控制策略

红外循迹传感器的状态	循迹控制策略
0 0 0	停止
1 1 1	向前行驶，左轮和右轮的转速相等
1 1 0	小左转，左轮转速<右轮转速，转速差小
1 0 0	大左转，左轮转速<右轮转速，转速差大
0 1 1	小右转，左轮转速>右轮转速，转速差小
0 0 1	大右转，左轮转速>右轮转速，转速差大
1 0 1	无效的组合，小车向前行驶
0 1 0	无效的组合，小车向前行驶

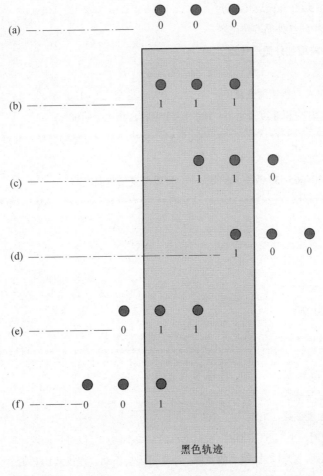

图7.29 小车循迹过程中红外传感器在黑色轨迹线上的分布示意图

2. 小车实现循迹功能控制程序

```c
/*****************************************************************/
#include<reg52.h>
#define uchar unsigned char
#define uint unsigned int
#define    PWM_time    100    //PWM 周期常量
/********电机控制***************/
sbit ENA = P1^0;    //电机 A 使能控制
sbit IN1 = P1^1;    //电机 A 方向控制
sbit IN2 = P1^2;    //电机 A 方向控制
sbit ENB = P1^5;    //电机 B 使能控制
sbit IN3 = P1^6;    //电机 B 方向控制
sbit IN4 = P1^7;    //电机 B 方向控制
sbit Left= P2^0;    //左边红外循迹传感器
sbit Font= P2^1;    //中间红外循迹传感器
sbit Right=P2^2;    //左边红外循迹传感器
uint MA=0,MB=0;
uint SpeedA=0;        //A 电机速度变量(0~100对应 PWM 占空比0~100%)
uint SpeedB=0;        //B 电机速度变量(0~100对应 PWM 占空比0~100%)
/*****************************************************************
*      延时函数（单位：毫秒）                                    *
*      ms：变量范围0~65 535.改变 ms 的大小，可以改变延时的时间    *
*****************************************************************/
void delay(uint ms) //
{
    uint i,j;
    for(i=ms;i>0;i--)
        for(j=124;j>0;j--);
}
/*****************************************************************
*      小车向前巡航函数
*      speed_l:左轮速度参数，范围从1~100
*      speed_r:右轮速度参数，范围从1~100
*      左右轮参数相同，小车就能前进，根据电机的参数不同，可以进行微调
*      由于电量的问题，参数在比较小的时候，小车可能会不动，建议从10开始
*****************************************************************/
void Goahead(uchar speed_l,uchar speed_r)
```

```
{
    if(speed_l > PWM_time)    //若占空比参数 speed_l 的值大于 PWM 周期常量，则赋值为
     speed_l = PWM_time;       //周期常量 PWM_time
    if(speed_r > PWM_time)
    speed_r = PWM_time;
    SpeedA = speed_l;
    SpeedB = speed_r;
    IN1 = 0;    //电机 A 正转
    IN2 = 1;    //
    IN3 = 0;    //电机 B 正转
    IN4 = 1;    //
    TR0 = 1;    //启动定时器 T0
}
/*******************************************************************************

*    小车转向控制函数

*    speed_l:左轮速度参数，范围从1～100

*    speed_r:右轮速度参数，范围从1～100

*    左右轮参数不相同，小车就能转向，左轮参数大时小车右转，右轮参数大时小车左转，

*    两轮参数相差越大转弯角度越大

*    由于电量的问题，参数在比较小的时候，小车可能会不动，建议从10开始。
*******************************************************************************/
void Turn(uchar speed_l,uchar speed_r)
{
    if(speed_l > PWM_time)    //若占空比参数 speed_l 的值大于 PWM 周期常量，则赋值为
    speed_l = PWM_time;        //周期常量 PWM_time
    if(speed_r > PWM_time)
    speed_r = PWM_time;
    SpeedA = speed_l;
    SpeedB = speed_r;
    IN1 = 0;    //电机 A 正转
    IN2 = 1;    //
    IN3 = 0;    //电机 B 正转
    IN4 = 1;    //
    TR0=1;    //启动定时器 T0
}
/*******************************************************************************

*    小车停止
*******************************************************************************/
```

```c
void Stop()  //急停
{
    IN1 = 1;
    IN2 = 1;
    IN3 = 1;
    IN4 = 1;
    TR0=0;
    ENA=0;
    ENB=0;
}
/******************************************************************
*    定时/计数器初始化函数                                        *
******************************************************************/
void Init_MCU( )
{
    TMOD = 0x01;      //设置 T0为定时方式1
    TH0 = 0xff;       //定时0.1 ms
    TL0 = 0x9c;
    ET0 = 1;          //允许 T0中断
    EA  = 1;          //CPU
}
/******************************************************************
*    主函数                                                       *
******************************************************************/
void main( )
{
    Init_MCU( );
    while(1)
    {
        if((Left==1)&&(Font==1)&&(Right==1))
        {
            Goahead(60,60);   //向前行驶
            delay(3);
        }
        else if((Left==1)&&(Font==1)&&(Right==0))
        {
            Turn(55,65);      //小左转
            delay(2);
```

```
        }
        else if((Left==1)&&(Font==0)&&(Right==0))
        {
            Turn(35,65);      //大左转
            delay(2);
        }
        else if((Left==0)&&(Font==1)&&(Right==1))
        {
            Turn(65,55);      //小右转
            delay(2);
        }
        else if((Left==0)&&(Font==0)&&(Right==1))
        {
            Turn(65,35);    //大右转
            delay(2);
        }
        else   Stop();        //停车
    }
}
/*******************************************************************************
*   PWM 信号产生函数                                                          *
*******************************************************************************/
void time0_int() interrupt 1 using 1    //定时器0中断，用于产生 PWM（脉宽调制）方波
{
    TR0=0;            //关闭定时器 T0
    TH0 = 0xff;       //重装计数初值
    TL0 = 0x9c;
    MA++;             //
    if(MA< SpeedA)    //如果输出 PWM 信号高电平时间小于设定值，
    {
        ENA = 1;      //
    }
    else ENA = 0;
    if(MA == PWM_time)
    {
        MA = 0;
    }
    MB++;
```

```
        if(MB < SpeedB)
        {
                ENB=1;
        }
        else ENB = 0;
        if(MB == PWM_time)
        {
                MB = 0;
        }
        TR0 = 1;//启动定时器
}
```

二、小车避障功能实现

小车避障是指小车在行驶过程中，若检测到前方有障碍物，小车通过后退、转向动作避开障碍物继续行驶。本任务中，使用了3个红外避障传感器，分别安放在小车的正前方、左前方和右前方，图7.30给出了红外避障传感器的排布情况以及红外避障传感器和控制器的电气连接。

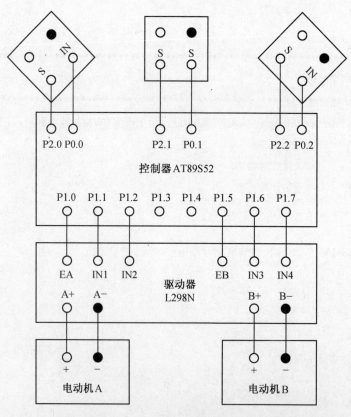

图 7.30　红外避障传感器的排布及与控制器的电气连接示意图

1. 避障控制策略

避障小车的行驶方向是由红外避障传感器的检测结果来决定的。当红外避障传感器检测到障碍物时，输出为"0"，没有检测到障碍物时，输出为"1"。小车的避障控制策略见表7.13。

表 7.13 红外避障传感器的状态与对应的避障控制策略

红外避障传感器的状态			障碍物位置	避障控制策略
左	前	右		
0	0	0	前方、左侧、右侧	后退，左转
1	1	1	无障碍物	向前行驶
1	1	0	右侧	后退，左转
1	0	0	前方、右侧	后退，左转
0	1	1	左侧	后退，右转
0	0	1	左侧、前方	后退，右转
1	0	1	前方	后退，左转
0	1	0	左侧、右侧	向前行驶

2. 小车实现避障功能控制程序

```
/*****************************************************************/
#include<reg52.h>
#define uchar unsigned char
#define uint unsigned int
#define  PWM_time  100  //PWM 周期常量
/*****************************电机控制****************************/
sbit ENA = P1^0;      //电机 A 使能控制
sbit IN1 = P1^1;      //电机 A 方向控制
sbit IN2 = P1^2;      //电机 A 方向控制
sbit ENB = P1^5;      //电机 B 使能控制
sbit IN3 = P1^6;      //电机 B 方向控制
sbit IN4 = P1^7;      //电机 B 方向控制
sbit Left= P2^0;      //左边红外避障传感器
sbit Font= P2^1;      //中间红外避障传感器
sbit Right=P2^2;      //右边红外避障传感器
sbit IN_Left= P0^0;   //左边红外避障传感器调制控制端
sbit IN_Font= P0^1;   //中间红外避障传感器调制控制端
sbit IN_Right=P0^2;   //右边红外避障传感器调制控制端
bit   flag;
```

```
uint count=0;              //
uint MA=0,MB=0;
uint SpeedA=0;             //A 电机速度变量(0～100对应 PWM 占空比0～100%)
uint SpeedB=0;             //B 电机速度变量(0～100对应 PWM 占空比0～100%)
/***********************************************************************
*      延时函数（单位：毫秒）                                          *
*      ms：变量范围0～65 535.改变 ms 的大小，可以改变延时的时间        *
***********************************************************************/
void delay(uint ms)    //
{
    uint i,j;
    for(i=ms;i>0;i--)
        for(j=124;j>0;j--);
}
/***********************************************************************
*      小车向前巡航函数
*      speed_l:左轮速度参数，范围从1～100
*      speed_r:右轮速度参数，范围从1～100
*      左右轮参数相同，小车就能前进，根据电机的参数不同，可以进行微调
*      由于电量的问题，参数在比较小的时候，小车可能会不动，建议从10开始。
***********************************************************************/
void Goahead(uchar speed_l,uchar speed_r)
{
    if(speed_l > PWM_time)      //若占空比参数 speed_l 的值大于 PWM 周期常量，则赋值为
    speed_l = PWM_time;         //周期常量 PWM_time
    if(speed_r > PWM_time)
    speed_r = PWM_time;
    SpeedA = speed_l;
    SpeedB = speed_r;
    IN1 = 0;     //电机 A 正转
    IN2 = 1;     //
    IN3 = 0;     //电机 B 正转
    IN4 = 1;     //
    TR0 = 1;     //启动定时器 T0
}
/***********************************************************************
*      小车向后巡航函数
*      speed_l:左轮速度参数，范围从1～100
```

```
*      speed_r:右轮速度参数，范围从1~100
*      左右轮参数相同，小车就能前进，根据电机的参数不同，可以进行微调
*      由于电量的问题，参数在比较小的时候，小车可能会不动，建议从10开始。
*************************************************************************/
void Goback(uchar speed_l,uchar speed_r)
{
    if(speed_l > PWM_time)   //若占空比参数 speed_l 的值大于 PWM 周期常量，则赋值为
    speed_l = PWM_time;        //周期常量 PWM_time
    if(speed_r > PWM_time)
    speed_r = PWM_time;
    SpeedA = speed_l;
    SpeedB = speed_r;
    IN1 = 1;        //电机 A 反转
    IN2 = 0;        //
    IN3 = 1;        //电机 B 反转
    IN4 = 0;        //
    TR0=1;          //启动定时器 T0
}
/*************************************************************************
*      小车转向控制函数
*      speed_l:左轮速度参数，范围从1~100
*      speed_r:右轮速度参数，范围从1~100
*      左右轮参数不相同，小车就能转向，左轮参数大时小车右转，右轮参数大时小车左转，
*      两轮参数相差越大转弯角度越大
*      由于电量的问题，参数在比较小的时候，小车可能会不动，建议从10开始。
*************************************************************************/
void Turn(uchar speed_l,uchar speed_r)
{
    if(speed_l > PWM_time)   //若占空比参数 speed_l 的值大于 PWM 周期常量，则赋值为
    speed_l = PWM_time;        //周期常量 PWM_time
    if(speed_r > PWM_time)
    speed_r = PWM_time;
    SpeedA = speed_l;
    SpeedB = speed_r;
    IN1 = 0;        //电机 A 正转
    IN2 = 1;        //
    IN3 = 0;        //电机 B 正转
    IN4 = 1;        //
```

```
        TR0=1;          //启动定时器 T0
}
/***********************************************************************
*   定时/计数器初始化函数                                              *
***********************************************************************/
void Init_MCU( )
{
        TMOD = 0x21;      //设置 T0为定时方式1、T1定时方式2
        TH0 = 0xff;        //定时0.1 ms
        TL0 = 0x9c;
        TH1 = 256-13;      //定时0.026 ms
        TL1 = 256-13;
        ET0 = 1;           //允许 T0中断
        ET1 = 1;           //允许 T1中断
        EA   = 1;          //CPU 允许中断
        TR1=1;             //启动定时器 T1
}
/***********************************************************************
*   主函数                                                            *
***********************************************************************/
void main( )
{
        flag=1;            //
        Init_MCU( );
        while(1)
        {
        if((Left==1)&&(Font==1)&&(Right==1))        //前方无障碍
        {
            Goahead(60,60);                         //向前行驶
            delay(100);
        }
        else if((Left==0)&&(Font==1)&&(Right==0))   //前方无障碍,左侧、右侧有障碍物
        {
            Goahead(60,60);                         //向前行驶
            delay(100);
        }
        else if((Left==1)&&(Font==1)&&(Right==0))   //右侧有障碍物
        {
```

```
        Goback(60,60);                        //后退
        delay(100); //
        Turn(30,60);                          //左转
        delay(100);
    }
    else if((Left==1)&&(Font==0)&&(Right==0)) //前方、右侧有障碍物
    {
        Goback(60,60);                        //后退
        delay(100);
        Turn(30,60);                          //左转
        delay(100);
    }
    else if((Left==0)&&(Font==0)&&(Right==1)) //前方、左侧有障碍物
    {
        Goback(60,60);                        //后退
        delay(100);
        Turn(60,30);                          //右转
        delay(100);
    }
    else if((Left==0)&&(Font==1)&&(Right==1)) //左侧有障碍物
    {
        Goback(60,60);                        //后退
        delay(100);
        Turn(60,30);                          //右转
        delay(100);
    }
    else if((Left==0)&&(Font==0)&&(Right==0)) //前方、左侧、右侧有障碍物
    {
        Goback(60,60);                        //后退
        delay(100);
        Turn(30,60);                          //左转
        delay(100);
    }
    else if((Left==1)&&(Font==0)&&(Right==1)) //前方有障碍物
    {
        Goback(60,60);                        //后退
        delay(100);
        Turn(30,60);                          //左转
```

```
            delay(100);
        }
    }
}
//***********************************************************************//
//      PWM 信号产生函数
//***********************************************************************//
void T0_int() interrupt 1 using 1      //定时器0中断，用于产生 PWM（脉宽调制）方波
{
    TR0=0;          //关闭定时器 T0
    TH0 = 0xff;     //重装计数初值
    TL0 = 0x9c;
    MA++;           //
    if(MA< SpeedA) //如果输出 PWM 信号高电平时间小于设定值，
    {
        ENA = 1;  //
    }
    else ENA = 0;
    if(MA == PWM_time)
    {
        MA = 0;
    }
    MB++;
    if(MB < SpeedB)
    {
        ENB=1;
    }
    else ENB = 0;
    if(MB == PWM_time)
    {
        MB = 0;
    }
    TR0 = 1;//启动定时器
}
//***********************************************************************//
//*          产生38 kHz 载波
//***********************************************************************//
void T1__int() interrupt 3 using 2    //
```

```
    {
        count++;
        if(count<50)          //发射持续时间为600 μs 的38 kHz 脉冲串
        {
            flag=~flag;       //
            IN_Left= flag;    //产生38 kHz 载波信号
            IN_Font= flag;    //产生38 kHz 载波信号
            IN_Right=flag;    //产生38 kHz 载波信号
        }
        else if((count>=50)&&(count<100))     //关闭红外发射管600 μs
        {
            flag=1;           //
            IN_Left= 0;       //关闭红外发射管
            IN_Font= 0;       //关闭红外发射管
            IN_Right=0;       //关闭红外发射管
        }
        else
        {
            count=0;          //软件计数器清零
        }
    }
```

参考文献

[1] 郭天祥. 新概念 51 单片机 C 语言教程[M]. 北京：电子工业出版社，2009.

[2] 曾庆波，朴伟英，鞠娜. 单片机应用技术[M]. 修订版. 哈尔滨：哈尔滨工业大学出版社，2015.

[3] 曾庆波，商俊平，代瑶，等. 单片机基本技能与应用系统设计[M]. 哈尔滨：哈尔滨工业大学出版社，2013.

[4] 蓝和慧，宁武，闫晓金. 全国大学生电子设计竞赛单片机应用技能精解[M]. 北京：电子工业出版社，2009.

[5] 曾庆波，左晓英，陈秀芳. 微型计算机控制技术[M]. 成都：电子科技大学出版社，2007.